スモールワールド

ネットワークの構造とダイナミクス

Small Worlds
The Dynamics of Networks between Order and Randomness

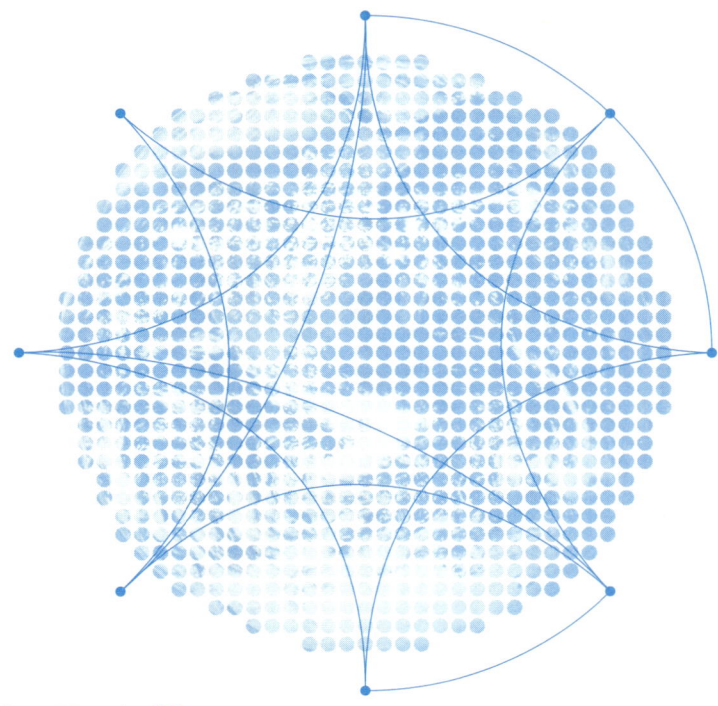

ダンカン・ワッツ 著
Duncan J. Watts

栗原 聡・佐藤進也・福田健介 訳

東京電機大学出版局

SMALL WORLDS by Duncan J. Watts
Copyright © 1999 by Princeton University Press
Japanese Translation Copyright © 2006 by Tokyo Denki University Press
All rights reserved.
No part of this book may be reproduced or transmitted in any form or by any means,
electronic or mechanical, including photocopying, recording or by any information
storage and retrieval system, without permission in writing from the Publisher.
Japanese translation rights arranged with Princeton University Press,
Princeton, New Jersey through Tuttle-Mori Agency, Inc., Tokyo.

本書の全部または一部を無断で複写複製（コピー）することは，著作権
法上での例外を除き，禁じられています．小局は，著者から複写に係る
権利の管理につき委託を受けていますので，本書からの複写を希望され
る場合は，必ず小局（03-5280-3422）宛ご連絡ください．

Dedicated to the memory of David D. Browne

(1969-1998)

A man of many friends

> The earth to be spann'd, connected by network,
> The races, neighbors, to marry and be given in marriage,
> The oceans to be cross'd, the distant brought near,
> The lands to be welded together
>
> Walt Whitman, *Passage to India*

目次

序文　　xii

日本語版序文　　xvi

訳者序文　　xxii

第 1 章　ケビン・ベーコンとスモールワールドの意外な関係　　1

第 I 部　ネットワークの構造

第 2 章　スモールワールド現象の概要　　11
- 2.1　社会ネットワークとスモールワールド 11
  - 2.1.1　スモールワールドの簡単な歴史 12
  - 2.1.2　実世界における問題 22
  - 2.1.3　すべての世界を考慮するという問題の再構築 27
- 2.2　グラフ理論に関する背景 28
  - 2.2.1　基本定義 28
  - 2.2.2　距離と距離のスケーリング特性 30
  - 2.2.3　近傍および分布数列 35
  - 2.2.4　クラスタリング 37
  - 2.2.5　格子グラフとランダムグラフ 38
  - 2.2.6　グラフの次元と埋め込み 44
  - 2.2.7　クラスタ係数の他の定義 46

目次

第3章 広い世界と狭い世界——グラフによるモデル化—— 47

- 3.1 関係グラフ 48
  - 3.1.1 αグラフ 49
  - 3.1.2 余分な部分を削ぎ落としたモデル：βグラフ 75
  - 3.1.3 ショートカットと縮約：モデル不変量 80
  - 3.1.4 嘘，デタラメ，そしてさらなる統計量 99
- 3.2 空間グラフ 104
  - 3.2.1 一様分布空間グラフ 105
  - 3.2.2 正規分布空間グラフ 110
- 3.3 まとめ 113

第4章 解釈と考察 115

- 4.1 両極端なグラフ構造 116
  - 4.1.1 石器時代の結合した穴居人モデル 116
  - 4.1.2 ランダムグラフに限りなく類似するムーアグラフ 125
- 4.2 関係グラフの遷移 131
  - 4.2.1 局所的なパス長の尺度と大域的なパス長の尺度 131
  - 4.2.2 パス長とパス長の尺度 133
  - 4.2.3 クラスタ係数 135
  - 4.2.4 縮約 136
  - 4.2.5 βモデルとの比較と結果 138
- 4.3 空間グラフでの遷移 145
  - 4.3.1 空間距離とグラフ距離（パス長） 146
  - 4.3.2 パス長と長さスケーリング 146
  - 4.3.3 クラスタ化 149
  - 4.3.4 結果と比較 151
- 4.4 さまざまな種類の空間グラフと関係グラフ 152
- 4.5 まとめ 156

第 5 章 「結局，世界は狭い」——三つの現実のグラフ—— 159

- 5.1 ベーコンの作成 162
  - 5.1.1 グラフの観察 163
  - 5.1.2 比較 165
- 5.2 ネットワークのパワー 170
  - 5.2.1 システムの観察 170
  - 5.2.2 比較 173
- 5.3 線虫の視点 177
  - 5.3.1 システムの観察 178
  - 5.3.2 比較 181
- 5.4 他のシステム 184
- 5.5 まとめ 185

第 II 部　ネットワークのダイナミクス

第 6 章 構造化された集団での感染性疾患の拡散 191

- 6.1 病気の拡散についての概要 193
- 6.2 分析と結果 195
  - 6.2.1 問題の設定 195
  - 6.2.2 永久排除ダイナミクス 196
  - 6.2.3 一時的排除ダイナミクス 206
- 6.3 まとめ 208

第 7 章 セルオートマトンによる全体的計算 211

- 7.1 背景 211
  - 7.1.1 全体的計算 214
- 7.2 グラフ上でのセルオートマトン 218
  - 7.2.1 密度分類問題 219

		7.2.2	同期問題	228
	7.3	まとめ		231

第 8 章　スモールワールドでの協調——グラフ上でのゲーム——　233

- 8.1 背景 234
  - 8.1.1 囚人のジレンマ 235
  - 8.1.2 空間的な囚人のジレンマ 240
  - 8.1.3 N プレイヤー囚人のジレンマ 241
  - 8.1.4 戦略の進化 243
- 8.2 均一な集団での協調の創発 244
  - 8.2.1 一般化されたしっぺ返し 245
  - 8.2.2 Win-Stay, Lose-Shift 252
- 8.3 非均一の集団における協調の進化 256
- 8.4 まとめ 259

第 9 章　結合振動子における大域的な集団同期　261

- 9.1 背景 262
- 9.2 グラフ上の Kuramoto の振動子 267
- 9.3 まとめ 279

第 10 章　むすび　281

注　285

参考文献　294

参考文献（和書）　304

索引　305

序文

世界で最も短いスピーチをしたサルバドール・ダリとまではいかないが，私も手短に済ませよう．そう，ダリは「私のスピーチはとても短く，もう終わってしまいました」と言うと着席してしまったのだ．

ペンシルバニア州立大学 卒業式にて
E. O. Wilson

今から3年前，いつもと同じイサカ（ニューヨーク州）のひどい真冬のある日，自信のないアイデアについての意見をもらうため，Steven H. Strogatz 先生のオフィスに足を踏み入れたときが本書を執筆する始まりであった．当時，私は同期に関する博士号学位論文に取り掛かっていた．テーマは生体振動子，すなわちコオロギのことなのだが，いくつかの難問に頭を悩ませていた．パートナーの気を引くための毎晩の奮闘は，ある特定の種のコオロギのオスを精密に調整された同期機械へと変貌させる．各コオロギは仲間の出す「コロコロ」という音を聞き，その応答として自分が出す「コロコロ」という音のタイミングを調整することを繰り返すことで，コオロギの群れ全体が一つの振動子のように音を出すようになる．しかし，いったいどのコオロギがどのコオロギの音を聞いているのだろう？という疑問にぶつかるのである．当たり前であるが，一本の木にいるすべてのコオロギは周りすべてのコオロギの音を聞いているはずである．一方，各コオロギは自分の近くに位置するライバルの動きだけに特に目を光らせているかもしれないし，両者の間に何らかの複雑な関係が存在するのかもしれない．いずれにせよ，彼らがどのように互いを意識していたのかに注目すべきなのか？　そうではなく，どのようにしてコオロギが群れ全体として粗くではあるが同じ行動をとっ

たのかということ自体に注目すべきなのか？　当時私はその答えがわからなかったし，また，誰もがその答えを知らないようであった．ちょうどその頃，私は父に教えてもらったある事柄についても気になっていた．「こういう話を知っているかい，おまえはたかだか6人を介すればアメリカ合衆国大統領と握手できるんだよ」．当初私はその意味がよくわからなかったものの，とても興味をそそられるアイデアのように思え，どうやったらそれを証明できるかいろいろ考えた．すると二つの考え――一つは結合振動子のダイナミクスを用いる方法，もう一つは私が後に理解することになったスモールワールド現象による方法――を思い付いた．思い付いたといっても，研究テーマというよりは空想のようなものだった．それでも，11月のある日，私がStrogatz先生に会いに行った目的はこのアイデア，つまりいかなる二人であっても数人を介して握手できる世界とはどのようなものなのか，そしてどのようなダイナミクスが隠されているのかを明らかにするという研究テーマについてのコメントを聞くことであった．

　もしこの問題がとても重要な意味を含んでいることがわかれば，このアイデアは私やStrogatz先生がほとんど知らない，さまざまな学問分野を関連付けることになるであろうと想像できた．そして，私は2年以内に卒業したいという希望を持っていたので，熱意と不安が混在した心境でこのアイデアを説明した．一笑されるか頭をポンと叩かれるか，それとももっと意味のあることに頭を使えなどと言われるとばかり思い込んでいた．しかし，とても驚いたことに，Strogatz先生はこのアイデアを気に入ってくれただけではなく，「私たちはきっと何か新しいことを発見することができるでしょう」と言って，研究を行うことを許可してくれたのである．そして，それまで学位論文という私が思い描いていた研究に対するイメージよりもはるかに冒険的な研究生活を経験することとなった．しかし，Strogatz先生とのこのときの会話と，そもそも彼との出会いがなければ，この冒険は始まることなく終わっていたであろう．私はStrogatz先生に多くのことで恩を受けているが，まさにこれが最初であった．

　無論，いかなる旅，たとえそれが一人旅であっても，その旅は無償の多くの好意と手助けによってのみ成功するものである．まずはアドバイザとして，また

三つのそれぞれ大きく異なる研究プロジェクトの面倒を見ていただいた Rechard Rand と Dave Delchamp の両名に感謝しなければならない．彼らの寛容さと，同じくらいの忍耐力は，まさに賞賛されるべきものである．また，Frank Moon の寛大さと忍耐力にも大いに感謝しなければならない．Bill Holmes には助けてもらう必要以上に私との電話に付き合ってもらった．本研究プロジェクトでのいくつかの部分に対して貴重な手助けをしてくれた Dave Shmoys, Mark Huber, Brett Tjaden (「ベーコンの神託 (The Oracle of Bacon)」の作者), Jim Thorp, Koeunyi Bae, Martin Chalfie, Joel Cohen, Nick Trefethen, そして Melanie Mitchell に感謝する．Kevin MacEwen には特に感謝しなければならない．彼は私の不平を根気よく受け止めてくれ，私が助けてほしいまさにそのときに最大限の手助けをしてくれた．家族と友人からは気配りと安らぎを受け，そのお蔭で本研究プロジェクトについて深く考えることができ，いくら感謝しても足りることがない．Harrison White とサンタフェ研究所にも大いに感謝しなければならない．彼は研究所に赴くことはなかったが，スモールワールドの研究を惜しみなくサポートしてくれた．

　最後に本書の内容と構成についていくつか述べたい．私は計算機理論科学から社会学，神経生物学など，ネットワークを重要視するさまざまな学問に接してきた．それでも，ネットワークにおける秩序とランダムとの間に存在する曖昧な現象に関する組織的な分析はきわめて新しい問題である（少なくとも詳細に調査されてはいない）．ネットワークの構造的な特徴と，構造から生まれるダイナミクスとの関係でさえ，あまり解明されてはいない．連鎖障害は送電線網や金融システムにおいてどのように拡散するのだろうか？　組織や超並列コンピュータシステムなどを構成する際の，耐故障性の高い効率的なアーキテクチャはどのようなものなのだろうか？　これらは単なる未解決問題などではなく，さまざまな分野で疑問を抱かせている未解決問題全体の代表なのである．本書は，ある一人の人間によるこれらの問題の位置付けの定義化と，問題に答えるための微々たる前進の試みである．よって，すでに解明された内容を回顧的に記述するのではなく，研究が展開される様子をそのまま記述したものとなっている．

序文

　本書が書店に並ぶ頃には，いくつかの内容についてはすでに改訂や進化，書き直しが必要となっていることが大いに予想される．数か月前に本研究に関する最初の論文（Watts and Strogatz 1998）が Nature 誌に掲載されてから，先生と私に対して，そう，イギリス文学までを含むさまざまな専門分野の何十人という研究者からコンタクトがあり，彼らのそれぞれの専門分野における何らかの部分について，スモールワールドネットワークによる表現がまさに適切であることを実感することとなった．この新しい魅力ある領域のすべてを詳細に描くのは時期尚早であり，この本が地図ではなく，あなたの探究心を刺激する道標となることを希望する．

　ニューメキシコ州サンタフェにて
　1998 年 10 月

Duncan J. Watts

日本語版序文

　この本を実質的に書き終えたのは 1997 年の秋であり，ちょうど私の博士論文が審査を通過したころだったのだが，それ以来，"ネットワークの科学"として知られるようになった分野において非常に多くのことが起きている．ISI の論文引用インデックスでざっと調べてみただけでも，この序文を書いている時点で，1300 以上の出版物が，この本の初版が出るほぼ 1 年前に出版された "スモールワールド" ネットワークに関する最初の論文 [1] を引用していることがわかる．そして，それらの出版物のうち 300 を超えるものの標題に "small-world" という言葉が含まれている．短い期間に広まり，急激に成長したこの研究分野の成果は，量が膨大であり，ここでまとめて紹介するには複雑すぎる．しかし，幸運なことに，興味深い研究のほとんどを網羅した優れた解説記事 [2-6] や書籍 [7-12] が存在する．また，"古典的" な論文を選んで編集したものが，この原著の出版社である Princeton University Press から近々出版される予定である [13].

　これらの研究には，本書で示した概念，モデル，あるいはシミュレーションの結果をそのまま受け継いでいるものもあるが，新しい概念を導入しているものも数多く存在する．たとえば，Herber Simon によって考え出され [14]，後に Derek により発展させられた [15,16]（"富める者はますます富む" という表現でも知られている）累積的優位性（cumulative advantage）という概念は，ランダムネットワークの成長という文脈でとらえ直され，詳しく調べられた [11,17,18]．この研究の成果として，次数の分布が重要な意味を持つことがわかったのだが，本書ではこの話題についてほとんど触れていない．次数分布に着目して，ランダムネットワークの一般的なモデルを提案している研究も多数存在する [19]．さらに，頂点間の次数相関（次数の "アソータティビティ" [20]）に着目しているものや，い

わゆる"所属関係ネットワーク"に焦点を当てている研究もある [21,22]．これは，無作為にグループが割り当てられた個々人に，（同じグループに属しているという）"所属関係"でつながりが与えられているネットワークである．ネットワークにおける各頂点の中心性を求めたり，ネットワークをコミュニティに分割する [23] といった，ネットワークの構造的特徴を計算により解析する新しい方法も開発されてきた．さらに，構造に関係するが，それだけにとどまらないネットワークの特徴についても広く研究が行われてきた．例として，障害 [24,25] や輻輳 [26,27] に対する耐性，情報 [28] や評判 [29] あるいは病気 [30,31] の伝播に対する感受性，そして，情報が集中管理されていない状況下での検索の容易性 [22,32-34] などが挙げられる．

では，なぜあなたはこの本を読む必要があるのだろう？　数多くの新たな研究成果と，それらをまとめた最新の記事があるというのに，歴史上の遺物と化しつつあるものを読むことにどんな意味があるのだろうか？　これはもっともな疑問だろう——というのも，何と言っても科学は積み重ねの学問であり，それぞれのアイデアの出発点にいちいち立ち戻っていたのでは，それらを発展させる時間がなくなってしまうだろうから．さらに言えば，本書で述べられている研究は新しい考えを提起していると思えるし，間違いなく多くの新しい研究の引き金になり得たと言えるのだが，決してネットワーク科学の出発点ではないのだ．本当にその栄誉に能う人物あるいは論文があるとするならば，その授与は数十年前に遡ることになるだろう [2]．それでもなお，この件に関して明らかに私が中立な立場でないことを認めたうえで，あなたがこの本を読むべき理由をいくつかここに挙げてみたい．

一つ目の理由は，本書で述べられている多くの研究結果が大幅に更新され，拡張され，一般化され，そして見違えるほど洗練されているにもかかわらず，ほとんど間違いがないことがわかっているからである（事実，私が把握している本書の間違いは，4.2.3 項のクラスタ係数に関するものだけである．当時，私は $(1-\phi)^2$ に比例すると考えていたのだが，Barrat と Weigt [35] は後に $(1-\phi)^3$ に比例することを明らかにした）．この本を読むだけでは，ネットワーク科学の予

備知識を得るのに十分ではないかもしれないが，少なくとも誤った方向へ行ってしまうことはないはずである．さらに，本書の本質的に学際的なアプローチは，今日に至るまでこの研究分野を特徴付けるために続けられているアプローチそのものである．本書は，最近出版されたより秩序立って集約的に書かれている多くの文献よりも，よりわかりやすく，より教育的に書かれており，読者はその内容もさることながら，研究への取り組み方に関する優れたセンスを身に付けることができるだろう．

　二つ目の理由は，本書で述べたいくつかのアイデアは，いまだにほとんど進展していないということである．ネットワークに関する問題に向けられている非常に大きな注目を考えてみると，そんなことはありえないと思われるかもしれない．しかし実際には，注目の大部分は特定の研究コミュニティーで急速に流行りだした比較的狭い範囲のモデルや疑問に関して向けられており，それゆえまだ良くわかっていない同じように興味深い多数の問題が残されている．例えば，数百の論文で固有パス長，クラスタ係数，次数分布について検討しているが，第7章で述べた計算能力や第9章の振動子の同期問題（後者には多少の進展がみられる [36-39]）に関してはほとんど注目されていない．そして，数百の論文において第3章で述べた β モデルを取り上げているが，α モデルの性質に関してはほとんど研究されていない．α モデルは静的ではなく動的であるため，β モデルと比べてより現実的でさらに興味深いにもかかわらずである．私は未解決の興味深い問題をこの本の中で紹介しようとつとめてきた．本書を注意深く読めば，まだ手つかずな領域の研究プロジェクトになりそうなものが，それとなく示されていることがわかるだろう．

　そして最後の理由は以下のとおりである．科学は昔のことを忘れてしまいがちなものであり，研究の現在の状況をより適切に反映した新しい本が出版されると古い本は急速に忘れ去られてしまう．しかしながら，研究者達の発見した知見をそのまま受け取るのではなく，その知見を導出する際に悪戦苦闘した研究者達の視点から知見を理解するために，アイデアの根本部分に一度立ち戻ってみることには非常に大きな価値があると考えている．時には彼らの物の見方は単に古風で

日本語版序文

奇妙で，間違っていることさえあるかもしれない．しかし，より狭い範囲に焦点を絞るために後の研究では述べられていない問題に関する洞察や，偏見のないアイデアを示している場合もある．新鮮な目で問題を再度見直してみることで新しい疑問が湧き，新しいアプローチが生まれ，そして新たな知見が得られるかもしれない．私は，そのようなことが本書 "スモールワールド" で起きることを望んでいる．そして，多忙で刺激的だった七年前に書かれた本書の元の序文に書いた願いとともにこの序文を終わりたい．この本があなたの探求心を刺激してくれますように．

ニューヨークにて
2005 年 11 月 29 日

Duncan J. Watts

[1] D. J. Watts and S. H. Strogatz, Nature **393**, 440 (1998).
[2] D. J. Watts, Annual Review of Sociology (2004).
[3] M. E. J. Newman, Journal of Statistical Physics **101**, 819 (2000).
[4] M. E. J. Newman, Siam Review **45**, 167 (2003).
[5] R. Albert and A. L. Barabási, Reviews of Modern Physics **74**, 47 (2002).
[6] S. H. Strogatz, Nature **410**, 268 (2001).
[7] A.-L. Barabási, *Linked: the new science of networks* (Perseus Pub., Cambridge, Mass., 2002).
[8] M. Buchanan, *Nexus: small worlds and the groundbreaking science of networks* (W.W. Norton, New York, 2002).
[9] S. N. Dorogovtsev and J. F. F. Mendes, *Evolution of Networks: From Biological Nets to the Internet and WWW* (Oxford University Press, Oxford, 2003).
[10] S. Bornholdt and H. G. Schuster, *Handbook of Graphs and Networks: From the Genome to the Internet* (Wiley-VCH, 2003).
[11] R. Pastor-Satorras and A. Vespignani, *Evolution and Structure of the Internet: A Statistical Physics Approach* (Cambridge University Press, 2004).

[12] D. J. Watts, *Six Degrees: The Science of A Connected Age* (W. W. Norton, New York, 2003).

[13] M. E. J. Newman, A.-L. Barabási, and D. J. Watts, (Princeton University Press, Princeton, NJ, 2006).

[14] H. A. Simon, Biometrika **42**, 425 (1955).

[15] D. J. Price, Science **149**, 510 (1965).

[16] D. J. Price, J. Amer. Soc. Inform. Sci. **27**, 292 (1980).

[17] A.-L. Barabási and R. Albert, Science **286**, 509 (1999).

[18] P. L. Krapivsky and S. Redner, Computer Networks-the International Journal of Computer and Telecommunications Networking **39**, 261 (2002).

[19] M. E. J. Newman, S. H. Strogatz, and D. J. Watts, Physical Review E **6402**, 026118 (2001).

[20] M. E. J. Newman, Physical Review E **67**, 026126 (2003).

[21] M. E. J. Newman, D. J. Watts, and S. H. Strogatz, Proceedings of the National Academy of Sciences of the United States of America **99**, 2566 (2002).

[22] D. J. Watts, P. S. Dodds, and M. E. J. Newman, Science **296**, 1302 (2002).

[23] M. Girvan and M. E. J. Newman, PNAS **99**, 7821 (2002).

[24] D. S. Callaway, M. E. J. Newman, S. H. Strogatz, et al., Physical Review Letters **85**, 5468 (2000).

[25] R. Albert, H. Jeong, and A.-L. Barabási, Nature **406**, 378 (2000).

[26] P. S. Dodds, D. J. Watts, and C. F. Sabel, PNAS **100**, 12516 (2003).

[27] A. Arenas, A. Diaz-Guilera, and R. Guimera, Physical Review Letters **86**, 3196 (2001).

[28] D. Kempe, J. Kleinberg, and E. Tardos, in *9th ACM SIGKDD International Conference on Knowledge Discovery and Data Mining* (Association of Computing Machinery, Washington, DC, USA., 2003).

[29] D. J. Watts, PNAS **99**, 5766 (2002).

[30] M. E. J. Newman, Physical Review E **66**, 016128 (2002).

[31] M. E. J. Newman, I. Jensen, and R. M. Ziff, Physical Review E **65**, 021904 (2002).

[32] J. M. Kleinberg, Nature **406**, 845 (2000).

[33] J. M. Kleinberg, in *Proceedings of the 32nd Annual ACM Symposium on Theory of Computing* (Association of Computing Machinery, New York, 2000), p. 163.

[34] D. Liben-Nowell, J. Novak, R. Kumar, et al., PNAS **102**, 11623 (2005).
[35] A. Barrat and M. Weigt, European Physical Journal B **13**, 547 (2000).
[36] A. Diaz-Guilera, A. Arenas, A. Corral, et al., Physical Review Letters **75**, 3697 (1995).
[37] H. Hong, M. Y. Choi, and B. J. Kim, Physical Review E **65**, art. no. (2002).
[38] T. Nishikawa, A. E. Motter, Y. C. Lai, et al., Physical Review Letters **91** (2003).
[39] C. W. Wu, Ieee Transactions on Circuits and Systems I-Fundamental Theory and Applications **48**, 1257 (2001).

訳者序文

　この翻訳プロジェクトの発端となったのは，2004年11月29日の編集担当の菊地氏からの一通のメールであった．東京電機大学出版局にてネットワーク科学に関する出版企画が持ち上がり，本書の翻訳についての打診であった．

　当時，私は情報処理学会「知能と複雑系研究会」の幹事であり，その年の8月に「ネットワークが創発する知能」というテーマの研究会を軽井沢にて開催したときの盛り上がりがきっかけとなり，日本ソフトウェア科学会にネットワーク科学研究を主要テーマとする新しい研究会発足に向けた準備を行っている最中であった．

　私自身の専門はマルチエージェント（分散人工知能）研究であり，協調メカニズムやマルチエージェントプランニング，マルチエージェント強化学習といったテーマで研究を続けてきた．実は私自身，最近になってネットワーク科学の魅力に取り憑かれた一人である．そのきっかけは翻訳チームの福田，佐藤両氏であり，さらにMark Buchananの"NEXUS"やWattsの"SIX DEGREES"を読んだことで，その面白さに見事に取り憑かれてしまった．

　これまでのマルチエージェント研究においては，当然ではあるがエージェント自体の構造やエージェント間での通信方法などが話題の中心であり，エージェント群により構成されるネットワークに対する注目度は低かった．しかし，"NEXUS"で取り上げられている蛍の同期現象に関する記述などから，ネットワーク構造がシステム全体に与える影響の重要性について興味を持つようになった次第である．

　現在注目されている特徴的なネットワーク構造は，「スモールワールド」と「スケールフリーネットワーク」であろう．そしてスモールワールドのほうが「不思

訳者序文

議さ」を秘めているような気がする．Milgram の手紙の実験などは，不思議さの典型であろう．そして，今回の翻訳プロジェクトに関わる人脈ネットワークもまさにスモールワールドそのものだったのである．

　私は菊地氏とはまったく面識がなかった．聞けば，国立情報学研究所の山田誠二教授から紹介されたとのこと．私と山田教授とは，冒頭の知能と複雑系研究会でのそれぞれ幹事と主査の関係があった．そして菊地氏と山田教授はなぜ知り合いなのかというと，菊地氏と関西学院大学（当時大阪市立大学）の北村泰彦教授とで知的情報処理に関する出版の企画がかつてあり，その際，北村教授から山田教授を紹介されたことがわかった．そして，実は私と北村教授は，ともにマルチエージェント研究者として研究会や国際会議でよく会う関係であり，まさに「世の中は狭い」という事実を体感することができたのである．その意味で，この翻訳に至るまでに関わった多くの人に感謝をせねばならないが，特に貴重な本の翻訳という機会を与えていただいた菊地氏に感謝する．

　本書は，Watts の研究と同時進行で書かれたような構成になっており，研究が展開する様子を実感することができる．数式やグラフが多く含まれているが，決して難しくはなく，シミュレーションと理論とをどのように結び付けるかという観点からも大いに参考になると思う．本書を読むことで，ネットワーク科学の魅力に取り憑かれる読者が多少でも増えてくれることを期待する．

2005 年 12 月

栗原　聡

第1章
ケビン・ベーコンとスモールワールドの意外な関係

神のお告げによれば：
「エルビス・プレスリーのベーコン数は 2 である」
〜 プレスリーは 1958 年の映画「闇に響く声」でウォルター・マッソーと共演しており，ウォルター・マッソーは 1991 年の映画「JFK」でケビン・ベーコンと共演している 〜

―― ベーコンの神託（ケビン・ベーコンゲームウェブサイト "by Brett Tjaden and Glenn Wasson"）より

ケビン・ベーコンゲームは実に不思議なゲームである．ケビン・ベーコンをご存知ない読者のために説明しておくと，彼は多くの映画に出演しているにもかかわらず，主役を演じたことのないことでとても有名な俳優である．ところが数年前のこと，バージニア大学のコンピュータ科学者である Tjaden が，彼こそが映画界の中心的存在であると主張し，彼を世界的に認知させることとなった．さて，そのケビン・ベーコンゲームとは次のようなものである．

- ある俳優（女優）を思い浮かべてみよう．
- もし，彼（彼女）がかつてケビン・ベーコンと共演したことがあるのならば，彼（彼女）のベーコン数は "1" である．

- もし，彼（彼女）がまだケビン・ベーコンと共演したことがなくても，以前共演した俳優（女優）の誰かがケビン・ベーコンと共演したことがある場合は，彼（彼女）のベーコン数は "2" となる．以下，ベーコンとの関係が見つかるまでこの作業を続ける．

すると，とても興味深い不思議な結果が得られる．当時のアメリカ映画においてベーコン数が 4 以上の俳優（女優）が誰一人存在しなかったのである．エルビス・プレスリーのベーコン数は 2 で，ベーコンまでの関係は冒頭で述べたとおりである．そしてこの話題の盛り上がりに対応すべく，Tjaden はこの偉大な役者へのベーコン数とその共演関係がわかるウェブサイトまで作ってしまった[*1]．その後，Tjaden は世界においてこれまで制作されたすべての映画に関する情報が収集されているインターネット映画データベース[*2] を徹底的に調査し，最も大きいベーコン数をもつ俳優（女優）でも，国籍を問わずたかだか "8" であることを突き止めた[*3]．これは日々さまざまな不思議な現象が発生している日常において，新たに不思議な事実がわかっただけなのかもしれない．しかしこの事実は，われわれの日々の日常生活の中で着実に浸透している現象，いわゆる**スモールワールド現象**（small-world phenomenon）の典型的な例なのである．

スモールワールド現象は，通常次のような世間話，すなわち「あなたはこの地球上のいかなる人ともたかだか 6 人を介して（6 次の隔たり（six degrees of separation））知り合い関係にある」を形式化するものである．多くの人はパーティや街角などでまったく知らない人と出会い，多少の会話の後，予想外にも共通の知人がいることがわかり，「なんて世の中は狭いのだ！」と叫んでしまうことがよくある．スモールワールド現象はこのような経験を一般化・形式化するものであり，互いの共通の友人が**いない**ような二人であっても，必ず少数の知り合い関係（友達の友達関係）を通した知り合い同士であることを明らかにしてくれる．1967 年，Milgram がスモールワールド現象に関する最初の実験を行った．彼は複数の手紙を，カンザスとネブラスカからボストンのある二つの住所に，いずれも追跡ができるように郵送する実験を試みた．その際，手紙は人がバケツリ

レーの要領，つまりファーストネームで呼び合うくらいの知り合いで，自分より最終的な宛先人をより知っていると思われる人に送ることを繰り返すことで，その宛先人に送り届けられなければならない．手紙を仲介した人はどのように仲介したかという情報を Milgram に報告することになっており，これにより彼は手紙と仲介者の動きを把握し，分析した．その結果，仲介者はおよそ 6 人であることがわかり，この事実が「私に近い 6 人の他人（six degrees of separation）」という言葉を裏付けることとなり，後にこの実験に基づく「私の中の 6 人の他人」というタイトルの芝居と映画が上演されるに至った．この結果は，今日においても衝撃的かつ驚くべきものである．まず，このような仲介者の知り合い関係を意図的に作ることはきわめて困難であろう．通常，われわれが考えるコミュニティとは，自分が属する，よく知った知人で構成されるグループのことであり，グループ内には多くの知り合い関係が存在している．つまりグループ内のどのような友達の輪を見ても，輪に属するメンバーのほとんどはそれぞれ互いのことを知っている．しかし，われわれの知人の**平均**人数は世界の人口に比べればきわめて少数である（10 数億人に比べて多くてもせいぜい数千人であろう）．つまり，個人にとっては，いくつかのごく少人数からなる互いに知り合い関係にある知人の輪が存在するだけで，それらがわれわれと世界の任意の人とをつなげてくれると考えるには無理がある．Milgram の実験以来，さまざまなコミュニティ集団において，以下の問いに答えるべく多くの理論的，実証的な研究が行われた．

- グループ内での典型的な知人関係の典型的な数とは？
- 各メンバーがもつ友人の数は？
- ある一人のメンバーの友達の輪と，他のメンバーそれぞれの友達の輪とを関係付けるようなグループの構造とは？

しかし，創造性豊かな興味深い多くの研究が行われたものの，以下に挙げる方法論上かつ現象論上の多くの困難な問題が明らかとなった．

- 誰が誰を知っているという詳細な関係を，きわめて大規模なグループに関

して調査することは無理である．
- 一般的にわれわれは，友人の数を正しく見積ることが苦手である．
- ネットワークを構成する際に，友人関係やコミュニティにおける個々の人物の重要度が異なる（例えば，ケビン・ベーコンにとってジャック・ニコルソンやロバート・デニーロとの共演は，彼の著名人との連結性をより強いものにしている）．
- 友人関係は対称ではない，つまり部下から上司への従属意識のほうがその逆より強い．
- 友情の概念は広く，社会的背景（ペンシルバニアの田舎に住むアンモン教の農夫とハリウッドの映画スターとでは，それぞれ友情が大切であるということでは同意見かもしれないが，両者での友情に対するとらえ方はまったく異なっているだろう）や，友情とは何かという問いかけの意味（例えばお金を借りたいときの友情と，うわさを広げたいときの友情とではとらえ方がまったく異なる）など，さまざまである．

したがって，さまざまな研究から得られる結論もさまざまな仮定の下での成果であるので，そもそもこれらの結論が世界とは何かに対する普遍的な結論を示すとは限らない．ただし，もし「われわれは本当にスモールワールドに住んでいるのか？」という問いかけに対してではなく，「世界がスモールワールドであるのだとしたら，そうであるための一般的な条件は何か？」という問いかけに対してであれば，説得力のある答えを見つけられるかもしれない．第Ⅰ部では，この問いかけに対して考察する．

第2章では，ネットワークに関して議論する際に有用で明快な理論である「グラフ理論」について勉強した後，スモールワールド現象に関してこれまでにわかっていることを簡単に述べる．これまで研究者たちが遭遇してきた難解な問題がこの本を執筆する動機となっているとともに，現在の状況を整理するためにも大いに有用だからである．さまざまな範囲のネットワーク構造を考慮し，そして，そこでのネットワークの特性に関する大きな変化がどこで発生するのかを，

可能であれば特定しつつ，これまでに整理されてきた疑問に答えるという基本的な流れに則して考察を進める．

第2章での疑問は，第3章で紹介する**関係グラフ**と**部分グラフ**という二つのグラフ理論におけるモデルに関連するものである．この二つのグラフは，空間グラフが**外部で定義される距離の尺度**を有するのに対し，関係グラフはそのような尺度をもたない，という意味において明確に区別される．それにもかかわらず，両者は一つのパラメータで表現されるグラフの仲間（族）として表現することができ，パラメータによる関数として，秩序化された格子のようなグラフとランダムなグラフとの間を結び付ける．そして，関係グラフと空間グラフという大きなクラスには，それぞれのクラスにおいてさまざまなモデルが考えられている．関係グラフでは，次の二つのモデルを取り上げる——αモデル（これは実際の社会ネットワーク，例えば人は実際にどのように友人を獲得していくかに動機付けられたモデル）とβモデル（αモデルの構成法の簡略化と，その限定による明瞭な解釈に動機付けられたモデル）．動機付けもモデルの構成法も明らかに異なる両モデルではあるが，**ランダムな辺の張り替え**（random rewiring）という視点から見ると，実は両モデルが基本的な構造においてはきわめて類似していることがわかり，この視点は両モデルの統計的な特徴をモデルに依存しない方法でとらえられることを意味している．このことは，ランダムな辺の張り替えの意味を明確に表現すること，そしてαモデルとβモデルの特徴を統合する第三のモデルの提案へとわれわれを導く．目的は，**スモールワールド現象の特徴を定義してくれるようなグラフのクラスを特定する**ことである．同様の分析は空間グラフに対しても行われ，空間グラフで定義される確率分布は，（実質的に小さいノード数nと次数kにおいて）有限のカットオフをもつものであるが，関係グラフと空間グラフとでは特徴が一致しないことが明らかとなる．

そして，実際に行ったシミュレーションから得られた結果からの直感に基づき，第4章ではヒューリスティックな構成法による空間グラフと関係グラフに対する，適切な統計処理のための解析的近似について考察する．この近似は，パラメータの値域も含めて驚くほど実際の数値データに合致する．そして，モデル

からの数字上での推定から，パラメータ値をさらにスケールさせた場合を予想する．その結果，関係グラフと空間グラフとの明確な構造的相違点を説明することが可能となる．

最後に，第5章においては，三つの実際のネットワークにおける長さとクラスタリングに関する特徴に関して述べる．いずれのネットワークも完全に記述することができ，三つすべてがスモールワールド現象を示すことがわかり，スモールワールドという特徴的な現象が多くの普通に存在するネットワークにおいて広く見つけられることが示される．

第II部では，「皆が皆スモールワールドを意識しなければならないのか？」というこれまた重要な疑問への回答を試みる．第I部では，相対的に小さいランダムな辺の張り替えが，グラフの固有パス長に関して劇的な変化を引き起こすことを述べる．しかし，互いに連結された動的な分散システムにおいて，辺の張り替えといった小さな変化がシステム全体の振る舞いに対して大きな効果を引き起こすことは本当に可能なのだろうか？ここでの興味は，**スモールワールドダイナミクスに基づくシステム**（スモールワールドグラフ構造として連結される分散動的システム）と，それがどのような興味深い特徴を見せてくれるかにある．非均質に連結された結合動的システムに関して，システムの複雑さが増加する順に考察を進める．第6章では，構造化された人間社会における伝染病の感染に関する簡潔なモデルについて考える．第7章では，セルオートマトンにおいて，ランダムな辺の張り替えがオートマトンの計算能力全体に与える強い影響力について考える．第8章では，繰り返し複数人囚人のジレンマ問題を取り上げ，グラフ上における協調の創発と進化に関する実験的な調査を行う．最後に第9章では，われわれの興味は連続的な動的システムを含む範囲にまで広げられ，互いに連結した振動子で構成されるシステムが自発的に相互に引き込み合うことで巨視的なクラスタを構成する現象に関して考察する．これらの各章で取り上げる応用例については，それぞれに類似するグラフ構造とその振る舞いに関してすでに解明されている事柄と，そしてなぜそれぞれがそれほどに興味深いのかを述べる．各システムに対する数値シミュレーションも，第3章で使用したアルゴリズムを用いてさ

まざまなグラフ構造に対して行った．その結果，グラフ構造に強い相関を示すときもあればそうでないときもあり，一般的に主張できる結論ではないものの，多くの興味深い推察を得ることができた．

さて，スモールワールド研究がこれから向かうべき（向かうことができる）方向はあるのだろうか？　もちろん，社会学者たちはすでにスモールワールドの考え方に基づく多くの応用を考えているが，これらのほとんどは純粋にネットワークに関するものである．確かに製品開発や製品に至るアイデア創出の効果的な方法や組織に対してより影響を及ぼす方法，政治団体の代表者を決定する方法，あるいは職を探す方法などに対してスモールワールドネットワークを利用するという形での応用は重要であり，社会学者の研究としてまさに適切なものである．しかし，ここでわれわれが注目すべき最も主要な興味は，システムがどのように**振る舞い**，その振る舞いがどのようにシステムの連結関係に影響するのかにある．この興味に対する研究は，上記の社会学者が取り組む問題を含むとともに，さらにそれらを超える問題となるであろう．例えば，

1. 構造が変化するような大きな組織において，創発し進化する協調的振る舞い．
2. コンピュータウイルスや性感染症などのあらゆる拡散問題．
3. 人の脳のように空間的に広大で，かつ不規則に連結されたネットワークでの情報処理．
4. 電力線，インターネット，そして携帯電話のような情報通信ネットワークを，より耐故障性が高く，最適で低コストに設計する方法．
5. 互いにローカルに連結されたシステムから全体的な計算能力を創発させる方法．
6. 脳の神経細胞のような生体振動子の同期．
7. 会話を通した思考の連鎖や科学的ブレークスルーに至るアイデアの流れ．ここではアイデアとアイデアのつながりをアイデア空間，会話における複数のトピックをトピック空間ととらえることができるだろう．また，その

空間自体を一つのアイデアやトピックと見ることができ，他のアイデアやトピックと**親密に関係する**状況を想像できるであろう．
8. 取引に関して，ネットワーク構造の本質に基づく新しい市場経済理論．
9. 複雑な問題に対する最適な戦略を探索してくれる方法．
10. 名声や流行，社会的動向の仕組みと普及モデル．
11. ケビン・ベーコンが本当に文明的な世界の中心であることの厳密な証明．また，そうでない場合，本当は誰なのか？ということの解明．

最初のいくつかの問題は本書や Strogatz の論文で取り扱われているものの，他の多くの問題はまだ取り組む問題として残されている．どのような結論が得られるのかは不明であるが，スモールワールド現象へのより進んだ理解と，ネットワーク構造とダイナミクスとの相互作用を生み出すスモールワールド現象の一般化は，社会学，数学，そして自然科学を含む広範囲な応用が期待される重要な研究プロジェクトとなるであろうことは容易に想像できる．

第 I 部

ネットワークの構造

第2章
スモールワールド現象の概要

2.1 社会ネットワークとスモールワールド

　「スモールワールド現象」は，長い間魅力ある対象であり，人々を引き付ける逸話のテーマとなっている．まったく見知らぬ人と出会い，そして見たところ互いに共通点はほとんどないものの，共通の友人がいることに思いがけずに気付いたりする経験は，たいていの人々にとって身近で親しみのあるものである．より一般的に，たいていの人々は，少なくとも以下のような考えについて聞いたことがあるだろう．地球上のどこかからランダムに選ばれた任意の二人は，少数の知人の鎖を経由することによって結び付けられている．ジョン・グエアの舞台劇「私に近い6人の他人」(1990) の登場人物であるウイザは，次のような有名な主張をする．

　　地球上の誰もがたった6人の他人によって分けられている．地球上でわれわれと他のすべての人々の間の6次の分離．合衆国の大統領．ベニスのゴンドラの船頭… 別に有名人ではなく誰でもよい．熱帯雨林の原住民，フエゴ諸島の島民，エスキモーでも．私は6人の人間の道によってこの地球上のすべての人とつながっている．これは深遠な思想である… 各々の人間は他の世界へ道を開いてくれる新しい扉なのである．

6次（six degrees）は，今ではケビン・ベーコンからモニカ・ルインスキーへのすべての人を包含しており（Kirby and Sahre 1998），日常の話のネタにしっかりと組み込まれている．その結果，この考え方を真剣に受け止めるのは難しいようである．なおかつ，正確な次数がいくつであっても，人間の社会システムは物理的なシステムの構成法とは完全に異なる方法で構築されているようであり，距離の**推移性**（transitivity）として知られる条件を破っているように見える．物理的なシステム（一般的にたった3次元の空間で視覚化される）では，点，物体もしくはサブシステム間のすべての距離は，三角不等式によって互いに関連付けられる．この三角不等式とは，3点 (a, b, c) が同じ空間上にある場合，それらは三角形の三つの辺を経由して接続され，それぞれの辺の長さは $d(a, c) \leq d(a, b) + d(b, c)$ となる不等式に従わねばならないというものである．この三角不等式は，社会システムにおいては必ずしも真である必要はないように思われる．なぜなら，Aという人間はBおよびCという人間のことを十分よく知っているが，BとCは互いにほんの少しも親密ではないということがありうるからである．われわれの各々は単一の知人グループに属しているわけではなく，各グループの中ではすべての人がすべての人をよく知っているが，グループ間ではほとんど交流が生じないような多数のグループに属しているので，これは日常においてはごく普通のことである．一般的なことであるけれども人間関係のこの性質は，他者とどういうわけか「近い」世界にいる，すべての人間と大いにかかわりがある．直感では遠く離れているとは思っていても，現実には近いのである．

2.1.1 スモールワールドの簡単な歴史

理論的研究

Kochen, Poolにより問題の定式化と最初の数学的な解析（Pool and Kochen 1978）がなされた1960年代まで，スモールワールド現象に特化した研究は行われていなかった．彼らは，人々がもつ平均知人数，およびある集団におけるランダムに選ばれた二人のメンバーが一人もしくは二人の仲介人からなる知人の鎖に

よってつながっている確率を推定することで，研究の本格的な進展を遂げた．集団中に存在する社会構造や社会成層のレベルに関する多種の仮定を置いた上で近似値を算出した結果，非常に構造化された集団においても，その固有パス長がまったく構造化されていない集団の固有パス長よりもたいして長くならないような知人の鎖をもつと（推論的に）結論付けた（ここで，AがBを知っているとした場合，AがCを知っている確率は，BがCを知っているかどうかとは独立である）．アメリカ合衆国におけるそのような集団に関して，また，一人当たりの推定平均知人数が千人程度の集団に関して，集団の任意のメンバーはたかだか二人の仲介人からなる知人の鎖で他者とつながっているとPoolとKochenは推定した（つまり3次の分離である）[*1]．

しかしながら，社会ネットワークの距離に関する研究は，PoolとKochenの研究の発表より25年以上前に，シカゴ大学のRapoportとその同僚によって始められた．"Bulletin of Mathematical Biophysics"に発表された1950〜60年代の一連の論文でRapoportとその同僚は，構造の度合いが変化する際に集団の中での病気の拡散に関する統計を記述する**ランダムバイアスネット**の理論を確立した．

はじめに，SolomonoffとRapoport (1951) は，ランダムに接続されたネットワークにおける拡散（dispersion）に関するアイデアを構築した．このランダムに接続されたネットワークでは，各々の要素は同じ接続数（k）をもつと仮定されている．これらの仮定——つながりの**独立性**およびノードの**規則性**——に基づいて，小さな初期状態の集合から到達されうる集団の期待割合（η）の近似式を導出した．集団のうち割合 $P(0) \ll 1$ が最初に感染したとすると，$(1 - P(0))$ は初期状態では**感染していない**ことを表す．独立性に関する条件の結果，病気は指数的に拡散し，各々の時間ステップで新たなメンバー $P(t)$ が感染する．

$$P(t) = \left(1 - \sum_{i=0}^{t-1} P(i)\right) \left(1 - \exp^{-kP(t-1)}\right) \tag{2.1}$$

Rapoportは t の極限において，全体の感染割合 η に関して以下の式が成り立

つことを示した.

$$\eta = 1 - (1 - P(0))\exp^{-k\eta} \tag{2.2}$$

この近似化が行われて以降，さまざまな現実主義的な進展がなされており，その中で最も注目すべき結果は以下のとおりである.

1. k 人の知人から選ばれうる**有限部分集団**への制限，および対応する**友人の輪の強い重なり**（Rapport 1953a, 1953b）
2. **構造的なバイアス**の導入，とりわけ**同類指向**（homophily）（自分自身と似たような人々を友達とする傾向），辺の**対称性**（有向辺ではなく無向辺を意味する），**三者閉包**（triad closure，ある人の知り合い同士が互いに知り合いになる傾向（Foster et al. 1963））
3. 非均一なサブグループへの集団の**社会的分化**（Skvoretz 1989）

後の Rapoport の研究（1957）では，感染した各々の人間は k 人と**接触**するかもしれないが，これらのうちの幾人かはすでに感染しているかもしれず，それゆえ病気の発生から t ステップ離れたメンバーごとの**実質的な**接続数は，$t > 0$ に対して $\kappa(t) \leq k$ となり，もはや定数ではないことを実際のネットワークから明らかにした．Fararo and Sunshine（1964），Skvoretz（1985）では，定数 $\kappa(t) = k$ の場合を議論しているが，構造的なバイアスを説明するモデルは Skvoretz（1989）より以下の式で表される.

$$P(t) = \left(1 - \sum_{i=0}^{t-1} P(i)\right)\left(1 - \exp^{-\kappa P(t-1)}\right) \tag{2.3}$$

ここで，特殊なケースである無向な紐帯の場合には，

$$\kappa = \begin{cases} \dfrac{(k-1-\zeta(k-1))(1-(1-\zeta^2)^k)}{k\zeta^2}, & \zeta > 0 \\ k-1, & \zeta = 0 \end{cases}$$

となる．$\zeta = \zeta_s(1-qS)$ は**三者閉包バイアス**，ζ_s は**強い紐帯**の三者閉包バイアス，ζ_w は**弱い紐帯**の三者閉包バイアス，$S = (1-(\zeta_w/\zeta_s))$ は**弱い紐帯の強さ**の尺度，q は接続が弱い確率を表している．

上記の表現は，「強い」紐帯と「弱い」紐帯の区別を必要としていることに注意．紐帯の**強さ**は，紐帯自身の固有の特性によってではなく，周囲のネットワーク構造によって決定される．具体的には，（このアイデアを導入した）Granovetter は強さを以下のように定義した．

> 二つの任意に選ばれた個人 —— A と B と呼ぼう ——，および A もしくは B のどちらか一方**もしくは**両者と紐帯をもつすべての人間の集合を $S = \{C, D, E, \cdots\}$ とする．二者（dyadic）の紐帯がより大きな構造に関係することが可能になる仮定は，A と B の間の紐帯が強くなるほど，S 内で**両方**と結び付いている —— すなわち，弱いもしくは強い紐帯によって —— 要素の割合が大きくなることである．友人の輪における重なりは，紐帯が存在しない場合には最低となり，強い場合にはほとんどを占め，弱い場合にはその中間となると予想される．(1973, p.1362)

後の論文（1983）で Granovetter は，実際のところ社会ネットワークでは，弱い紐帯は強い紐帯よりも重要であると強く主張している．

> 知人（弱い紐帯）同士は，親しい友人（強い紐帯）同士に比べると社会的にあまり関係をもっていない…
>
> この主張によって示唆される社会的な構造の全容は，任意に選択された個々（"Ego" と呼ぼう）の状況を考慮することによって理解される．Ego は堅密な友人の集団をもつ．すなわち，ほとんどの友人が互いに連絡を取り合っているような社会構造の密な一群である．さらに，Ego は互いのことを知っているものがほとんどいない知人の集団をもつ．しかしながら，これらの知人の各々は，彼もしくは彼女独自の親しい友人をもっており，それゆえ社会構造と密接にからまっているが，Ego 自身の構造とは異なっ

ている．つまり，Ego とその知人との間の弱い紐帯は，単に取るに足らない知人の結び付きではなくて，親しい友人の密に編み込まれた二つの集団間の重要な架け橋となっている．前のパラグラフの主張が正しい限り，紐帯が弱い紐帯でなければ，これらの集団が互いに接続されることはない．（p.203）

紐帯が弱い確率（q）は，二つの接続された頂点が弱く重なり合っている友人の輪をもつ可能性に対応する．S は，弱い紐帯が強い紐帯と比べてどれだけ三者閉包を完成させにくいかを表している．それゆえ，S は弱い紐帯がどれだけ有効に働くかを表す指標である．この**弱い紐帯の強さ**という考え方の重要性は，Skvoretz および Fararo によって補強された（Skvoretz 1989）．彼らは「集団中で弱い紐帯が強くなるほど，（弱い紐帯の三者（triads）がより堅密にならず，また，弱い紐帯が比例してより頻繁に現れるという二つの意味において）ランダムに選ばれた初期ノードが他のすべてと堅密になる」ことを示した．

これがどのように働くか，そしてどのくらい重要であるかが，この本の主たる関心である．紐帯の強さと三者閉包に深く関係する考え方がクラスタリングである．クラスタリングは社会ネットワークの研究者の関心事であり，スモールワールド問題への重要なつながりをもつ．サブグループ間では互いに協調しないような，協調的なサブグループへ分割可能なネットワークという考え方は Davis (1967) によって初めて定式化されたが，隣人が多かれ少なかれ密につながっているという考え方は，少し後に Barnes (1969) が検討を行うまで定量化されなかった．Barnes は，ネットワークの要素 v の**密度**を，（v と v が直接連結される要素によって定義される）v の直近の隣人におけるすべての可能な接続数と実際に存在する接続数の割合と定義した．密度に非常によく似た標記である**クラスタリング**は，この章で後に定義する[*2]．Barnes は同様に，パラメータ $n = 100$，$k = 10$ をもつ定性的に異なるネットワークについて論じ，それらのネットワークが異なる局所的な密度をもち，ネットワークの要素の典型的な分離は密度が高くなるにつれて現れやすくなることを発見した．この解析は，密度のようなネッ

トワークの局所的な性質がその大域的な性質を決定しうるという考え方に触れているものの，二つのスケールにかかわる最初の体系だった試みは，**構造同値性**の概念と**ブロックモデリング**技術の発展であろう．Lorrain および White（1971）によれば，「a が（あるカテゴリ）C の各オブジェクト x に，b とまったく同じ方法で関連付けられる場合，a は b と構造同値である．構造の論理の面から見ると，a と b が代用可能であれば，a と b は絶対的に等しい」．

それゆえ，少なくともある1種類の社会的な関係のみを考慮するような限定的な場合，クラスタリングと構造同値性は局所的なレベルで「誰が誰を知っている」ということに関して多くの同じ情報を表している．ブロックモデリング（White et al. 1976）では，ネットワークを構造的に同値な要素の**ブロック**から構成されると考え，これらのブロック間の関係としてグラフを表現する．これは，局所的な構造の知識を保持しながらネットワークの大域的な視点を構築する方法という意味で，Granovetter の弱い紐帯で接続された Barnes のクラスタの融合に似ている．しかしこの手法では，**経路**（pathway）の特性を考える代わりに異なるスケールでの**堅密性**（knittedness）を直接見ているので，バイアスネットに関する理論家の研究とは異なったものとなっている．

ここで紹介した研究に深く関連する社会ネットワーク研究の最後の領域は，社会ネットワークが存在すると推定される空間の次元とその幾何に関するものである．この問題に対して多くのアプローチが考案されているが，ほとんどすべてが**多次元スケーリング**の説明に帰着する．この語は，各種の研究領域で数十年にわたって多くの研究者によって開発された技術を大雑把に括ったものを表しているが，すべては多かれ少なかれ基本的に以下の考え方に基づいている．

ある集団が，有限の（ただし場合によっては大きな）次元をもつ「社会空間」上に存在すると仮定する．この空間上で，各々のメンバーの座標 $(x_1, x_2, \cdots, x_m)$ は，集団の各メンバーを一意に同定するのに十分な特性の集合の定量的な尺度を表している．しかしながらこれらの座標は，空間の次元と同じく観測者には不明である．観測者が**知っている**のは，メンバーの対 (i, j) の**距離**（$\delta_{i,j}$）である．距離は問題に依存した方法で定義されるが，しばしば観測者もしくはメンバー自身

によって作られた相互作用の頻度や，ある種の類似性の評価に関連付けられる．そうすると，問題はある特別なメトリック（測定基準）を選ぶことで，既知の距離が座標に結び付けられるような首尾一貫した方法で座標を選択し，空間を再構成することと言える．そして，基本的にその選択の違いによって各手法に違いが現れる．

メトリック法（Davidson 1983 の第 4 章を参照）と一般に呼ばれる方法は，標準ユークリッドメトリックを利用する．

$$\delta_{i,j} = \left[\sum_d (x_{id} - x_{jd})^2\right]^{\frac{1}{2}} \tag{2.4}$$

他の方法としては，式 (2.4) の変種を利用する**ノンメトリック法**が知られている（Davidson 1983 の第 5 章を参照）．

$$\delta_{i,j} = f\left(\left[\sum_d (x_{id} - x_{jd})^2\right]^{\frac{1}{2}}\right) \tag{2.5}$$

ここで，f はある単調な関数（すなわち $d_{ij} < d_{i'j'} \Rightarrow f(d_{ij}) < f(d_{i'j'})$）である．実際のところ，式 (2.5) はあらゆる点で式 (2.4) 同様メトリックであり，「ノンメトリック」という語は誤った呼ばれ方である．すなわち，異なるのはユークリッドメトリックではないという点だけである．ノンメトリックと非ユークリッドという語の混乱は，社会ネットワークの研究のある特別な分野で蔓延する結果となっている．例えば Barnett (1989) は，社会ネットワークを正確に記述するには非ユークリッド幾何学が必要であると述べている．Pool と Kochen は，人物 A が B および C の両方と大変親しい場合，それゆえ B と C は互いに知っている可能性が高いが互いに遠く離れている可能性もあるという社会ネットワークでは，ユークリッド空間における推移性が破られているという主張をし，上記の説を信じていた（Pool and Kochen 1978）．そして，もしユークリッド空間のこの基本原理が破られているとすれば，必然的に，社会ネットワークが存在する空間は非ユークリッドでなければならないと結論付けた．しかし，これは実際には 2.1.2 項で述べられる議論に関する誤解である．

2.1 社会ネットワークとスモールワールド

差し当たり多次元スケーリングは，単にシステムが存在すると推定される空間を再構成するために設計された処理であると認識することが重要である．つまり，集団のメンバーを区別する重要な要素の集合を生成したり，観測者が巨大な行列をじっと見ることによって得られるものよりも，メンバー間の関係を発見できるようなデータの視覚的表現を与えるためのものである．それゆえ，選択されたどのような特殊なアルゴリズムをデータに適用する際にも，データを許容される誤差の範囲内に埋め込むために少ない次元で表現可能であることが期待される．$\Delta_{i,j}$ がメンバー間の距離情報を含む $n \times n$ の行列だとすると，常に n 次元空間のネットワークに埋め込むことが可能であることは明らかである．しかし $n > 3$ では，行列で表現されたデータの関係を視覚化するにはあまり役に立たない．そして別の見方をすれば，座標間に現れた関係はもともとの距離行列と同じく理解しづらいため，任意の n に対して完全に視覚化することはほとんど不可能である．それゆえ，埋め込みのフィットの良さとその次元は本質的なトレードオフであり，たいていの場合次元は 4 より小さく保たれるべきである．これはデータ解析に関して別の問題を引き起こすが，これらの問題をここで述べるのは適切ではない．これらの問題点やそれを乗り越えるために試みられた方法に関する概要は，Devidson（1983）や R. N. Shepard and Nerlove（1962）を参照されたい．

社会ネットワークの理論は基本的に区別されるが，互いに関係した四つの路線に沿って進められてきた．

1. 局所的な構造の度合いが変化した際の，ネットワークを通る経路（pathway）の統計的解析
2. 局所的（クラスタリング）および非局所的（弱い紐帯）な効果の観点から見た，ネットワーク構造の定性的記述
3. 高度にクラスタ化された，もしくは同値なサブネットワークのメタネットワークとして見た場合の，ネットワークの繰り込み
4. 要素が容易に解釈可能で，メンバー間の関係がより簡単に視覚化可能な（できれば低い次元）空間へのネットワークの埋め込み

この理論的な発展と並行して（そしてしばしばそれらから駆動して），現実の社会ネットワークの構造を直接調べようとする実証的な技術も発展している．しかしながら，理論的側面と同様，この分野の活動では，スモールワールドに関する研究は1960年代の後半まで顧みられていなかった．

実証的研究

最初の実証的研究は，PoolとKochenが彼らの理論的なアイデアを研究している頃とほぼ同時に，心理学者のStanley Milgramによって行われた．Milgramは特筆すべき，そして困惑される，権威に対する人間の倫理意識の明白な服従に関する研究（Milgram 1969）で有名だが，スモールワールド仮説（Milgram 1967）への非常に革新的な実験も行った．この実験でMilgramは，ネブラスカとカンザスの適当な「ソース」へいくつかの手紙を送った．その手紙には，マサチューセッツにいる二人の「ターゲット」のうちの一人にこれらの手紙を送るための手順がついていた．ターゲットの名前はわかっており，おおよその場所，職業，デモグラフィ[訳注1]に関しても記述されていたが，ソースは自分がファーストネームで知っている誰かに直接手紙を送ることしか許されていなかった．目的は，できるだけ少ない「ファーストネームに基づくリンク数」で手紙をソースからターゲットへ送ることである．それゆえ，鎖の各々のリンクはどの知り合いが最もターゲットに近いか，もしくは少なくともターゲットにより近いかについて，デモグラフィ，地理，個人的関係もしくは職業的関係を考える必要があった．また，各々のリンクは，添付されているターゲットの詳細情報に対応する自分自身の詳細情報を手紙中に記録するようになっていた．これは，手紙の転送状況および手紙が通った鎖のデモグラフィックな性質を追えるようにするためである．

この結果，途中にある地理・社会の広がりを越えて手紙が届けられるには，中央値として約5人の仲介人が必要であるとMilgramは決定した．実際のところ，この数が小さすぎるか大きすぎるかどうかは，議論の分かれるところである．一つには，各ステップで送信者が手紙を送るのに最適な人間を選べた（一人の

[訳注1]．年齢・性別など．

みを選べた）とは考えにくく，この効果が必要数よりも鎖を長くさせる傾向にあった．他方，一部参加者の無関心によって多数の鎖は完結しなかったし，長い鎖が短い鎖よりも途中で打ち切られやすいと考えられることから，この結果は，実験の性質上，小さい数に有利になるようバイアスされている可能性があった．White はこの効果を説明するモデルを提案し，約 7 人の仲介者という推定値を出している（White 1970）．いずれにせよ，正確な数値がいくつであったとしても，システムの全体の規模（この場合は人口の規模であり，1967 年にはアメリカ合衆国には 2 億人がいた）と比較して，この数がたいして大きくならないことを Milgram は明らかにしたようである．Milgram による二つ目の研究（Korte and Milgram 1970）では，ロサンゼルスの白人集団とニューヨークの白人と黒人の混ざったターゲット集団との間の知人の鎖の長さを測るために，前回とほぼ同じ方法を用い，似たような統計となることを発見した．

もちろん，社会ネットワークの研究および社会構造を観察するツールとして彼らが使用したものは，Milgram の最初の実験を行った時代にはすでにかなりの歴史をもっていた（1960 年代末時点でのこの分野のレビューは Mitchell 1969 を参照）．しかし，Milgram が着目したように**パス長**に関する問題を考えた研究者はいなかった．Milgram の結果がかなりの興味をかき立てた（現在もそうである）にもかかわらず，それ以降もこの性質とスケールに関する研究はほとんど現れなかったようである．おそらく Rapoport（Foster et al. 1963）の研究がこれに最も近く，彼は中学校における生徒集団の平均サイズを仲介人数の関数として測定した．この研究でさえ，関連するシステムはかなり小さく，スモールワールド現象の直接的な実験による検証というよりは，むしろネットワークモデルのパラメータを正当化するためのものであった．

実際，多くの実証的な努力は，（Pool and Kochen 1978 で示された）典型的な人間がもつ知人の数に関するより低次の問題に捧げられてきた．この領域に関する取り組みは，Pool が用いた電話帳法の改良版[3]を用いた Freeman と Thompson (1989) や，メキシコシティ居住者の知人の規模を決定するために，部分母集団サンプルとして 1985 年のメキシコシティの地震による被害者を用いた Bernard et al.（1989）によってなされている．この問題は困難な課題であることが判明しており，平均知人数とその分散が，与えられた知人のいかなる定義においても納得するよう決定されたとすれば，ネットワーク構造の理解において多大な成果であると同時に，ネットワークを理解する際に重要な役割を果たすものになるであろうが，あまり見込みはなさそうである．

2.1.2 実世界における問題

理論的問題

2.1.1 項で概観した研究者らは，社会ネットワークの実効的なサイズの問題に関して大きな前進を遂げたものの，彼らが問いかけた問題およびその答えを得るために用いた手法の両者に起因するいくつかの困難な課題のせいで，その進展は阻まれていた．Pool と Kochen の研究結果は，スモールワールド性が実際の社会に当てはまることを強く連想させるものである．しかし，彼らの研究結果は平均的な知人の数の推定にはあまり敏感ではないけれども [*4]，知人関係の条件付き確率の仮定，および大きなスケールの集団の構造に関する仮定に対しては非常に**敏感である**．つまり，これは集団の異なる部分に対して，条件付き確率の異なる規則が必要となるかもしれないことを意味している．Kochen のより最近の論文（1989b）でも，この本質的な理論的問題点に関してはほとんど前進がない．そしてこれが，秩序とランダム性との間の中間的な領域で動作する系を探求していると気付いたすべての理論家が直面している問題であることが判明した．多くの分野，とりわけ流体力学，非線形結合振動子のダイナミクス（第 9 章で述べる）でこの問題は生じている．しかしながら社会ネットワークの観点では，統計的な性質を解析的に扱いやすいネットワークは，(1) 完全に秩序立っている（例えば d 次元のハイパーキューブラティス），もしくは (2) 完全にランダムな（Rapoport のランダムウェブのような）もののみである．

これらのケースは，構造のスペクトルではまったく正反対であるものの，局所的な構造がその大域的な構造を（正確にもしくは確率的に）反映しているという重要な特性を共有している．そのため，厳密に局所的な知識のみに基づいた解析

が，ネットワーク全体の統計をとらえるのに効果的となる．すなわち，ある一つの重要な意味としては，ネットワークが至るところで同じように「見える」ということである．

残念ながら現実の社会システムは，これらの極端な性質の間にあるように見え，なお悪いことに，それらが位置するスペクトルがどこにあるのかさえ不明である．確からしいことは，理論的な説明が社会ネットワークの重要な特徴をとらえるのであれば，その説明によって秩序とランダム性の両方の要素を含む方法を導き出されなければならず，そして，異なるスケールにおける構造の出現を明らかにするものでなければならないということである．先に概観した多くの研究は，独創的で洞察に満ちた方法でこの問題に取り組んでいる．しかし，三つの中心的課題がいまだ残されているようである．

1. 社会ネットワークは本質的に**非局所的な**（Granovetter の「ブリッジ」）構造的特性をもち，純粋に局所的解析のみでネットワークの大域的な統計的性質を予想することができない．
2. 解析の困難さは，ネットワークの大きさの増加とともに増す．そのため，最も限定的な条件以外では，疎な連結性をもった大きな集団サイズ（n）のネットワークを分析した研究は存在しない．
3. 現実の社会ネットワークが構造のスペクトルのどこに位置するかは不明であるが，**連続的なネットワークの族**（family）の性質を取り扱えるものが存在しない．これらの構造的性質は，二つの極限の間で生じる**遷移**の場所や性質を決定する目的で，一方の極限からもう一方の極限へと幅広く変化する．

混乱に拍車をかけるのは，ネットワークがどの種類の空間上に存在するかを決定し，長さを測定する適切なメトリックを決定することが困難な点である．この困難な問題の原因は，しばしばネットワークが社会学的な文献で，（少なくとも）二つの関係を基礎として定義されることによると考えられる——(1)（未知の）「社会空間」の（未知の）メトリックで，一組のノードが互いにどれだけ離れて

いるか，(2) 一組のノードが連結されているかどうか，そして（たぶん）どのくらい強くつながれているかどうか．

　最初の関係は厄介な問題であるとわかる．なぜなら，相互作用の頻度，興味の重なり，または他の性質に代表される社会的距離を表す単一の指標を使うとすると，必ず曖昧さが生じ，算出された距離は三角不等式を乱すことになるからである．しかし，対応する空間を非ユークリッドだと宣言することは誤りである．実際，三角不等式を乱すことは，ユークリッド距離ではなく距離自身の基本的な概念を乱すことになるため，空間の幾何においてはるかに一般的な破綻の兆候となる．これは，三角不等式が**メトリック空間**（Munkres 1975）として知られている空間のクラスの，四つの基本的性質の一つだからである．このクラスは距離の概念（つまり**メトリック**）を定式化し，**いかなる**実用的な距離の概念も含む，幾何空間の非常に一般的なクラスである．そのため，あるネットワークで測定された距離が三角不等式と矛盾する場合には，(1) 距離を測るために用いた基準が間違っているか（データがどこか不完全もしくは間違っている），もしくは，(2) 空間がメトリック空間ではなく，そもそも距離の概念が無意味であるかのどちらかである．

　どちらの場合にも，測定された距離が合理的なメトリックの必要条件を**満たす**まで，任意の（そしてたぶん無意味な）変換をする（例えば，すべての距離に大きな定数を足したり，対数をとったり）ことなしに，測定された距離を意味あるものとして解釈することはできない．しかし，そのような操作は，データを救うというよりはデータの不備を明らかにしているわけで，その場合，社会的距離を測定する新しい方法や問題を解決する完全に異なるアプローチをとるべきであることを示唆している．

　この問題の最も確からしい原因は，ネットワークの中ではなく，社会空間の概念によってもたらされるより一般的な意味において，どれだけ人々が近いかもしくは遠いかを測定することに起因する難しさである．この問題に取り組もうとするやいなや，理論的（社会的距離は何を意味するのか？とか，最も重要な要因は何か？）および実証的（社会的距離が何だかわかったとして，どうやってそれ

を測るのか？）にそれが非常にとらえどころのないものであることが即座に明らかになる．仮に最もうまくいくシナリオであったとしても，長さのメトリックにどのようなものを選んでも，人々の関係にとって適切なすべての特性をとらえることはほとんど不可能である．しかしながら，社会的距離が少なくとも部分的には見方の問題であることから，そのような尺度は**多値**（多価）となることさえありうる．

　ネットワークの場合，問題は依然としてより不透明である．なぜなら，距離がネットワークの接続自身の観点で定義されうることから，その基礎をなす空間の関数であるかもしれないが，既知で自明なものではないかもしれないからである．ネットワーク距離とメトリック距離が一致しない場合，解析者は，またもや何らかのデータ操作と得られた結果の否定との間の選択に直面する．ネットワークの意味において距離を測定する方法論的基礎は，単に誰が誰とつなげられているかという観点から，理論的および実証的に非常に揺らぐことのない根拠に基づいている．そのため，ネットワークの距離はここでは単に距離の尺度として扱われることになり，非ユークリッド空間や非メトリック空間のすべての議論は存在しなくなる．ネットワークは必ずしもある特別な空間上に存在している必要はないが，すべてのネットワークの距離は三角不等式に必ず従わなければならないため，（ユークリッド空間の観点での考えを主張するのであれば）埋め込みは 2.2.3 項で簡単に述べるアルゴリズムによって保証される．

実証的問題

　同じ問題の実証的側面では，主な障害は，巨大で疎なネットワークにおいて，詳細な関係データを効果的に得たり表現することに関連する現実的な問題であるように見える．Milgram の方法論（「スモールワールド法」とも呼ばれる）は，想像力に富んだオリジナルなものであり，ネットワークにおけるランダムバイアストウォークとも言うべき現象の，いくつかの興味深い特性を解明する役割を果たした．つまり，送信者がどの知人が最適であるかを知る十分な知識をもっていなかった点でランダムであり，最適になるような試みがなされた点でバイアスさ

れたものであった．残念ながら，特定の研究の範囲を越えて，このような結果を一般化することは困難であり，それゆえネットワークの全体的な定性的構造について多くを議論することは難しい．

逆に，より広い意味でネットワークの連結性を再構築する試みは，各々が単一の接続にマップされる実際的な小規模の系（例えば Doreian 1974 を参照）に傾倒してきた．しかし，このような試みでは，興味深いスモールワールド現象が生じる局所的および大域的なスケールの間の中間的な見方はほとんどされていない[*5]．

結局，一人当たりの平均友人数のような，実際のネットワークのパラメータを評価するために使われる手法は，この種のデータを推定しようとする際に，大きな問題点をもつことが明らかとなっている．

1. たいていの人々は，友人の数を見積もるのが非常に苦手である．
2. この問題を回避する方法論的なコツは，（例えば長期間にわたってすべての対人の接触の記録をつけ続ける被験者を必要とするような）時間集約的かつ労働集約的なものである．
3. しかしながら推定した友人数は時間とともに変化する．
4. 友人数は"意味がある"とか"重要な"関係や接点の定義に大きく左右される．

たぶん，これらのすべてのうちで最後のものが最もやっかいである．というのは，知人関係の異なる複数の定義（例えばファーストネームを基本とするものと金の貸借の傾向）を用いて，知人関係の調査を少なくとも数回行っていない結果の正当性を危うくしてしまうからである．これは，「社会的距離」の定義に関する先に持ち上がった問題と同様の難しい問題である．距離に対応するような知人関係は（1）観測者のバイアス，（2）なされた質問，（3）問題となっているネットワークの構成員のいずれかもしくはすべてに依存して大きく変わりうる．

2.1.3 すべての世界を考慮するという問題の再構築

スモールワールド現象（および一般的な社会ネットワークの構造）の実証的研究に固有の問題点が明らかになったので，実証主義者が解決すべき将来の問題点にフォーカスを合わせる手段としてだけであれば，理論的検討は魅力的かもしれない．しかしながら，理論的アプローチもまた，少なくとも解析的な解法を主張するには，対象に関するいくつかの重大な制限があるように見える．つまり，ネットワーク構造の過度に限定的な理想化（これは細事にこだわり大事を失う）や，多数の任意のパラメータの林の中にある足を踏み込めない数値的解法の茂みの，どちらの犠牲になることもなく，理論の一般性を引き出そうとする新しい理論的アプローチが必要である．ここで述べる研究の背後にある動機は，過去のモデルに固有の社会学的詳細の多くを無視し，問題の一般的な言明についてより深く考えることによって，そのような展望を示すことにある．

> その問題とは，ネットワークがメンバー間に存在するつながりによってのみ表現され，すべてのつながりは等しく対称に扱われるものであると仮定した場合に，非常に秩序立ったものから非常にランダムなものへ及ぶネットワークのより広いクラスが定義される，というものである．つまりここでの問題は，「スモールワールド現象は，秩序から無秩序への遷移の過程のある点で生じるのか？　もし生じるのであれば，その現象を引き起こすものは何か？」である．別の言い方をすれば，「システムがスモールワールド現象を示すことを保証する最も一般的な特徴の集合とは何か？そして，ネットワークを生成する際に用いられるモデルと独立な方法で，これらの特徴を定めることができるか？」ということである．

ネットワークがスモールワールド現象を示すために必須な特徴という観点から見ると，今のところスモールワールド現象は正確に定義されていない．この定義は，異なるネットワークトポロジの調査によって，適切な定義の動機付けを与えるのに必要な直感を得るまで後回しにすることにする．たとえ正確に定義されていなくても，上で述べた目標が達成できれば，スモールワールド現象の存在に

ついて多くのことを言うことは可能であり，さらにどのようなシステムが現れ，どのような種類の応用に関して有用であろうかということが明らかになる．しかしながら，話を続ける前に，ネットワークとその興味ある性質を記述し定義するのに役立つグラフ理論に関して，いくつかの基本的な用語と研究結果が必要となる．

2.2 グラフ理論に関する背景

2.2.1 基本定義

最も基本的な意味で，グラフとは，何らかの方法で線の集合によって接続された点の集合にすぎない（図 2.1 を参照）．次に示すグラフの定義は，Wilson および Watkins (1990) によるものである．

【定義 2.2.1】 グラフ（graph）G は頂点（vertex）と呼ばれる空でない要素の集合と，辺（edge）と呼ばれるこれらの要素の順序のない対のリストから構成される．グラフ G の頂点の集合は**頂点集合**（vertex set）$V(G)$ と呼ばれ，辺のリストは**辺リスト**（edge list）$E(G)$ と呼ばれる．v および w が G の頂点であれば，形式 vw の辺は v と w の**接続**（join）もしくは**連結**（connect）と呼ばれる．

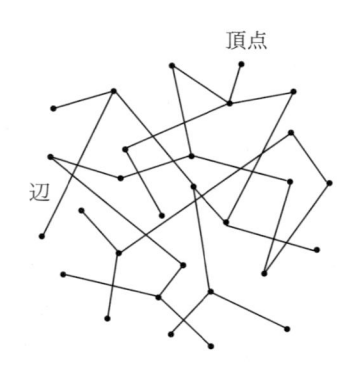

図 2.1 一般的なグラフ．

2.2 グラフ理論に関する背景

$V(G)$ における頂点の数はグラフの**位数** (order) (n), $E(G)$ における辺の数はグラフの**サイズ** (size) (M) と称される．グラフはすべての種類のネットワークを表現するのに用いられ，頂点はネットワークの要素（人間，動物，コンピュータ端末，組織，都市，国，生産施設など）を表し，辺は接続された要素間の前もって決められた関係（友人関係，捕食－被捕食関係，イーサネット，業務提携，高速道路，外交関係，生産フローなど）を表す．明らかに，要素および接続は，いくらでも（現実の）特性を具体化できるが，グラフ理論は一般的にネットワーク中の要素数と，辺の集合の特性の観点から見た互いの要素に関する関係のみを取り扱う．

この非常に一般的な定義によって，人々を困惑させるような複雑なシステムを表現することが可能となる．しかしながらここで考えているグラフは，以下のような制約に従うものである．

1. **無向**——辺は固有の方向をもたないため，表現されている関係は対称となる．
2. **重みなし**——辺は強度を与えられていない．それゆえ，後々特定の辺に与えられる重要性は，完全に他の辺との関係に由来する．
3. **単純**——同一の頂点対の間の複数の辺，もしくは自分自身への辺は禁止される．
4. **疎**——無向グラフでは，$E(G)$ の最大サイズ (M) は $\binom{n}{2} = n(n-1)/2$ であり，これは「完全結合」もしくは完全グラフであることに対応する．グラフが疎であるとは，$M \ll n(n-1)/2$ ということである．
5. **連結**——任意の頂点は，有限数の辺からなる経路を経由することで他の任意の頂点に到達可能である．

これらの仮定は明らかに，多くのネットワークの現実的な表現を得るための，モデルの能力に対する歩み寄りである．多くの場合，関係は有向であり（子－親，先生－生徒など），一方は明らかに他方よりも重要である．多くの実際のネットワークは連結されておらず，たいてい，複数のタイプの関係が同じ要素の集合

(例えばビジネスと友人関係の結び付きなど) 間に存在する．しかしながらこれらの仮定は，多数の解析の結果を単純化することに加えて，ネットワーク全体に要求されるような意味ある質問を可能にしつつ，最小限の任意の構造を取り入れるネットワークをモデル化する際の自然な出発点となっている．

グラフは絵を用いて表現されるが，グラフのほとんどの性質は，**隣接行列** (adjacency matrix) もしくは**隣接リスト** (adjacency list) を用いて計算される．**隣接行列** $\mathbf{M}(G)$ は $n \times n$ の行列で，$M_{i,j}$ は頂点 i と j を結ぶ辺の数を表す．重みのない場合，すべての要素は 0 もしくは 1 となる．**隣接リスト**は単純にグラフのすべての頂点と，それらに隣接している頂点のリストである．与えられた頂点 v に投射した辺の数 (つまり v の隣接リストのサイズ) は v の**次数** (degree) と呼ばれ，k_v と表される．頻繁に使われる統計量はグラフの**平均次数** k である．それゆえ無向グラフにおいて，k は n と M との関係を定量化する ($M = (n \cdot k)/2$)．上で述べた疎の条件が k に及ぼす効果は，すべてのグラフが $k \ll n$ となることである．すべての頂点がまったく同じ次数 k をもつグラフは，**k-正則** (k-regular) もしくは単に**正則** (regular) と呼ばれる．

2.2.2　距離と距離のスケーリング特性

ここで考える最も重要なグラフの統計量の一つは，**固有パス長** (characteristic path length) $L(G)$ であり，これは，各頂点と他の頂点間の典型的な距離 $d(i,j)$ のことである．ここで距離は，グラフが埋め込まれているグラフとは独立に定義されるメトリック空間を指すのではなく，明確なグラフのメトリック――単に，頂点 i から j に到達するためにたどられる (辺の集合中の) 辺の数の最小値にほかならない．これは，i, j 間の**最短パス長** (shortest path length) とも呼ばれる．このグラフの不変量に関する研究には長い歴史があり，複数の分野にまたがって複数のアプローチがとられている．1947 年に，Wiener はパラフィンの融点に関連して，グラフ (Wiener index とも呼ばれる) のすべての頂点対の距離の合計に関する研究を行った (Wiener 1947)．このグラフでは，頂点が原子を，辺が分子内のつながりを表している．この研究以降，すべての頂点対の平均距離やグラフ

2.2 グラフ理論に関する背景

内のすべての距離の合計は，階層における社会的身分（Harary 1959），建築の見取り図（March and Steadman 1971），コンピュータネットワークの性能（Frank and Chou 1972），電話ネットワーク（Lin 1982; Pippernger 1982; Chung 1986），未合成の炭化水素の物理的特性（Rouvray 1986）などに関するパラメータとして使われている．

　これらの研究すべてを通して，一般的な連結グラフ [6] の固有パス長の解析的表現を発見する問題は解決されておらず，研究者はさまざまなクラスのグラフにおいて，パス長の上限や下限を明らかにすることしかできていない．Cerf et al.（1974）は完全な拡大グラフを仮定することで，k-正則グラフの $d(i,j)$ の平均の下限を確定した．すなわち，任意の頂点から出発して，k 個の頂点が距離 1 で到達可能であれば，これらの頂点の各々から，他の $(k-1)$ 個の新しい頂点は距離 2 で到達可能であり，グラフ全体にたどりつくまで重複なく，これが繰り返される．ムーアグラフとして知られるこのタイプのグラフは，各々の頂点が k 個の新しい頂点に到達するという意味で，k-正則グラフの最も**効率の良い**グラフである．しかしこれは，グラフを重複なしに完結することが可能である一握りの特殊な場合（Chung 1986）を除いて証明されていない．（何があっても到達できない）理論的な下限に関するムーアグラフの重要な結果は，$k>2$ に対して，任意の**正則**グラフの固有パス長は，たかだか n の対数オーダで増加することである．ランダムグラフがこの下限の良い近似となっていることを後々説明する．

　Entringer et al.（1976）は，グラフのすべての距離の合計は完全グラフにおける合計と，各々の頂点で $k=2$ である 1 次元の**鎖**における合計との間に存在することを示した．Doyle と Graver（1977）は後に，環構造——末端同士が接続された鎖——が周期的境界条件をもつ任意のグラフの最大の固有パス長をもつことを示した．この結果は，必ずしも高次の k（頂点は隣接する隣人，次に隣接している隣人などなどとつながっている）に拡張できないが，大きな k をもつ環構造は，与えられた n と k に対する最大可能固有パス長に近付くことを意味している．また，環構造は最も効率が良いと同時に最も効率の悪い 2-正則の構造であり，とりわけ興味を引くものであるとも言える．事実，環構造は**唯一の** 2-正則構

造であり，任意の二つの辺の削除によってグラフが分割されるという意味で，2-連結でもあるというさらなる性質ももっている．それゆえ，環は唯一の最小限で連結されている正則グラフトポロジであり，この事実は第3章で有用なものとなる．

この研究に続いて，平均距離や距離の合計のより厳密な境界が，特殊なクラスのグラフ（Buckley and Superville 1981），ダイグラフ（digraph）（Plesnik 1984），木構造（Winkler 1990; Entringer et al. 1994），ランダムグラフ（Schneck et al. 1997）等で求められている．これらの試みにおける最大の問題は，興味ある量に非常に緩い境界を課す，もしくは境界が当てはまるグラフのクラスに強い制約条件を必要とする点である．どちらの場合でも得られた結果は，任意のグラフの固有パス長を実際に決定する問題に対してほとんど手助けにならない．

近年，いくつかの新しいアプローチが，とりわけ Chung（1988, 1989, 1994）やMohar（1991）によって開発されている．これらのアプローチでは，さまざまな望ましいグラフを制限することなく，固有パス長に境界を与える．残念なことにこれらの境界は，事実上，固有パス長自身と同じように，求めるのが困難な他のグラフの不変量の観点で記述されている必要がある[*7]．そのようなグラフの不変量同士の関係は興味深いものの，本来の目的が具体的に長さの計算もしくは推定を行うことであるので，これらの関係は実際にはあまり手助けとならない．またこの結果は，一般的にグラフの長さ特性の解析公式を導くことが難しいことを示唆している．

こうなると，固有パス長の明らかで自然な定義は，すべての頂点対 $\binom{n}{2}$ にわたって $d(i,j)$ を平均化したものであり，ある知られているグラフにおいて数値的に計算するのが一番良いと考えるかもしれない．しかし残念ながら，n が大きくなるとこれを正確に計算することは非現実的となり，定められた正確性の範囲内で長さを推定するランダムサンプリング技術が必要となる．そのようなサンプリング技術を用いると，最短パス長の平均よりも**メジアン**を推定するほうが非常に簡単になる．平均とメジアンは適度に対称な分布に関して実用的上同一のものとなるので，メジアンのサンプリングの効率は，最も適切なグラフの長さの

2.2 グラフ理論に関する背景

尺度として注目に値するように見えるかもしれない.しかしながら,メジアンは整数値であるという欠点をもつ. n を増やした場合の長さの**スケーリング特性** (scaling property) もまた興味深いものであり,ある種のグラフの固有パス長は n の数桁のオーダにわたって同じ桁のままであるため,整数値で表される長さは詳細な情報を十分に与えることができない.平均のもつ実数値の利点をもち,メジアンのサンプリングの手軽さの多くを盛り込んだ妥当な折衷案は,以下のとおりである.

【定義 2.2.2】 グラフの**固有パス長**(L)は,各々の頂点 $v \in V(G)$ からすべての頂点に連結している**最短パス長**の**平均**の**メジアン**である.すなわち,$d(v, j)\ \forall j \in V(G)$ を計算し,各々の v に対して $\bar{d}_v$ を求める.そして,L を $\{\bar{d}_v\}$ のメジアンと定義する.

上で述べたように,大きな n に対するランダムサンプリング技術には,Huber (1996) による結果が用いられている.この方法によれば,$\bar{d}_v$ は以下のように定められたランダムに選ばれた頂点の部分集合 s によって計算される.

> サンプリングによって近似的なメジアンを見つけることは,比較的容易である.はじめに s 個をサンプリングし,その中からメジアンを見つける.より一般的には,少なくとも集合 (n) における qn の数が M_q 以下であり,少なくとも $(1-q)n$ の数が M_q 以上である場合,M_q を **q-メジアン**と呼ぶ.
>
> 少なくとも集合の中の $qn(1-\delta)$ の数が $L_{(q,\delta)}$ 未満であり,少なくとも $(1-q)n(1-\delta)$ の数が $L_{(q,\delta)}$ 以上である場合,$L_{(q,\delta)}$ を **(q,δ)-メジアン**と呼ぶ.同様に,$(1-\delta)q \leq q' \leq (1+\delta)q$ を満たす q' に対して $L_{(q,\delta)} = M_{q'}$ である.
>
> 高い確率で正しいそのような値 $L_{(q,\delta)}$ を見つけることは,線形時間を要する M_q の発見よりもはるかに高速である.$L_{(q,\delta)}$ の値を見つけるには,s をサンプリングし,サンプルの q-メジアンを見ればよい.(p.2)

【定理 2.2.1】 上記のアルゴリズムは，もし s 個のサンプルがとられれば，$1-\varepsilon$ の確率で正しい $L_{(q,\delta)}$ の値を導く．ここで，$s = (2/q^2)\ln(2/\varepsilon)1/(\delta')^2$ であり $\delta' = 1/(1-\delta) - 1 = \delta/(1-\delta)$．$\delta$ が小さい場合には $\delta \simeq \delta'$（Huber 1996）

定義 2.2.2 で必要とされる計算は，Huber によって実際に提案されたものよりも効率が悪い．これは，s 個の完全な探索木の代わりに s 個の頂点対のみをサンプリングするからである．しかし，計算時間の違いは単に定数のファクタであり，これは実数値の長さの尺度の有用性に貢献する理にかなった犠牲である．

固有パス長の正確な（$n \lesssim 1000$ でのみ実用的），もしくは近似的な値を出したことで以下の疑問が生まれる．すなわち，n と k の変化に対して L はどのように**スケール**するのか？ L の**スケーリング特性**が L 自身の特定の値よりもグラフの**定性的な構造**（もしくは**トポロジ**）をより直接的に表していることから，この問題は重要なものとなる．秩序とランダムの間を補完するグラフの一つのパラメータ（あるパラメータ p）で表現される族の観点から，n および k を変化させるがグラフの定性的構造を維持することの意味を第 3 章で明らかにする．ポイントは，パラメータ p の異なる値が異なる定性的構造を表し，n と k が異なるが同じ p をもつグラフが定性的に同じであることである．これは，次の定義を導く．

【定義 2.2.3】 ある決まった値 p に対して，$G(p)$ の n に対する距離のスケーリング特性（length scaling）は，

$$\lim_{\substack{n_1 \to \infty \\ n_2 \to \infty}} \left(\frac{L(G(p; n_1, k))}{L(G(p; n_2, k))} \right)$$

であり，ここで，$n_1 > n_2$，$1 \ll k \ll n_1, n_2$ である．また，以下の条件を満たす場合，T は n に関する d-スケーリングであると言われる．

$$\lim_{\substack{n_1 \to \infty \\ n_2 \to \infty}} \left(\frac{L(G(p; n_1, k))}{L(G(p; n_2, k))} \right) = \frac{n_1^{\frac{1}{d}}}{n_2^{\frac{1}{d}}}$$

【定義 2.2.4】 ある決まった値 p に対して，$G(p)$ の k に対する距離のスケーリング特性（length scaling）は，

$$\lim_{n \to \infty} \left(\frac{L(G(p; n, k_1))}{L(G(p; n, k_2))} \right)$$

であり，$k_1 > k_2$，$1 \ll k_1$，$k_2 \ll n$ である．

パラメータ p はグラフの無限集合を定義するため，各々のグラフは集合に共通したある構造的な特性を示す．そのような集合のメンバーの固有パス長は $1 \leq L \leq \infty$ にわたって変化しうるが，スケーリング特性は集合の要素全体にわたって不変である．そしてこれこそが，与えられたグラフの質を特徴付ける際にスケーリングの概念が有効である理由なのである．つまり，与えられた p をもつ小さなグラフの性質を正確に計算することができれば，このスケーリング特性の知識から，その性質を直接計算することが困難な（同じ p をもつ）非常に大きなグラフに関する知見を得ることが可能となる．

2.2.3　近傍および分布数列

この本を通じて繰り返し現れるテーマは，一つの頂点からグラフ全体に拡散する情報に関するメタファである．連結グラフではグラフ全体がたどれるかどうかは問題とならず，これを達成するのに必要な**ステップ**数が重要である．ステップの表現は，頂点（図 2.2 を参照）もしくは連結部分グラフのどちらかの**近**

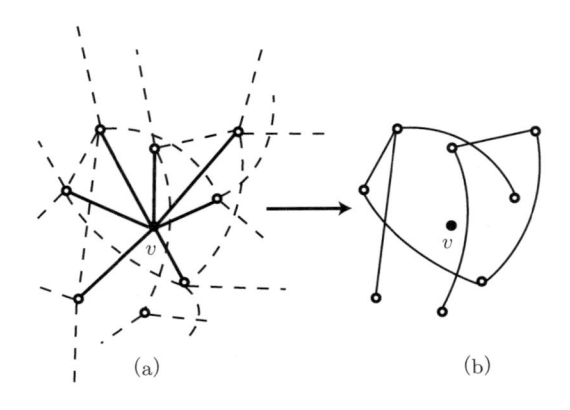

図 2.2　頂点 v の近傍．(a) v を含む $\Gamma(v)$ の頂点間の辺，(b) $\Gamma(v)$ の頂点間の辺のみを示したもの．

傍（neighborhood）の観点からとらえることができる．

【定義 2.2.5】 頂点 v の**近傍**（neighborhood）$\Gamma(v)$ は，v に隣接する頂点（ただし v を含まない）からなる部分グラフである．

【定義 2.2.6】 連結部分グラフ S の近傍 $\Gamma(S)$ は，S の任意の頂点に隣接する（ただし S の頂点を含まない）すべての頂点からなる部分グラフである．

【定義 2.2.7】 $S = \Gamma(v)$ となる特殊な場合には，$\Gamma(S) = \Gamma(\Gamma(v)) = \Gamma^2(v)$ となる．さらに一般的には，v の i 番目の**近傍**は $\Gamma(\Gamma^{i-1}(v)) = \Gamma^i(v)$ となり，$\Gamma^0(v) = \{v\}$ である．

【定義 2.2.8】 $0 \leq j \leq j_{\max}$ における数列 $\Lambda_j(v) = \Sigma_{i=0}^{j}|\Gamma^i(v)|$ は，v の**分布数列**（distribution sequence）である．ただし，$\Lambda_{j_{\max}}(v) = |G|$ である．

【定義 2.2.9】 すべての $v \in V(G)$ に対して $\Lambda_j = \overline{\Lambda_j(v)}$ は G の**分布数列**である．

これらの定義から，すぐにグラフの**直径**が $\max_v(j_{\max}(v)) = D$ であることが導かれる．Λ_j の関数形は，グラフを通じて情報が拡散する割合を表しており（辺に沿って頂点から頂点に信号が広がると考える．ただし，すべての辺は同じ時間を要する），それゆえグラフの構造そのものである．表 2.1 は，ほかならぬ著名

表 2.1 「ケビン・ベーコンゲーム」におけるケビン・ベーコンの分布数列（1997 年 4 月）．

j（ベーコン数）	$|\Gamma_j|$	Λ_j
0	1	1
1	1,181	1,182
2	71,397	72,579
3	124,975	197,554
4	25,665	223,219
5	1,787	225,006
6	196	225,202
7	22	225,224
8	2	225,226

なケビン・ベーコンの分布数列の実例である．ここで，j はベーコン数であり，Λ_j はベーコン数が j もしくはそれより小さい俳優・女優の数である．

2.2.4 クラスタリング

近傍の概念は，この研究において興味あるもう一つの統計量——グラフの**クラスタ係数**（clustering coefficient）——を定量的にとらえる際に有効である．

【定義 2.2.10】 Γ_v のクラスタ係数 γ_v は，任意の頂点に隣接する頂点が各々隣接している割合を特徴付ける．より正確には，

$$\gamma_v = \frac{|E(\Gamma_v)|}{\binom{k_v}{2}}$$

であり，$|E(\Gamma_v)|$ は v の近傍における辺の数であり，$\binom{k_v}{2}$ は Γ_v で張ることが**可能な**辺の総数である．

すなわち，部分グラフ Γ_v の k_v 個の頂点が与えられると，たかだか $\binom{k_v}{2}$ 個の辺がそのような部分グラフに張られる可能性がある．それゆえ，γ_v は単に Γ_v において可能な辺と実際に張られた辺の割合である．社会ネットワークのアナロジーから見ると，γ_v はある人の隣人が互いに隣人である度合いであり，それゆえ，v の友人ネットワークの中のクリーク（完全結合）の度合いである．同様に，γ_v は $\Gamma(v)$ の二つの頂点が接続されている確率である．グラフ全体にわたるクラスタリングの尺度は以下のようになる．

【定義 2.2.11】 G の**クラスタ係数** γ はすべての $v \in V(G)$ にわたって平均化した γ_v である．$\gamma = 1$ では，対応するグラフが $n/(k+1)$ 個の連結されていないが個々には完全な部分グラフ（クリーク）から構成され，$\gamma = 0$ では，頂点 v の隣人は，他のすべての v の隣人とは隣接していないことになる．

2.2.5 格子グラフとランダムグラフ

ほかにも測定可能な（そしてたぶん測定されるべき）多くのグラフの統計量が存在する．しかし，評価の基準として便利な特殊なクラスのグラフから始めることで，今の段階でもグラフ構造を大まかに調査することが可能である．そのようなグラフとは，**格子グラフ**（もしくは ***d* 次元格子**（*d*-lattice））と**ランダムグラフ**である．

d 次元格子の性質

【定義 2.2.12】 *d* 次元格子は，ラベル付けされた重みのない無向単純グラフであり，任意の頂点 v が格子の隣接頂点 u_i および w_i に以下のように連結された d 次元のユークリッド立方格子と同じものである．

$$u_i = \left[\left(v - i^{d'}\right) + n\right] \pmod{n}$$

$$w_i = \left(v + i^{d'}\right) \pmod{n}$$

ここで，$1 \leq i \leq k/2$, $1 \leq d' \leq d$ であり，一般には $k \geq 2d$ と仮定される．

すなわち，$k = 2$ の 1 次元格子はリングであり，$k = 4$ の 2 次元格子は 2 次元の正方格子などになる（例を図 2.3 および図 2.4 に示す）．原理的には，k は（意味があるのは $k \geq 2d$ であるが）任意の数をとりうる．そして，$k = 10$ の 1 次元格子を考えることも可能であるが，この場合，最も近い隣人，その次に近い隣人などなどが連結される（図 2.5 に他の例を示す）．固有パス長とクラスタ係数が明示的に計算されるため，これらの構造は特に都合が良い．$k \geq 2$ の 1 次元格子であれば，単純に，

$$L = \frac{n(n + k - 2)}{2k(n - 1)}$$

そして，

$$\gamma = \frac{3}{4} \frac{(k - 2)}{(k - 1)}$$

となる．

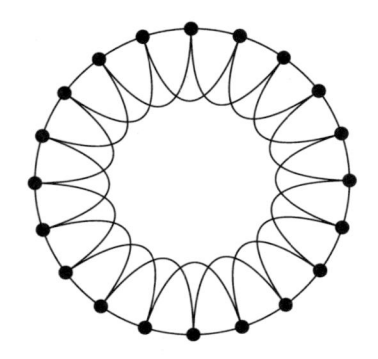

図 2.3　$k=4$ をもつ 1 次元格子の例.

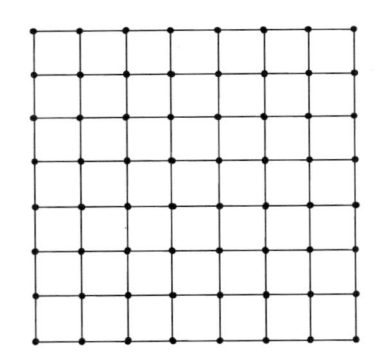

図 2.4　$k=4$ をもつ 2 次元格子の例（境界は周期的）.

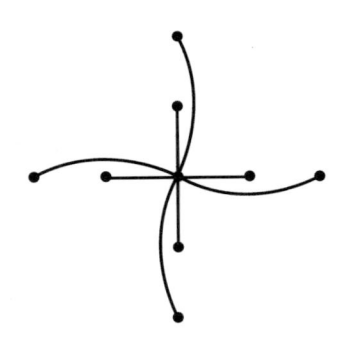

図 2.5　$k=8$ をもつ 2 次元格子の一つの頂点.

これらの記述から，1次元格子の L が大きな n に対して線形に，k とは逆数でスケールすることは明らかである．同じ長さのスケーリング特性は，1次元格子の分布数列を考えることで推論される．単純な計算で，すべての v および i に対して $|\Gamma^i(v)| = k$ という結論が導かれる．それゆえ，$\Lambda_j = jk$，すなわち分離の次数である j に対して線形となる．必然的に，線形に増加する分布数列は，n に対する線形な長さのスケーリングに対応する．L と異なり，1次元格子の γ は n と独立であり，十分大きな k では $3/4$ に近付く．この点では，事実上 k に独立となる．**つまり，任意の1次元格子はその距離のスケーリング特性とクラスタリング性によって特徴付けられる**．同様の記述はより高次の格子でも成立し，その場合には先に定義された d-スケーリングを示す．

ランダムグラフの性質

厳密に言えば，この項で議論されるランダムグラフの類は，この本ではそれほど頻繁には現れない．しかしながら，これらのグラフは重要な極限状態に対応し，d 次元格子と並んで後の章の標準的な尺度としてしばしば利用される．そして，これらは歴史的に，いくつかの社会ネットワークの構造に関する本質的な研究の源となった（古典的な例は Harary 1959）．それゆえ，少なくともランダムグラフの主要なクラス，適切な用語および定義，そして，この研究を理解し状況を説明する際に役立つ多少の重要な結果について目を通すことには，意味がある．

最も広い意味で位数 n のランダムグラフは，n 個の頂点からなる頂点の集合および，あるランダムな方法で生成された辺の集合にすぎない．そのようなグラフのすべての集合は $\mathcal{G}^n$ と呼ばれる．しかしながら，ランダムグラフのほぼすべての理論は，ランダムグラフの二つのモデルのうちの一つに関する解析およびそれらの関係にかかわるものである．モデルの一つは $G(n, M)$ であり，もう一つは $G(n, p)$ である．これら二つのモデルの基本的な性質の多くは，それらを解析するのに用いられる方法とともに，1950年代の後半から1960年代の前半にかけて，Erdös と Rényi による一連の論文によって明らかにされた（Erdös and Rényi 1959, 1960, 1961a, 1961b）．以下の内容は，Bollobás によるランダムグラフに関

する標準的なテキスト（Bollobás 1985）を参照している．

【定義 2.2.13】 $G(n, M)$ は $V(G) = \{1, 2, \cdots, n\}$ の頂点集合，およびランダムに選ばれた辺 M（M は通常 n に依存する）をもつ，ラベル付けされたグラフである．$G(n, M)$ はしばしば G_M と略される．

【定義 2.2.14】 $G(n, p)$ は $V(G) = \{1, 2, \cdots, n\}$ の頂点集合，およびすべての可能な辺 $\binom{n}{2}$ の各々が，他の辺とは独立に確率 $0 < p < 1$ をもつ，ラベル付けされたグラフである．$G(n, p)$ はしばしば G_p と略される．

ランダムグラフ理論は，基本的に G_M もしくは G_p に属するグラフが，通常，極限 $n \to \infty$ で与えられた**性質** Q（例えば連結されている）をもつ際の条件を定義する．大雑把に言うと，同じ頂点数をもつ似たグラフは同じ性質を共有する．そして，ランダムグラフ理論の研究者は，n の無限の極限で，特別な性質が**ほとんどすべての**グラフの適切なモデルで現れるような，M もしくは p の条件を発見することに興味をもっている．

通常の用途では，$M \simeq pN$ で与えられるように，G_M と G_p は実用上相互に変換可能であるが，G_p を用いると定理を説明するのがより簡単になる．というのは，G_M では（辺の総数は固定であるため）直前の選択に基づいて選択された辺のある種の依存性が必ず存在するのに対して，G_p では辺は独立だからである．しかし，この依存性は小さく，重要な結果に影響を与えないため，両方のモデルは単にランダムグラフと称される．

ランダムグラフ理論の最も目覚ましい結果の一つは，ほぼ単調[*8]な性質が突如現れることを明らかにした点である．すなわち，グラフが性質 Q をもつことがありうるか，ありえないかどうかを決定する**閾値関数** $M \cdot (n)$ が存在する．この閾値はいくつかの方法で定義されるが，たぶん最も直感的なものは，**グラフプロセス**として $\mathcal{G}^n$ を考える方法である．つまり，辺のない頂点の集合から始めて，辺がランダムに一本ずつ付加される．辺の付加のひとつひとつが単位時間とみなされる．すると，閾値関数 $M \cdot (n)$ はその性質が存在しそうにない前の，お

よび存在している確率が高い後の臨界的な時間とみなせる．これらの関数の特異性に関する技術的な問題や，それらがモデル間でどのように異なるかに関する問題が存在するが，ここではそのことには触れないことにする．理解する上で重要なことは，もし時間とともに成長する動的な「生命体」としてグラフを考えるのであれば，興味ある性質が実際に現れるのは，すべてのプロセスの時間スケールと比較して非常に小さい時間スケールで生じているようであるということである．同様に，パラメータ空間を経る旅としてランダムグラフの発展を考えるのであれば，すべての動作はそのような空間の非常に狭い部分で生じている．

閾値関数は，統計物理で非常によく研究されており（例えば Stauffer and Aharony 1992），第 II 部のダイナミクスで現れる 2 次の相転移を強く連想させる．さらに，この本で考えられているグラフは，厳密な意味でランダムグラフではない．辺の数 $M(n)$ はすべてのパラメータの値を保存しているにもかかわらず，正確にはこの種の急激な遷移は大規模な統計的性質の観点から生じている．ランダムグラフ理論に関係する興味深い類似性や結び付きは，第 4 章でより詳しく述べていく．

すべての性質 Q において，**連結性**ほど注意が払われているものは存在しない．グラフプロセスにおけるどの点でグラフは連結されるのだろうか？ この遷移をどのように行うのであろうか？ 連結されたとして，それらはどのように連結されるのか？ すなわち，グラフが再び非連結になる前に，何本の辺を取り去ることができるのであろうか？ そして，完全結合された部分グラフ（クリーク）の予想される分布とはどのようなものであろうか？ 最近の 40 年間にわたって，ランダムグラフの理論家によって解決されつつある主要な問題がいくつか存在する．しかしながら，ここで興味のある主要な統計量は固有パス長（L）であり，非連結のグラフは無限の L をもつことから，単なる連結グラフのみを考える．明らかにこのアプローチは，グラフの長さの広く一般的な扱いに関係する，ある重要なそして興味深い問題をもっともらしく言い紛らわせている．しかしながら，もたらされる単純さは問題の最初の通過点としては有用であり，いまだに学ばれる価値のある多数の興味深い点が存在する．ランダムグラフに関す

る限り，ErdösとRényi（1959）による有名な定理は，$n/2\ln(n)$ 以上の辺をもつ（$k \gtrsim \ln(n)$ と等価）ほぼ任意のランダムグラフは連結されるということを保証している [*9]．実用上，有限の n に対して単に $k \gg 1$ として，非連結グラフが生成されないことを確かめることで十分である．

興味ある最後の問題は，ランダムグラフの**直径** D に関するものである．ランダムグラフ理論において，直径はグラフの固有パス長の主たる尺度であるため，そしておそらく，平均やメジアン最短パス長のような尺度よりも定理を証明するのが容易であるため，重要である．しかしながら第 4 章で述べるように，ランダムグラフの平均パス長は直径に支配されるため，直径に関する重要な結果のすべては，多かれ少なかれ固有パス長の概念に適用できる．ここで，直径に関する興味ある二つの結果が存在する．一つは最大の次数が 2 であるランダムグラフの直径，もう一つは任意の次数をもつランダムグラフの直径である．この区別が必要な理由は，第 3 章のモデルの一つが連結性を扱う理由として，次数 2 の規則的に連結された土台（substrate）に基づくからである．それゆえ，そのような土台の長さのスケーリング特性を知ることが重要となる．例えば，n 個の頂点をもち $k=2$ である環構造（もしくは位相的なリング）の直径 D は $D \simeq n/2$ であり，それゆえ線形な距離のスケーリング特性を示す．これは，最大次数が 2 である任意のグラフで正しく，言い換えると，$k=2$ の**任意**の正則グラフはリングとなり，n に応じて線形にスケールする固有パス長をもつということと同じである．ランダムグラフ理論は，ほぼ常に $n \to \infty$ としたランダムグラフの性質について考えているので，任意の k に対する n の関数としての直径 D についてほとんど何も言っていない．さらに，Bollobás によるこの問題の取り扱いから二つのことが明らかなようである．

1. 十分に p（もしくは k）が大きければ，同じ n をもつほぼすべてのランダムグラフは同じ D をもつ．
2. ランダムグラフはほぼ拡散している．すなわち，j 番目の近傍 $\Gamma^j(v)$ はほとんどの新しい頂点を含み，その頂点は j より小さいものには含まれ

ていない．それゆえ，任意の頂点 v の距離 j 以内に含まれる頂点の数は，$k(k-1)^{j-1}$ よりも少なくならない．これは，分布数列の指数的な成長を表しており，$j_{max} \sim \ln(n)/\ln(k)$ となることを意味している．

これらの両方の記述は，後々の数値実験の際に役に立つ．最初の記述は，第 3 章のアルゴリズムを構築する際の詳細が，ランダム極限にとって重要となるべきではないことを意味するからであり，2 番目の記述は，ランダムグラフは任意の固定された n と k において最小限の L に近付かなければならないことを意味するからである．

2.2.6　グラフの次元と埋め込み

通常，グラフは任意の基礎となるユークリッド空間の観点から定義されず，グラフ理論の多くの問題は，グラフがそのような任意の空間に存在することを必要としてない．しかしながら，それにもかかわらずもしグラフが定義されたとすれば，それがどれほどの次元を必要とするかについて考えることには意味がある．より具体的には，任意の与えられたグラフがユークリッド空間に埋め込まれた点の集合として考慮され，その場合，任意の 2 点間のユークリッド距離はあるひずみ内の対応する頂点間の最短パス長となる．そして操作的な問題は，与えられたひずみにおいて，与えられたグラフを埋め込むのに必要な最小次元のユークリッド空間とは何か？ということである．もちろん，ユークリッドメトリックの一意なものは存在しないし，任意のメトリック空間において同様に同じ質問をすることができる．しかし，ユークリッド空間はよく知られており，また，後の章で紹介するいくつかのモデルの極端な場合が正確に $\mathbb{R}^d$ へ埋め込む d 次元格子であるため，ユークリッド空間は自然な選択となっている．この次元は，以下で定義されるような**埋め込み次元**である．

【定義 2.2.15】　グラフ G とひずみ $c > 1$ において，**埋め込み次元** $\dim_c(G)$ は，G の $\mathbb{R}^d$ への埋め込み ϕ が存在するような最低の次元 d である．ここで $\mathbb{R}^d$ では，各々の二つの頂点 $i, j \in G$ が，

$$d(i,j) \geq \|\phi(i) - \phi(j)\| \geq \frac{1}{c}d(i,j)$$

を満たす．

Linial et al.（1995）による定理は，n 個の頂点をもつ任意のグラフが，ひずみ $c \leq (1+\epsilon)c^*$ で，$\dim_c = O(\log(n))$，$c^* = O(\log(n))$ となる $\mathbb{R}^{\dim_c}$ に埋め込まれることを保証している．Linial の定理はより一般的であるが，この制限された言明でも十分である．

今の時点でいくつかの点に注目しておくのが適切であろう．第一に，この定理（Linial et al. が実際に埋め込みアルゴリズムとして述べている）は，2.1.1 項で述べた**多次元スケーリング**の技術に深く関係している．

二つ目に，固定された n に対して異なるトポロジをもつグラフは，一般的に異なる埋め込み次元をもつ．例えば，ランダムグラフでは単に $\dim_c(G) = O(\log(n))$ を保証しているにもかかわらず，任意サイズの d 次元格子が常に埋め込み次元 d をもつことは（Linial の定理なしでも）明らかである．ここでの含意は，少なくとも $n \to \infty$ で，d 次元格子は $\mathbb{R}^d$ に存在するにもかかわらず，同じ極限でランダムグラフが $\mathbb{R}^\infty$ に存在することである．このことは，もし d 次元格子からランダムグラフへとグラフ構造を変えるように辺を一つずつ切り替えた場合，グラフの次元に何が生じるかという概念的な難問を提起する．これは，今のところ解決されていない問題であり，研究上の重要な未解決の問題となっているようである．

最後に，グラフが埋め込み次元 d をもつとすると，その分布数列は $\Lambda_j \propto j^d$ のように成長すると期待できそうだということである．確かに，必ずこのように成長する必要のある d 次元格子の分布数列への類似性がありさえすれば，この言明はもっともらしく見える．ランダムグラフの対応する結果は，指数的に増加する分布数列であろう．この観測の別の面は，n に対して対数的にスケールする固有パス長 $L(n)$ をもつ任意のグラフが，距離とともに指数的に増加する分布数列をもち，それゆえ，その分布数列が $\ln(n)$ 次元空間にのみ埋め込まれうると期待することであろう．次章の主要な結果の一つは，そのようなグラフは，思っている

よりも非常に一般的に現れるということである．

2.2.7　クラスタ係数の他の定義

この本の初版が出版されて以降，クラスタ係数の他の定義が提案されている (Newman et al. 2002)．

【定義 2.2.16】　グラフ G のクラスタ係数は $\gamma = \frac{\sum_v |\Gamma_v|}{\sum_v \binom{k_v}{2}}$ で与えられる．

この定義では，除算する前に和をとるように定義 2.2.11 と計算順序を逆にしている．定義 2.2.11 はランダムに選ばれた頂点の二つの隣接頂点が連結される確率を表しているが，定義 2.2.16 は相互に隣接している頂点をもつ二つの頂点が連結される確率となる．これらはよく似ているように見えるが，場合によっては異なる結果となりうる．例えば，定義 2.2.16 は低次数の頂点の寄与よりも高次数の頂点の寄与に重みを置いており（それに対して定義 2.2.1 ではすべての頂点は等しく重み付けされる），少数の非常に大きな次数をもつ「ハブ」の存在によって特徴付けられるグラフではより適切なものとなる．これ以上はこの本での議論の範疇ではないが，詳しくは Barabási and Albert（1999）を参照．

第3章

広い世界と狭い世界
——グラフによるモデル化——

　第1章で提起した問い——すなわち，疎結合な大規模ネットワークにおいて，それぞれの要素が互いに「近い」状況を創り出すための条件は何か？——に答えを見つけるための一つの方法は，**グラフのモデル**をいろいろと考えてその性質を調べることである．グラフはこの問題を扱うのに適した構造体である．なぜならば，ここで重要なのはシステムを構成する要素がどのような性質をもっているかではなく，互いにどのようにつながっているかだからである．

　ここまでにわれわれは，d次元格子とランダムグラフという二つのグラフのクラスについて見てきた．具体的には，（偶数次数kの）1次元格子の固有パス長とクラスタ係数を与える式を導くとともに，ランダムグラフの固有パス長の性質やクラスタ性について議論した．まったく規則正しい1次元構造と完全に無秩序な高次元構造というこれら二つのモデルは，固有パス長の観点では，考えうるあらゆるトポロジの「世界」の中の両極端なケースを示していると言えるだろう（なお，ここでは連結グラフのみを考えている）．そこで，この二者の間がどのような構造をもつグラフによって埋められるのかを調べ，そこに何らかのおもしろい法則性を見つけ出そうというのが，ここでの目論見である．

　ここでは，いくつかの異なるアルゴリズムによって生成される複数のグラフを扱うが，そのいずれも二つのカテゴリのどちらかに属している．そのカテゴリとは，**関係グラフ**（rational graph）と**空間グラフ**（spatial graph）である．それぞ

れのカテゴリは，本質的には一つのパラメータに基づいて構成される，規則正しい構造をもつものから無秩序なものにわたるグラフの族である．同じカテゴリに属する異なる複数のモデルに対して，モデル非依存なただ一つのパラメータによって統一的な解釈が与えられる．パラメータの値を一つ決めたとき，nとkを変化させることで無限個のグラフが得られるが，その固有パス長とクラスタ性がnとkだけに依存するという意味で，これらは**構造的には類似したもの**となっている．しかし，異なるカテゴリに属するグラフを比べると，まったく異なったメカニズムに基づいて秩序立った構造から無秩序なものへ推移しているように見える．関係グラフには，構造を決めるルールが頂点間の距離を定める外部的な計量に依存しないという顕著な特徴がある．これはある意味，関係グラフの長所であり，各頂点はグラフの形状（例えば環構造など）に基づいてラベル付け，あるいは順序付けられる．そして，頂点間の距離は何らかの形で外部的に定義される空間から導かれるのではなく，グラフ自体の構造のみに基づいて決定される．空間グラフの状況はこの逆になっている．グラフは低次元のユークリッド空間に埋め込まれており，そこで定義されている**空間的距離**に基づいて頂点が配置され，グラフが構成される．後に示すように，関係グラフのみがスモールワールド現象を示すことができる．このことからも，この違いには大きな意味があることがわかる．なお，ここで扱う空間グラフはとりわけ強い空間依存性があるということに言及しておかなければならない．それは，辺の長さの分布に有限の確率分布の**カットオフ**（cutoff）が生じやすいということである．これは，空間グラフのもつ性質の中でも重要なものとして位置付けられるだろう．実際，風変わりな分布をもつ空間グラフでは，スモールワールド現象が認められることがある．ただし，この現象についてまだ正確にはわかっていない．

3.1 関係グラフ

関係モデルのカテゴリについては，3種類のモデルを紹介する．それぞれは，一つのパラメータに基づいて構成されるグラフの族であり，規則的な構造をもつものから無秩序なものまで広い範囲にわたる．一つ目のモデル（αモデル）は，

実際の社会ネットワークが形成される様子を，既存のつながりが新しいつながりを生むというネットワークの機能として示すことを意図して作られたものである．2番目のモデル（βモデル）は，αモデルで観察される現象の一般性を調べるために考えられたもので，αモデルから社会ネットワークに特化している要素を取り除く一方で，グラフ構造に関しては同様な範囲をカバーさせたものである．3番目のモデル（ϕモデル）は，α, βモデルそれぞれにおいて観察されるグラフの性質を統一的に説明したいという要求に応えるもので，**モデルに非依存なパラメータ（ϕ）を導入し，これらすべてのモデルがこのパラメータに沿って同じような特徴的変化を示す**ようにしている．この結果は，高度にクラスタ化された構造をもちながら小さな固有パス長をもつことで特徴付けられる**スモールワールドグラフ**（small world graph）というクラスの導入を通してスモールワールド現象というものに対する深い理解をもたらす．

3.1.1 αグラフ

第一の（それゆえα）モデルは，**社会ネットワークにおけるつながりの性質を**とらえようとする基礎的な試みである．第2章で議論したように，社会ネットワークの理論家は，人々がそれぞれ点に対応し，適当に定義された距離によって2点間の隔たりを測ることができる**社会空間**の概念を利用してきた．しかし，社会空間の特徴やそこに定義されるべき距離についてはほとんど何もわかっておらず，このアプローチはすぐに壁に突き当たることになる．ここでの難しさは，対象を詳細に記述しようとすることから来る．というのも，人間同士の複雑な関係を生む要素となる人の価値，特異性（idiosyncrasy），欠点などを整合性をもって包括的に扱う手段は，少なくとも，実際に起きている現象そのもの以上に複雑かつ詳細なものしか存在しないのだから．もちろん，これは，数学的なモデルを構成する際に常に根本的な問題となるものである．すなわち，現象の本質をとらえて抽象化するのにあたり，細かいところは取り除かなければならないが，本質にかかわる部分は残しておくようにしなければならない．もし，どんな詳細もすべて本質的であるとすると，そもそもその問題には解決の見込みがないか，数学的

解析が適切な手段でないか，あるいは，問題提起の仕方が間違っているかのいずれかである．一方，もし何か基本原理が働いているのであれば，それを単純で包括的なモデルを通して理解できる可能性がある．ここでは楽観的に，いま解くべき問題が後者のケースであるとみなし，次の二つの仮定をおく．

1. ネットワークにおいて問われるのは要素間のつながりだけであると仮定する．つまり，集団形成の要因は，集団が**実際に形成されている**状況により説明され，表現されると仮定する．これにより，空間や距離をどう定義すべきかについて（当面）悩まされることはなくなり，つながりだけを考えればよくなる．さらに，このつながりは対称的であり，その重要性も皆等しいと仮定する．つまり，人と人とが「知り合う」ための条件がどんな具合に定義されたとしても，ここで問題とするのは，二人は互いに知っているか否かのいずれかでしかない．
2. 新しいつながりが生成される確率は，既存のつながりのパターンに依存して決まると仮定する．これは，別の言い方をすると，ある人の現在の交友関係が将来に知り合う人をある程度決めてしまうということである．

既存の関係が新しい関係を**どのように**決めるのかを正確に把握するのもかなり難しい問題である．極端な例として，誰もがそれぞれただ一つのグループに属し，そこでは人々が完全に知り合い同士の関係でつながり合っているといった世界を考えることができるだろう．（石器時代の）**穴居人**（caveman）の世界とでも呼ぶべきその世界では，「あなたの知っている人は，あなたの知っている（その他の）人々についてだけ知っている」のである．穴居人の世界が，非連結な独立した「洞穴」からなるのに対し，「知っているだけ」という極端な条件を「ほとんど知っている」に緩めることで連結した世界（**結合した穴居人の世界**（connected-caveman world））を作ることができる．もう一つの極端な例として考えられるのは，新しい人間関係の生成がランダムに行われているのと見分けがつかないほど，既存の交友関係の影響力が希薄であるような状況である．このような世界は，アイザック・アシモフの小説（1957年）に登場する惑星——そこ

では未来の人類がそれぞれ孤立した状態で生活しており，ロボットや計算機を介して，配偶者とやりとりするのと同じくらいたやすく惑星上の任意の場所にいる人とやりとりができる——にちなんで**ソラリア**と呼ぶにふさわしいものだろう．まったく見ず知らずの人同士が出会い，メッセージをやりとりし，そしてその相手とついには結婚までしてしまうことさえもある，インターネットの「チャットルーム」という場の急増は，このような世界がすでに始まっていることを示しているのかもしれない．もちろん，われわれが実際に暮している世の中はソラリアのようではないし，ましてや穴居人の世界のようでもない．実社会においては数多くの友達の輪があり，その中ではほとんどが互いに知り合いである一方，比較的少ないながらも輪をまたがった交流もある．また，人の**グループ**というものは，だいたい数個の特徴的属性を使って表されるが（例えば「数学科の大学教授」や「女優」など），一人の人が共通点のない複数のグループにまたがって属しているということもありうるので（例えば，数学科の大学教授でかつ女優という場合），人々をそれらのカテゴリに分類することはできないのである．

α モデル

これらのことから，実際の社会ネットワークは，「穴居人」の世界と「ソラリア」という両極端の中間に位置付けられると考えるのが妥当だろう．しかし，もちろんその正確な位置は誰にもわからない．そこで，既存の関係を利用することが**実社会**においてどれほど重要なのかをあれこれ考えるより，両極端の間に位置付けられる**すべての** "世界" のそれぞれを，ある一つのパラメータの個々の値に対応するように構成し，それらを一まとまりにして調べるほうが見込みがある．このためには，以下の要件を満たすグラフ生成アルゴリズムが必要となる．

1. 一方の極端な世界（穴居人の世界）では，関連のない（つまり，共通の友人がいない）二人に新たなつながりが生まれる可能性は非常に低い．しかし，共通の友人が**一人でも**できれば，つながりが生まれる確率は急に高くなり，その後友人の数が増えてもその確率が高いまま維持される．このような世界では，将来誰かとのつながりが生じるのであれば，それはいま友

人を共有している人物とであることがほぼ確実である．よって，二人の人物の間に**友人関係が生まれる確率**をすべての友人に対する**共通の友人の割合**に対応付けてプロットすると，0 に近い値から始まり，すぐに（1 に正規化した）高い値を示すようになり，その後その値が維持される（図 3.1 を参照）．

2. もう一方の極端な世界（ソラリア）では，特定の条件を満たす人とつながりやすいといった傾向は何もない．このような世界では，友人関係が生まれる確率と共通の友人の割合の関係を示すグラフは，0 に近い値から始まり，すべての友人が共通の友人という状況になるまでしばらくそのまま 0 に近い状態が続き，その後，この値は急激に増えて 1 に達する（図 3.1 を参照）[*1]．

3. これら極端なケースの中間では，つながりが生まれる確率を示す曲線もまた，極端な二つの場合の曲線の間に位置する無限個の曲線のいずれかとし

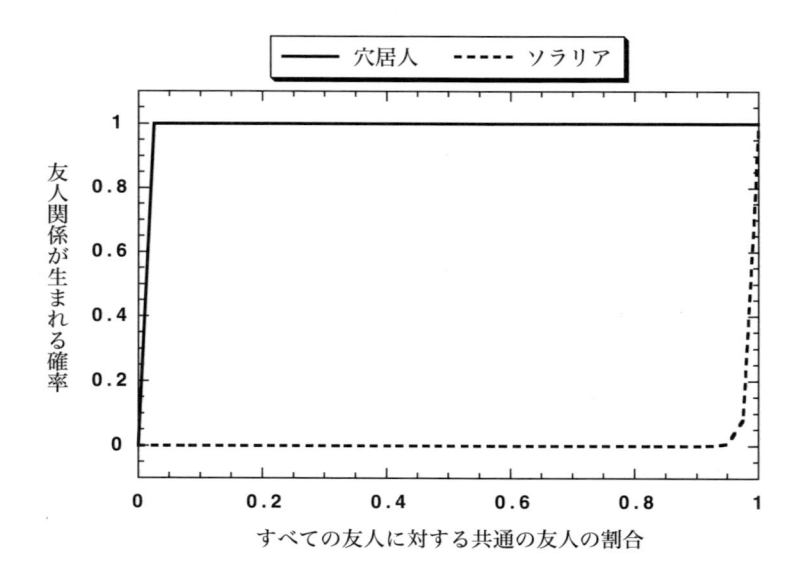

図 3.1 α モデルを導入するために考えた二つの極端な場合において，ある二人に「友人関係が生まれる確率」を「共通の友人」の割合の関数として示したもの．

て位置付けられる（図 3.2 にいくつかの例を挙げる）．ただし，その曲線は，共通の友人の割合の増加に伴って連続的で単調に増加するという条件を満たさなければならない．

この条件を満たすグラフの生成方法は複数考えられる．ここでは，その一例として次の式を考える．

$$R_{i,j} = \begin{cases} 1, & m_{i,j} \geq k \\ \left[\dfrac{m_{i,j}}{k}\right]^{\alpha}(1-p) + p, & k > m_{i,j} > 0 \\ p, & m_{i,j} = 0 \end{cases} \quad (3.1)$$

ここで，

- $R_{i,j}$ は頂点 i と j とのつながりやすさを表す数量（すでにつながっている場合には 0 とする）
- $m_{i,j}$ は頂点 i, j の両方に隣接する頂点の数
- k はグラフの平均次数

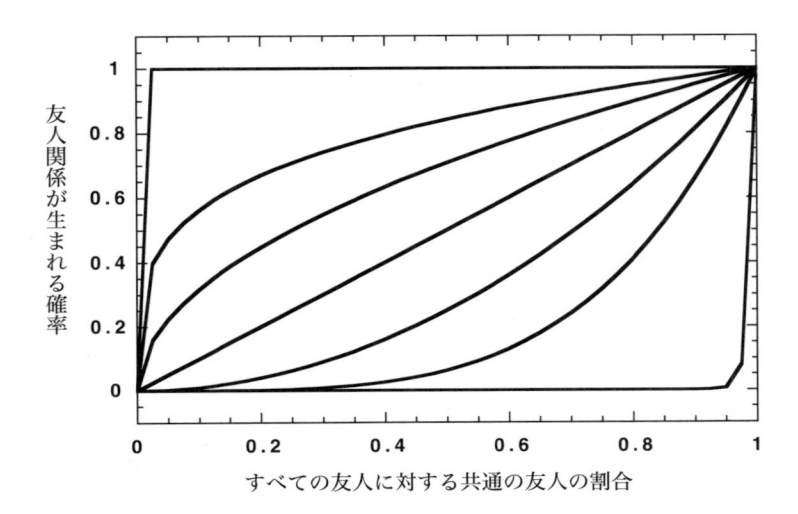

図 3.2 「友人関係が生まれる確率」の関数のグラフは，二つの極端な場合の中間に位置する無限の曲線のうちのどれかに対応すると考えられる．そのいくつかをここに示す．

- p はベースライン．辺 (i,j) が存在する確率 $(p \ll \binom{n}{2}^{-1})$ *2
- α は制御パラメータで，$0 \leq \alpha \leq \infty$

とする．

この式は，頂点の数と平均次数がそれぞれ n, k であり，パラメータ α で定まるグラフを生成するアルゴリズムの基礎となる．その手順は次のとおりである．

1. 頂点 i を決める．
2. すべての i 以外の頂点 j に対して $R_{i,j}$ を式 (3.1) に基づいて計算する．ただし，i, j がすでにつながっている場合には $R_{i,j} = 0$ とする．
3. $P_{i,j} = R_{i,j}/\sum_{l \neq i} R_{i,l}$ とする．$\sum_j P_{i,j} = 1$ が成り立つので，$P_{i,j}$ は i と j を結び付ける確率と考えることができる．あるいは，単位区間 [0,1] を $n-1$ 個に分ける半開部分区間の長さと考えることもできる．
4. $[0, 1]$ の一様乱数を発生させる．その値は上記の部分区間のいずれかに属することになるが，例えばそれが j_* に対応する部分区間であるとする．
5. 頂点 i と j_* をつなぐ．

この手順を，あらかじめ決めておいた数 $(M = (k \cdot n)/2)$ の辺が生成されるまで繰り返す．ある頂点 i のつなぎ先を「選ぶ」のがこの繰り返しの中で何番目になるかはランダムに決められるが，一度その順番が巡ってきたら，その他の頂点の相手が一通り選ばれるまで次の順番は回ってこない．一方，どの頂点もつなぎ先としては何度でも「選ばれる」ことができるので，（すべての α において）次数の分散は 0 ではない．また，すべての頂点が一通りつなぎ先を選択するまではどの頂点も 2 度目の選択を行えないため，（$k \geq 2$ である限り）いずれの頂点も孤立するということはありえない．

このように構成されたグラフに対して，次の二つの疑問が生じる．第一に，n と k の値を固定したとき，固有パス長 (L) とクラスタ係数の平均 (γ) の統計的性質が α にどのように依存しているのだろうか？ つまり，頂点の集合 (V) とそこに生成されるべき辺の数 $(M = (k \cdot n)/2)$ を決めたとき，それらの辺の（α

の値ごとに式 (3.1) に従って決まる) **配置**が，グラフの性質にどのように影響を与えるのであろうか？ 第二に，α を固定したとき，n, k の関数として L や γ がどのように変化するのであろうか？ 言い換えると，α の値を一つ決めたとき，n や k の増加に伴ってグラフがどのように**成長**するのか，あるいは，その成長の仕方は α の値に依存するのだろうか？ これらの問いに答える前に，このモデルが妥当で意味のあるもので，かつ二つの極端なグラフの間を埋めるものであるのかを確認するべきであり，そのためには $\alpha = 0$ や $\alpha \to \infty$ という極端な場合をもう少しよく理解しておく必要がある．

$\alpha = 0$ の場合：連結性の問題

α が 0 のとき，新しいつながりはほとんど既存のつながり方だけに依存して決まる．もし $m_{i,j} = 0$ であれば，$R_{i,j} = p \ll \binom{n}{2}^{-1}$ という非常に小さい値をとる．一方，もし $m_{i,j} > 0$ であれば，その値が小さくても $R_{i,j} = 1$ となる．これは，正規化された $R_{i,j}$ に対応して区分される単位区間が，実は i とつながり先を共有している頂点の部分区間によってほとんど埋め尽くされているということである．すなわち，「友人」同士の部分グラフがあったとき，明らかに，新しく追加された「友人関係」はその内部のつながりを増やそうとするだけで，つながりを外部に広げることをほとんどしない．もし，今あるネットワークが非連結（連結な複数部分に分けられる状態）であるならば，（新しい関係が加わっても）そのままの状態が維持される可能性が非常に高く，友人関係の輪は広がることなくその内部だけが稠密になる（よってこれは穴居人の世界である）．なお，部分グラフ同士が確率的に結ばれることは，可能性は低いがありうることだから（p の値は小さいが 0 ではない），このような結果になる可能性は「非常に高い」けれども確実ではない．一方，既存のネットワークが連結であれば，そのつながり方に従って，部分グラフがその内部のつながりを**どのように**増やし，外部に向けてどのように「広がっていく」のかが決まってくる．

土台（substrate）の必要性

このように，ネットワークを生成していく上で，初期状態というものが問題であることは間違いない．新たに生成されるべき辺の選択を既存の辺が支配しているのだとすれば，辺が**一つもない**状況ではどのようなことが起きているのだろうか．生成のベースとなる連結な部分グラフが生成されるまでは，辺はランダムに生成されているとも考えられる．そして，まさに，基本的にはこのようなことが起きているのである．しかし，残念なことに，クラスタのランダムな生成を許すことの副作用として，αが小さいときには，それらが互いに非連結になってしまう．もちろん，kが大きくなるにつれてクラスタのサイズも大きくなり，kが十分に大きくなればクラスタ同士がつながってくる．さらに数値計算の結果，$\alpha = 0$の場合，すべての頂点の組の中で，（ネットワーク上の）一方から他方に到達可能なものの割合はkに線形に比例する程度しか増加しないことがわかっている（図3.3を参照）．それゆえ，全体をつなげようとすると，グラフが疎であるという条件（$k \ll n$）が満たされなくなってしまう．よって，αが小さい値のグラフ

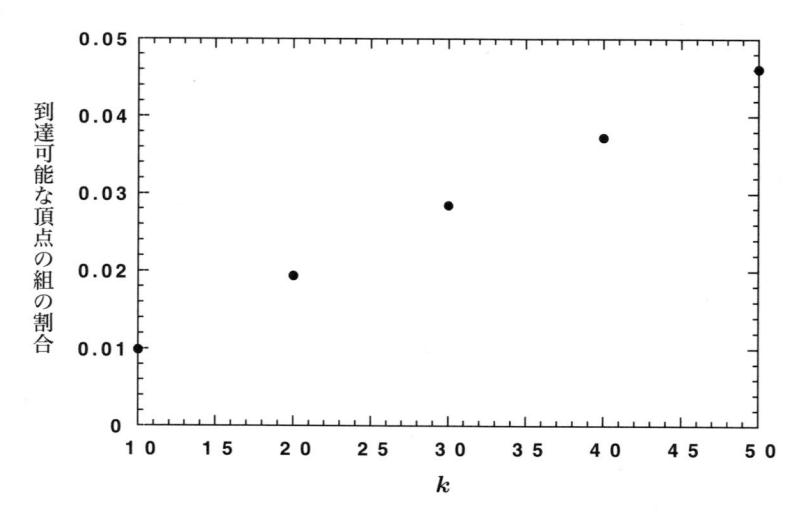

図3.3 土台をもたないαグラフ（$n = 1000$, $k = 10$）における，kと辺でつながっている頂点のすべての頂点の組に対する割合の関係．

は必然的に非連結であるため，L は無限大となり，その結果連結グラフとの比較が困難になる．

ともあれ，まず α の増加に伴って何が起きているのかを見てみよう．図 3.4 は α グラフの連結成分の固有パス長を示したものである．α が小さいときはグラフはまさしく非連結であり，$L(\alpha)$ は実質的には多くの小さな連結成分の固有パス長の平均である．α が増加するにつれ，ランダムに生成される辺のおかげでクラスタ同士が徐々につながっていき，全体がつながったところで固有パス長は最大に達する．その後，既存のつながりと無相関に新たな辺の配置が決まるようになるにつれて，$L(\alpha)$ の値はランダムグラフの固有パス長に向けて急減する．

連結性は興味深い問題であり，小さな連結成分がやがて一つにつながるという現象は，ランダムグラフの連結性に関する閾値関数や統計物理で議論されているパーコレーションの閾値を思い起こさせる．ここで働いているメカニズムは，一定数の辺の配置に関するランダム性の増加であり，ランダムに生成される辺の増加ではなく，ランダムに占有されるサイトの増加でもないが，それでも，ラン

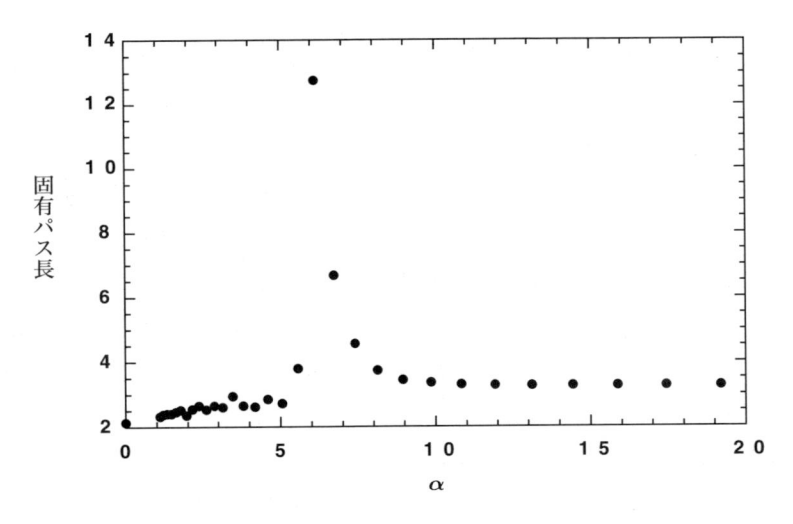

図 3.4 α グラフ（$n = 1000$, $k = 10$）における α と連結クラスタの平均固有パス長の関係．L は，全体がつながった時点で最大値をとり，その後 α の増加とともに減少している．

ダムグラフやパーコレーションとの類似性は興味深いものである．

　目下の問題に対して，図 3.4 で示された結果から思い付く素朴な疑問は，最大値の左側，すなわち非連結なグラフの固有パス長の特徴をどのようにとらえるかということである．全体が連結しているグラフの固有パス長より小さな値である連結成分の固有パス長の平均を採用するのは明らかに妥当ではないし，これらの固有パス長は無限大であるので，考えるに値しないと解析対象から除外してしまうのも何の助けにもならない．全体がつながるように連結成分の間に辺を追加するというのも恣意的すぎるだろう．グラフ構成におけるランダム性を（例えば p を大きくすることで）強めるという方法も考えられなくはないが，これでは無秩序性の増加の影響を調べるというもともとの目的が失われてしまう．よって考えるべき問題は，全体が連結になり，辺の相関を邪魔しないような**必要最小限の構造**を α グラフにどのように導入できるかである．

　この問いに対する一つの答えは，グラフを生成する最初の手順として連結な土台を作っておき，あとは今までどおり辺をそこに追加していくというものである．これは本質的な変更であり，その影響でグラフに特殊な性質が埋め込まれてしまう可能性が危惧される．実際に土台の選び方によっては，もともとの非連結な α グラフとかなり異なった現象が起きることがわかっているが，その一方で，モデル固有の特徴も認められているのである．とりあえず，この問題に注意して，最終的にできあがった一連のグラフへの影響が最小になるような連結な土台を探していくことにしよう．その具体的な条件は次の二つである．(1) いずれの頂点も特別扱いされない**必要最小限の構造**であること．スター状，木構造，パス状のグラフはそれぞれ，中心，ルート，終点という特殊な点をもつので，土台の候補から除外される．(2) **つながりが必要最小限**であること．つまり，最小限の構造を実現するのに必要最小限の辺だけで構成されていること．

　これらの条件を満たす唯一の構造は，それぞれの頂点がそれぞれちょうど二つずつ，つながり先が重複しない辺をもつ環構造である．環構造は，任意の二つの辺を除くことで必ず非連結になる．環構造の高度な対称性がグラフの構造に大きな影響を与えるのではないかという指摘があるかもしれない．環構造が最終生産

物ならその指摘のとおりだろう．しかし，ここでの環構造の役割は，グラフ生成アルゴリズムの初期設定を与えることである．後で示すように，最終的に得られるグラフの性質は，式 (3.1) の α の値に強く依存しているのである．さらに n, k を固定したとき，環構造は（鎖に次いで）大きな固有パス長をもつので，いろいろな固有パス長をもった構造の実現が期待できる．例えば，土台としてスター状グラフ（唯一の頂点——中心——がその他のすべての頂点とつながっており，それらの頂点は中心とだけつながっているもの）を用いたとすると，固有パス長はすでに $L \approx 2$ となっており，新たに辺が加わっても固有パス長はほとんど変化しない．そのような土台は，α モデルによって得られる構造の多様性を少なくしてしまうだろう．一方，環構造を土台に用いた場合には，環構造の影響が強く残っている高度にクラスタ化された状態から，全体がほとんど無相関につながっている状態まで，多様な構造が実現されうる．いずれにしても構造の導入に際しては，それがどのようなものであっても注意が必要である．

$\alpha \to \infty$ vs. $G(n, M)$

まずはっきりさせておかなければならないのは，α が十分大きくなれば，このモデルは土台として埋め込まれている環構造に妨げられることなく，ランダムグラフに十分近い構造に収束するかどうか，ということである．明らかに，α が非常に大きくなると，確率 $P_{i,j}$ は p に近付いていく．よって，辺の数が $M = (k \cdot n)/2$ に固定されているのであれば，α グラフは第 2 章で述べたランダムグラフに類似してくるはずである．計算の上では，これは正しいと思われる．α を大きくしたときの極限（ソラリア）は，一般に，**ランダム極限**（random limit）と呼ばれる．ただし，厳密に言えば，これはランダムグラフと次の 2 点で異なっている．

まず，**環構造は α を大きくしたときの極限においても残存しているのである**．これは，土台を導入することへの主なる反対理由となるだろう．というのも，通常ランダムグラフにはそのようなことは起こらないからである（n, k が大きい場合にはありうるが）．それゆえ，α グラフの統計的特徴はランダムグラフのも

のと同じにはなりえない．実際は，十分多くの辺をランダムに追加すれば，どのような土台であれその存在は「忘れ去られる」ようである．つまり，どのような土台を使おうと，n, k, α が同じであれば統計的性質が同じになるようにできるのである[*3]．

　第二に，**グラフ生成アルゴリズムは，辺を完全にランダムに選んでいるわけではない**．むしろ，頂点に新たなつながりが与えられる順番が一通り巡るように決められている．辺同士により強い順序関係が生じているので，これは $G(n,p)$ や $G(n,M)$ モデルより強い制約を課しているということになる．しかし，どの頂点も**つながり先**としてはいつでも選ばれうるので，次数の分散は 0 ではなく，ことさら強い制約が課されているというわけでもない（r-正則ランダムグラフほど制約が強くない）．

　よって，$k \gg 1$ の範囲で $\alpha \gg 1$ であれば，α モデルは実質的にランダムグラフであるとみなせる．このような特殊な関係が入り組んでいるので，これらが同等であることを厳密に示すのは非常に難しいと思われる．その判断は，数値的な証拠とランダムグラフの理論に基づく推測によるしかないだろう．では，このアプローチを採用したとして，α がどの値になったときにランダム極限に達したと考えることができるのだろうか？　大雑把ではあるが，$(m_{i,j}/k)^{\alpha} \ll p$ であれば，アルゴリズムが辺を選ぶ際に，共有の友人をもつ頂点同士を結ぶもの，あるいはランダムに頂点間を結ぶもののいずれかを優遇するということなく，同等に扱うようになることが式 (3.1) から示唆される．この推測によると，$k=10$, $p=10^{-10}$（本書でシミュレーションの際にもっぱら用いる値）の場合，$\alpha \gtrsim 11$ でランダム極限に達すると考えられる．図 3.5，図 3.11 は，この見積もりの妥当性を支持している．

固有パス長の性質

　α モデルに基づいて生成されるグラフの固有パス長を，n, k, α の値から算出する式は存在しない．α が小さい場合には，次数の分布が一様でないことに起因する違いがあるものの，固有パス長は 1 次元格子のもので十分近似できると思

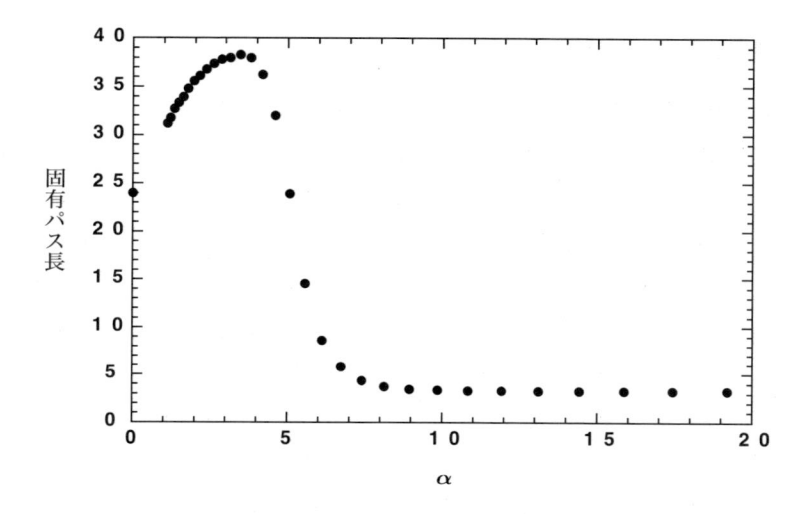

図 3.5 環構造を土台とする α グラフにおける α と L の関係（$n = 1000$, $k = 10$）. L の値は，グラフを 100 回構成して得た値の平均をとったもの.

われる．もう一方の極端なケースについては，ランダムグラフで近似できると考えられるが，この場合も，固有パス長を解析的手法などで正確に示すことは難しいだろう．一方，シミュレーションによれば，小規模なグラフ（$n \approx 1000$ まで）については正確に固有パス長を計算できるし，大きいグラフ（$n \approx 20000$ まで）については近似的に計算できる．グラフの規模が大きい場合は数値計算も容易ではなく，（計算のための十分なリソースがない場合には）第 4 章のヒューリスティックなモデルが必要になる．

相転移

α モデルが実際に二つの極端なグラフの間を埋めることができ，数値的シミュレーションだけが固有パス長を n, k, α の関数として算出できることがわかったところで，さらに解析を進めることにしよう．図 3.5 は，$n \gg 1$, $n \gg k \gg 1$ という（疎なネットワークの）条件を満たすものの一例として，$n = 1000$, $k = 10$ という場合の α と $L(\alpha)$ の関係を示したものである[*4]．図には，三つの特筆すべ

き特徴がある.

1. α の小さな範囲 ($\alpha \lesssim 1$) において，$L(n,k,\alpha)$ の値は同じ n，k で決まる 1 次元格子の固有パス長のおよそ 2/3 から始まり，その後増加して一つのはっきりとした「こぶ」(hump) を形成している．この「こぶ」ができる理由は次のように考えられる．まず α が 0 であれば，二つの頂点が共有するつながり先が一つであってもそれ以上であっても，その 2 頂点がつながる確率は変わらないので，1 次元格子よりも局所的な辺の集中が起きにくい（そして，規則性も低い）．しかし，α が大きくなるにつれて（ただし $(m_{i,j}/k)^\alpha \ll p$ の範囲で），$m_{i,j} > 1$ であるような頂点間に辺が生成される確率が高くなり，その結果，結合した穴居人グラフとして前に説明したちょうど高度に相互結合したクラスタの首飾りのような，疎につながったクラスタの集まりがまさに形成される．これらは，頂点の数が n で辺の数が $M = (n \cdot k)/2$ である（次数の分散が大きくない）グラフの中でも，固有パス長が最大に近い値をもつ**広い** (big) グラフである．

2. α が大きい範囲 ($\alpha \gtrsim 11$) では $L(n,k,\alpha)$ はかなり小さく，α が 10 を超えたあたりから L の α へのはっきりとした依存性は認められなくなる．この L の値は，ほぼランダムグラフの固有パス長に収束している．ランダムグラフの固有パス長は，同じ頂点数 n と平均次数 k をもつものの中でも最小値に近いので，これらは**狭い** (small) グラフであると言える．

3. α が小さい値と大きな値の間では，「広い」グラフから「狭い」グラフへの連続的かつ急激な変化が認められる．

もともと二つの極限を組み込んだモデルなので，何らかの形で「広い」グラフから「狭い」グラフへの推移が起きるのは当然のことだが，このような急激な変化を示すのは自明ではない．このモデルの特徴的な振る舞いは，低次元磁気スピン系の相転移 (Palmer 1989) や，低次元のパーコレーションモデルにおける連結成分の特徴的サイズ (Stauffer and Aharony 1992) を思い起こさせる．ただし，ここで注目しているのは配位の熱力学的性質や，つながりの増加に起因する

新しい構造の出現ではない．むしろ，それは純粋にトポロジ（全体的なつながりの様子）に関するものである．つまり，どの α に対しても辺の数は等しく，その配置のみが変更を許されているのである．さて，n が 1,000 くらい小さい場合に（1 桁違うくらいの）劇的な変化，すなわち相転移現象を示しているが，n の増加に伴ってこの（急激な変化の象徴である）崖（cliff）の大きさも増大するといった，さらに特徴的な変化が認められるのだろうか？　別の言い方をすると，n, k の増加に伴うグラフの固有パス長の変化は，α のこの三つの領域ごとに異なった様相を示すのだろうか？

固有パス長のスケーリング特性

グラフの大きさの変化に伴う固有パス長の変化については，3.1.3 項と第 4 章で詳しく調べるので，ここでは，そのおおまかな特徴についてだけ述べる．当面注目すべきは，図 3.5 の三つの領域に見られる以下の性質である．

1. α が小さい範囲では，$L(n, k, \alpha)$ は n, $1/k$ のそれぞれに比例して増加する（それぞれ図 3.6 と図 3.7）．この範囲では，α グラフは 1 次元格子と密接に

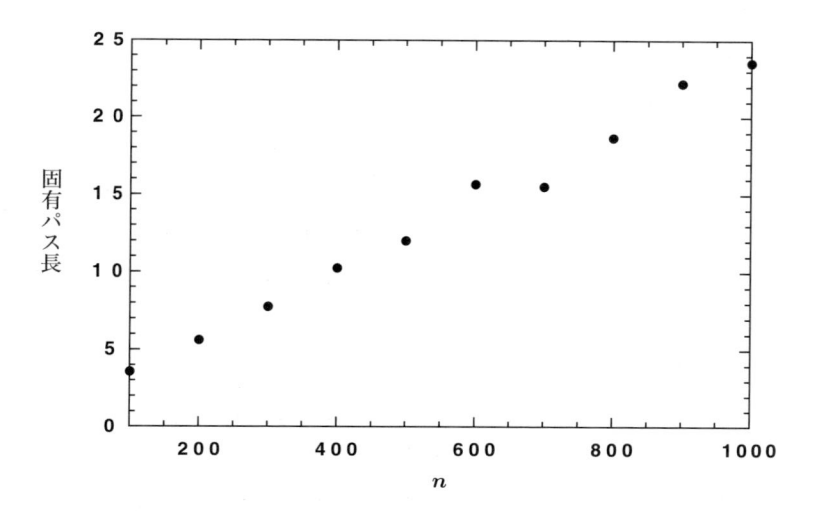

図 3.6　$\alpha = 0$, $k = 10$ である α グラフにおける n と L の関係．L は n に比例している．

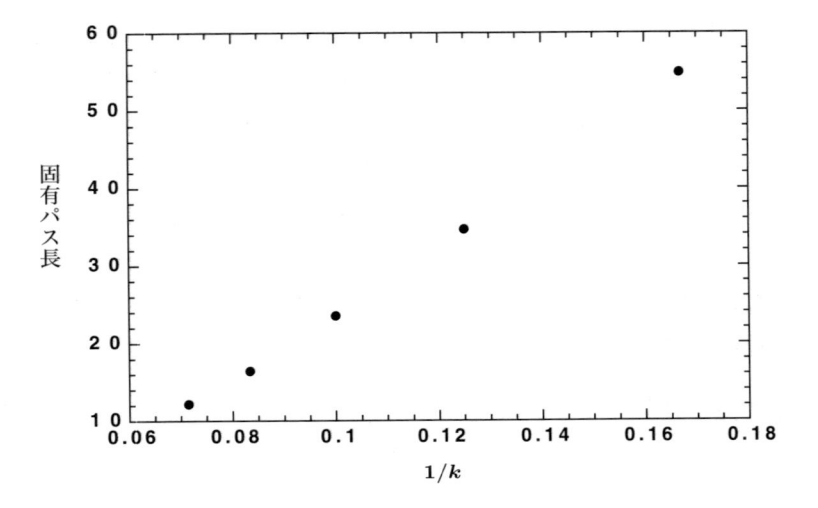

第3章 広い世界と狭い世界——グラフによるモデル化——

図 3.7 $\alpha = 0$, $n = 1000$ である α グラフにおける $1/k$ と L の関係．L は k の逆数に比例している．

関係しており，その1次元格子において固有パス長は n（そして $1/k$）に比例するので，これは当然の結果である．

2. α が大きい領域では，$L(n, k, \alpha)$ は n の対数に比例する（図 3.8）．この領域では，α グラフはランダムグラフのようなものであり，ランダムグラフでは固有パス長が n の対数に比例して増加するので，これもまた，予想の範囲である．一方，ランダムグラフの L は $(n, k$ から）計算では求められないが，近似（n, k を大きくしたときの極限）により $L_{\text{random}} \sim \ln(n)/\ln(k)$ であることがわかっている（詳細は第4章を参照）．よって，α が大きいときは L は $1/\ln(k)$ に比例すると考えられるが，実際，図 3.9 に示したように，そのとおりの結果が得られている．

3. 特筆すべきなのは，相転移が起きている範囲でも α グラフの固有パス長が n の対数に比例して増加しているように見えることである（図 3.10）．ここに示されたデータだけではこの関連性は明らかではないし，その理由をよく理解するには 3.1.3 項での議論を待つべきだろう．ともあれ，α グラフ

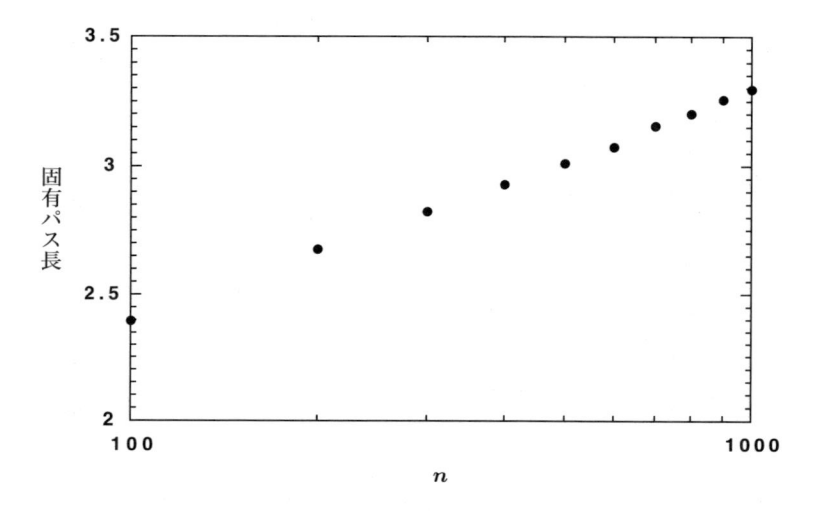

図 3.8　$\alpha = 10$, $k = 10$ である α グラフにおける n と L の関係. L は n の対数に比例している.

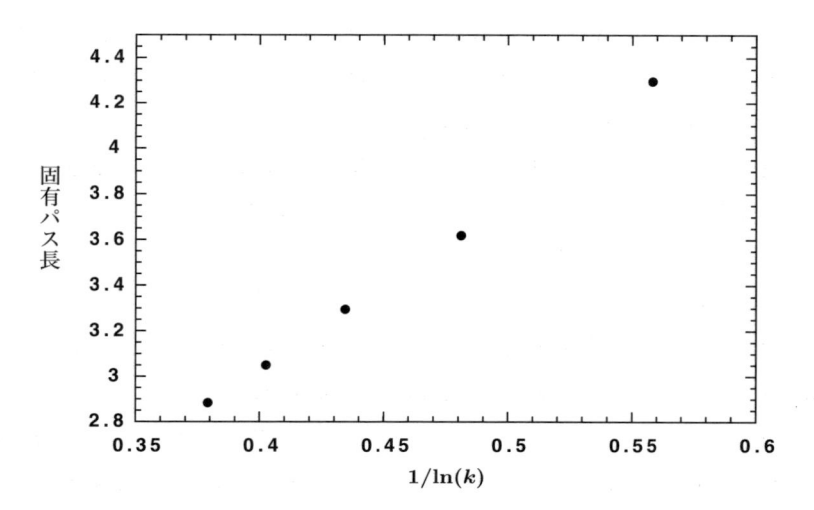

図 3.9　$\alpha = 10$, $n = 1000$ である α グラフにおける $1/\ln(k)$ と L の関係. L は $\ln(k)$ の逆数に比例している.

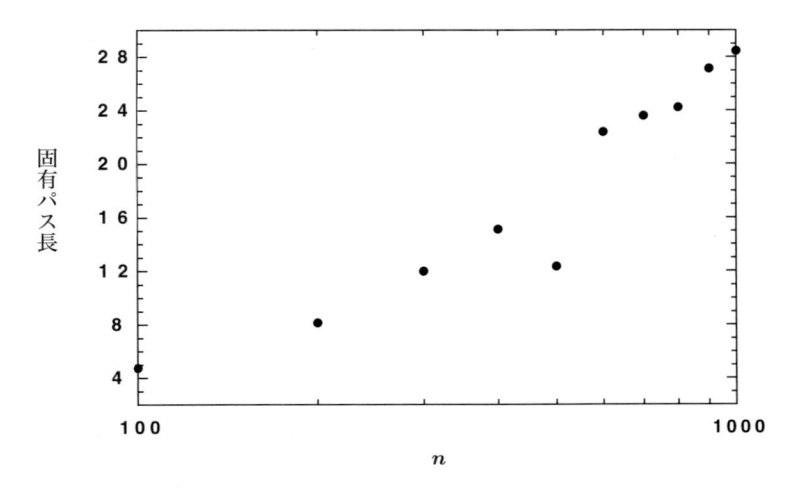

第 3 章　広い世界と狭い世界——グラフによるモデル化——

図 3.10　$\alpha = 4.5$, $k = 10$ である α グラフにおける n と L の関係．L は n の対数に比例している．

が「崖」の領域に入り込むのに伴い，固有パス長の値そのものだけではなく，そのグラフの大きさへの依存性にも変化が起きていることはまず間違いない．後者の変化の意味するところは，n が非常に大きい場合（数百万とか，数十億の要素からなるようなものもありうる）に，「広い」グラフと「狭い」グラフの固有パス長の差が深大になるということであり，前者と比べるとより大きな変化であると言えるだろう．

クラスタ特性

α の関数として調べるべき第二の統計量は，クラスタ係数である．第 2 章の定義を思い出すと，これは，それぞれの頂点が近傍の範囲でどのくらい密につながり合っている（クリークを形成している）かを示す数量である．すなわち $\gamma(\alpha)$ は，頂点 v の近傍 $\Gamma(v)$ に属する頂点同士でつながっているものの割合を，すべての $v \in V(G)$ について平均したものである．$L(\alpha)$ と同様に $\gamma(\alpha)$ も，α が小さいあるいは大きいという両極端の場合に，それぞれある極限に近付くはずであ

る．具体的には，$\gamma(0)$ は 1 次元格子の γ に近い値となるはずであり，一方，α が大きくなるにつれランダムグラフに近付いていくので，$\lim_{\alpha \to \infty} \gamma(\alpha) \sim (k/n)$ となるはずである[*5]．

もう一つの相転移：スモールワールドグラフ

図 3.11 は，前例と同じパラメータ（$n = 1000$, $k = 10$）の $\gamma(\alpha)$ の変化を示したものである．一見したところ，図 3.5 の $L(\alpha)$ と非常によく似ている．しかし詳しく見てみると，全体的な特徴は類似しているものの，横軸方向に**ずれて**いて，「固有パス長の崖」の**後に**「クラスタ係数の崖」が現れているのがわかる．そしてこれは，任意の n, k に対して成り立っているようである．

この相転移の位置の違いは，$\alpha = 0$ のときの値を基準にそれぞれの値を正規化し，同一平面上にプロットすることでさらに明らかになる．図 3.12 に示した結果から明らかにわかることは，α のある区間内で α グラフが，このモデルで生成

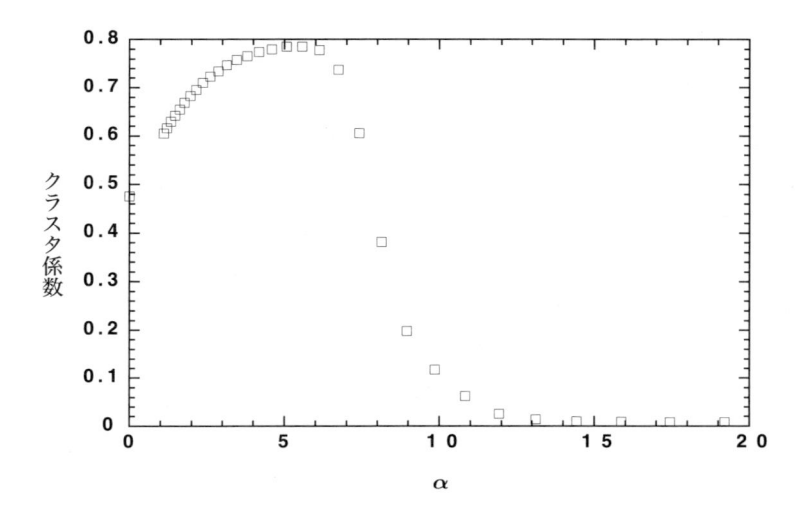

図 3.11 環構造を土台とする α グラフ（$n = 1000$, $k = 10$）における α とクラスタ係数 γ の関係．ここでも，グラフを 100 回構成して得られた値の平均を γ としてプロットしている．

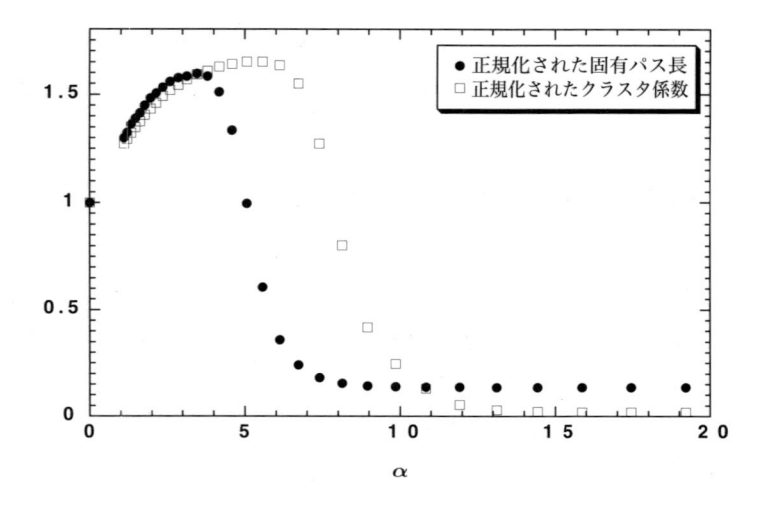

図 3.12　環構造を土台とする α グラフ（$n = 1000$, $k = 10$）における，正規化された $L(\alpha)$ と $\gamma(\alpha)$．

されるグラフの範囲で可能な限り高度にクラスタ化されている一方で，固有パス長はランダムグラフ程度に抑えられているということである．さらに，これらのグラフは，ちょうど「固有パス長の崖」の箇所か，それより右側に位置するので，固有パス長の増加は n に対して対数オーダであり，それゆえ任意の n に対して同じ現象が得られるのである．以上から次の主張が導かれる．

【推測】 高度にクラスタ化されている一方で，固有パス長，およびそのグラフの大きさへの依存性がランダムグラフと同等であるグラフのクラスが存在する．これを**スモールワールドグラフ**と呼ぶ．

このようなグラフがどのように生成され，どのような点で特徴的であるかを明らかにすることが，第 I 部の残り部分の主題である．

さらに一般性をもった土台：仮定の正当化

まずはじめにはっきりさせておくべきなのは，上記の推測がグラフを構成する土台に依存しないということである．環構造を土台として使ったのは，それが最

小限の構造で，α が小さいときの連結性を保証できるからであった．しかしながら，環構造を土台として使うことで一般性が失われてしまうのであれば——つまり，今まで見てきたグラフの性質がこの人為的な土台の影響を受けているのであれば——ほとんど意味のある結論を導くことはできない．というのも，社会あるいはその他のいかなる世界においても，環構造の上に成り立っているという証拠は何もないのだから．議論を先に進める前にまずこの問題を解決し，今までに得られた結果が，本章のはじめに提起されていた問題に対して意味のある答えを与えていることを明確にしておく必要がある．

格子の土台——環構造の土台の代わりとしてすぐに思い付くのは，任意の次元 d の周期的な構造をもつ最近接格子（nearest-neighbor lattice）である．この構造の固有パス長は，$n^{1/d}$ に比例することがすぐにわかる．このことは，格子が d 次元の立方体としてユークリッド空間に置かれている状況を想像するとわかりやすい．d 次元立方体の体積は，一辺の長さを l とすると l^d で与えられる．そこに n 個の頂点が含まれているとき，n は体積に比例すると考えられるので，$l \propto n^{1/d}$ を得る．このように d 次元格子を土台に使ったこのモデルは，α が小さいときには環構造のモデルとは異なったスケーリング特性をもつが，α が大きくなったときには環構造と同様の，n の対数に比例するという特性を示すだろうか．もしそうなら，どこでスケーリング特性が $n^{1/d}$ から対数に推移するのだろうか？[*6] $d=2$ の場合で確かめてみると，対数スケールに推移しているのはもちろん，その推移が起きている位置（α の値）や急激に推移する様子も環構造の場合と同様であることがわかる（図 3.13）．唯一の違いは「崖」の高さであるが，これは高台になっている部分（すなわち格子の固有パス長）が n ではなく $\sqrt{n}$ に比例することに起因する．α を大きくしていったときの極限，そして小さい α から大きな α への推移の様子が土台に依存しないということは，特に重要な結果である．

木構造の土台——木構造では，ルートと枝（分かれ）によって，特定の頂点が他に比べてより中心的であり，特定の辺がより重要（それが失われることがグラフ

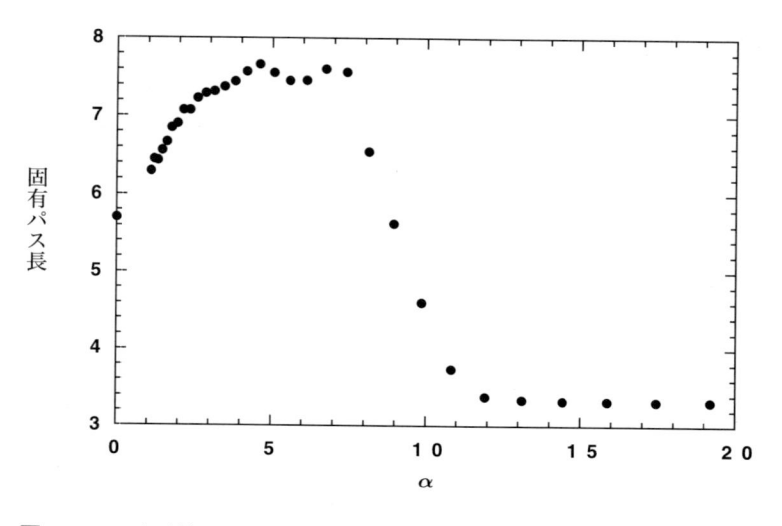

図 3.13　2 次元格子を土台とする α グラフ（$n = 1024$, $k = 10$）における α と L の関係.

の大規模な分割を発生させるという意味で）であるといった構造上の偏りが生じている．よって，土台として例えば**ケーリーツリー**（Cayley tree）（図 3.14）を使うと，環構造の土台に比べて，グラフの構成に特殊な条件を課すことになる．さらに木の成長を考えると，分岐の数は指数的に増えるので，固有パス長は n の対数に比例して増加することがわかる．つまり，固有パス長の点では，木構造とランダムグラフにはあまり差がない．その意味においては，木構造に基づく α モデルは，環構造に比べてあまりおもしろくない事例である．しかし，木構造はグラフの長さに関する議論のときによく取り上げられる上，階層構造を表現していることから社会的システムへの応用も数多いので，木構造を土台としたときにどのような性質が現れるのかを見る価値はある．最小の木構造は，ルート以下の各頂点で，下位層に二つ，上位層の一つのつながりをもつものである（図 3.15）．今までと同様，$n = 1000$, $k = 10$ とした場合の結果（図 3.16）を 1 次元，2 次元格子と比較すると，縦軸方向のスケールの違いはあるが，変動の様子はまったく同じである．予想どおり，ケーリーツリーの固有パス長が n の対数に比例する

3.1 関係グラフ

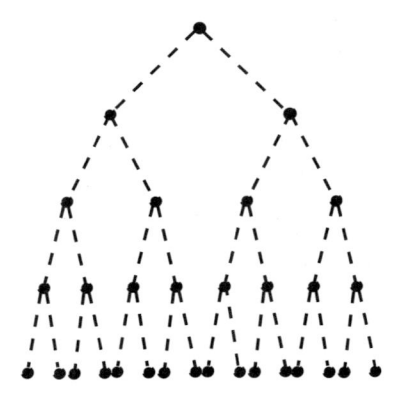

図 3.14 枝分かれの数が 2 のケーリーツリーの土台.

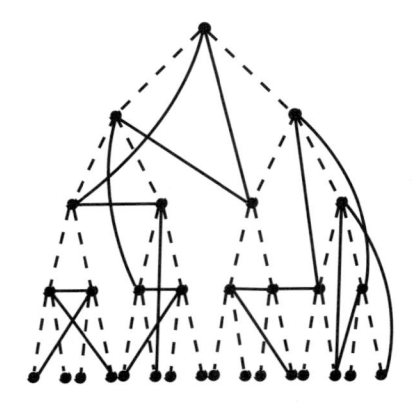

図 3.15 ケーリーツリーを土台とする, $\alpha = 0$ の α グラフの例（土台を破線で示す）.

固有パス長

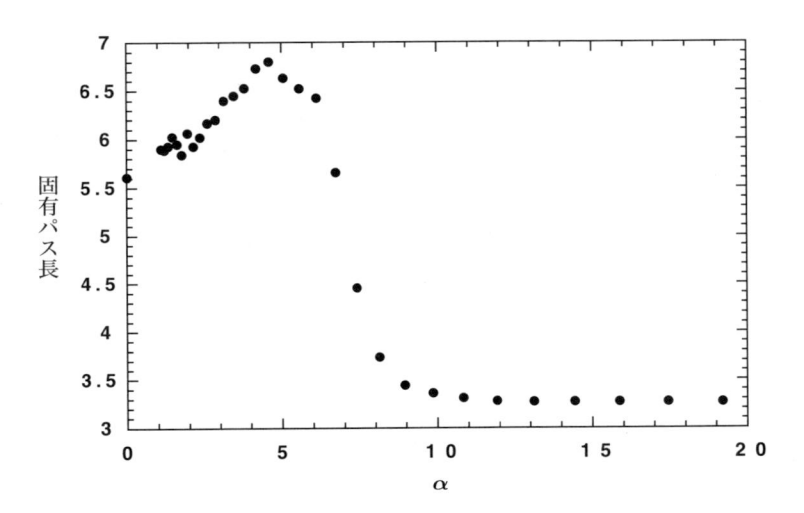

図 3.16 ケーリーツリーを土台とする α グラフ（$n = 1000$, $k = 10$）における α と L の関係.

という性質に起因して，スケールに違いが出てきている（図 3.17）．しかし，α が十分大きい範囲では，α グラフの固有パス長を見る限り，環構造，木構造のいずれを土台にしたものかを区別することはできない．

最小のつながりをもつランダムグラフの土台 ── 最も一般的で，簡単に思い付くのは，ランダムなつながりかもしれない．これは，グラフ全体が連結になるまで辺をランダムに追加して（第 2 章での議論を思い出すと，追加する辺の数が $n/2\ln(n)$ くらいで連結になる）α グラフの初期状態とし，そこに式 (3.1) に従って辺を追加していくというものである．しかし，ランダムにつながれた土台は**ランダム**グラフそのものであり，既存のつながりに依存する形で辺を追加したとしても，それがランダム性を変えることはないだろう[訳注1]．よって，α グラフの構造を狭い範囲に限定してしまうという意味で，ランダムな土台は何ら一般的で

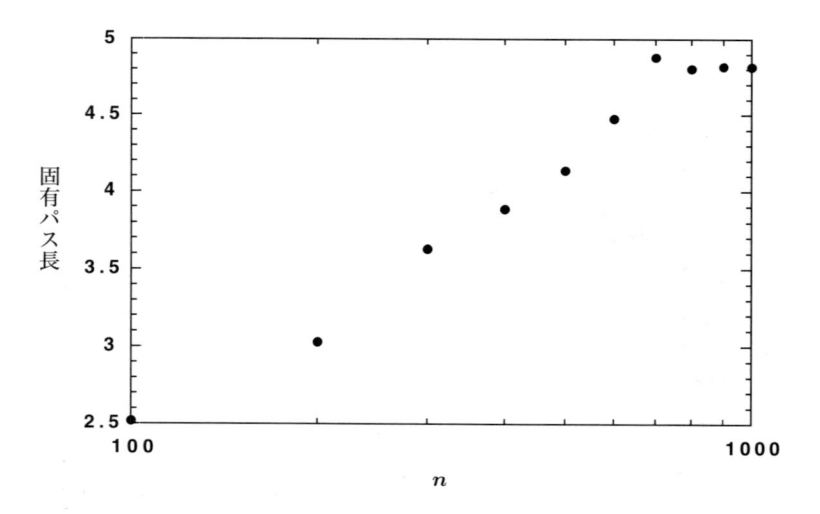

図 3.17 ケーリーツリーを土台とする α グラフ（$\alpha = 0$，$k = 10$）における n と L の関係．L は n の対数に比例している．

[訳注1]. ランダムな状態でも，辺の数にはわずかながらの偏りがあり，それが増幅されることでランダムな状態から脱することもある．優先的選択（preferential attachment）によるスケールフリーネットワークの生成がその例である．

はない．ランダムな土台に基づく α グラフの固有パス長を示している図 3.18 はこのことを裏付けるもので，$L(\alpha)$ の推移は起きているものの，その変化の規模は小さく，付随するスケーリング特性の変化もない．

土台なし —— α が小さな値のときにも連結で疎なグラフを構成するためのさまざまな土台について考察してきたが，ここで，これらの結果を土台を**使わない**場合と比較しておきたい．ただし，土台を使わないグラフの全体が連結しているような α の範囲に限って比較することにする．その結果，この範囲では環構造の場合が，他のどの土台を使用した場合よりも土台を**使わない**場合に統計的に類似していることがわかる．比較範囲内のすべての α で完全に一致しているわけではないが，後に 3.1.3 項で述べるように，モデルに非依存なパラメータを使って α モデルを再構成することで，この二者の隔たりを少なくすることができる．土台を**もたない** α グラフが連結になった時点で，最小限のつながりをもつ構造，すなわち環構造に似たつながり方をしていることをこの結果は示唆している．

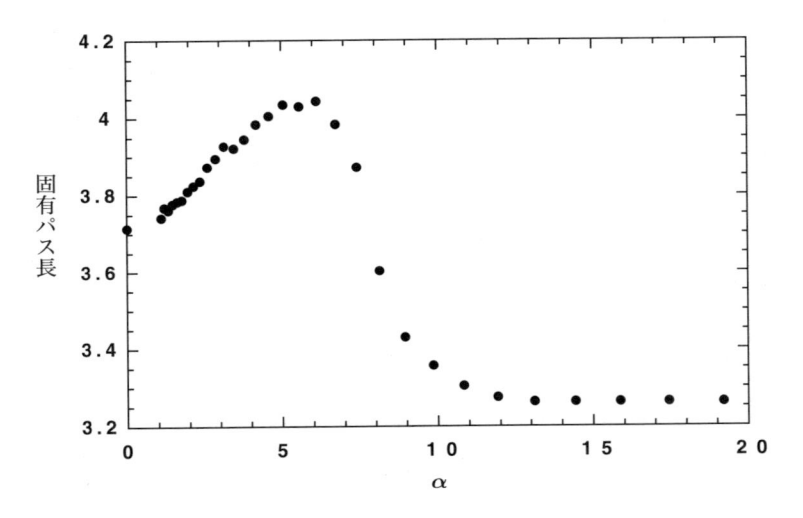

図 3.18 最小限のランダムなつながりを土台とする α グラフ（$n = 1000$, $k = 10$）における α と L の関係．

土台としての環構造の正当性

α グラフの土台として環構造を選ぶのは，単にそれが簡便であるという以上に，以下のような本質的な理由がある．

1. 任意の α について，すべての頂点が連結しているグラフを構成することが重要である．この条件が満たされなければ，固有パス長を比較することに意味がなくなる．これは α モデルに内在する性質ではないので，**何らかの土台が必要になる**（はじめから連結しているモデルも後で紹介するが，それらが α モデルに比べて人工的でないわけでもない）．
2. 今まで検討してきたすべての土台で，$L(\alpha)$ の変動の様子は類似していた．この点で，環構造を土台に使ったグラフの「広い」状態から「狭い」状態への推移は一般的な現象であると言える．
3. 環構造を土台に使った場合，その他の場合に比べて，$L(\alpha)$ が最も大きな変動を示していた．これは，パラメータ α の変化に対応させる形でさまざまなグラフ構造を幅広く実現するという主目的にかなうものである．
4. グラフ全体が連結している α の範囲では，土台として環構造を用いた場合が，その他のどの構造を用いた場合よりも，土台を使わない場合に統計的に類似している．
5. α が十分に大きければ土台間の違いはなくなり，統計量の上で区別できなくなる．γ に比べて L のほうが，より小さな α でこの現象が発生することは自明ではなく，説明が必要である．

謎？

ここまでの議論のポイントは，前述の推測にまとめられている．すなわち，高度にクラスタ化されているので固有パス長は非常に大きいはずであると予想されるにもかかわらず，実は固有パス長が非常に——最低なレベルまで——小さいグラフがありうる，ということである．そして，同じくらいに重要なのは，**この現象が土台の選択に依存しないらしい**ということである．それゆえ，**スモール**

ワールドグラフが存在することは間違いないと思えるが，まだわからないことが多いのも事実である．具体的に言えば，α グラフの統計量が α の関数としてなぜこんなにも急な変化を示すのか？，相転移が起きる α の値がなぜ二つの統計量（L と γ）で違うのか？，相転移に伴うスケーリング則（scaling law）の変化があるとすればどんなものなのか？，がすべて謎である．これらの特徴は何に起因するのであろうか？ α グラフの作り方が関係しているのか？，スモールワールドグラフの構成を支配している式 (3.1) に何か特別な理由があるのか？，それとも，土台やモデルに非依存な一般的なメカニズムの作用なのだろうか？ これらの問いに対して材料として使えるのが数値データだけという状況で，どのようなアプローチをとるべきかも自明ではない．とりあえず考えられる一つのアプローチは，より単純なもう一つのモデルでグラフを構成し，同じ現象が見られるかを確認するということである．

3.1.2　余分な部分を削ぎ落としたモデル：β グラフ

より単純な第二のモデルは，以下の事柄を考慮して導き出したものである．

1. $\alpha = 0$ での α グラフの性質は，その土台の影響を強く受けている．
2. 環構造自体，その単純さゆえ大変興味深い構造であり，特に物理学や生物学における結合システム（をモデル化するため）に応用されている．
3. 環構造は，土台として疑う余地がないほど一般的なものであるとは言えないまでも，特殊ではないという意味では**一般的である**と言える．その理由は，クラスタが形成されている状況はどの土台でも同様であり，α が極端に小さくなければ，α グラフの固有パス長はほぼ土台に非依存であるということにある．
4. 与えられた n, k をもつ規則的な周期構造をもつグラフの中では，環構造が一番固有パス長が大きい．

環構造は特に興味深い対象であることは間違いなく，それゆえ次のようなモデルの構成が示唆される．それは，α モデルと同様に（しかし同一ではない）2 極

第 3 章 広い世界と狭い世界——グラフによるモデル化——

間を埋めるものであるが，社会学が対象とする関係は追求しないモデルである．ここで導入する β モデルでは，友人の共有やクラスタ，知人の輪などについてはいっさい議論せずに，完璧な環構造をある一つのパラメータによってランダムグラフに変形させることだけを考える．

モデル

β モデルによるグラフの構成は，各頂点がちょうど k 個の隣接の頂点と（両側に $k/2$ ずつ）つながっている 1 次元格子から始まる．そして，以下に示すアルゴリズムに則って，格子の辺を確率 β で**無作為につなぎ替える**．

1. 頂点 i を，円周上の隣接頂点同士を時計回りにつなぐ辺 $(i, i+1)$ に沿って順番に選ぶ．
2. 一様乱数 r を生成する．もし $r \geq \beta$ なら $(i, i+1)$ に変更を加えない．$r < \beta$ であるときには辺 $(i, i+1)$ をいったん取り除き，グラフ全体から頂点 j をランダムに選び，i から j に辺を**つなぎ替える**（図 3.19 を参照）．ただし，自分自身につないだり他の辺と重複してつなぐことは避ける．
3. すべての頂点について一通りつなぎ替えを試みたら，第二ラウンドとして**次に近い頂点**（つまり $i+2$）とを結んでいる辺についてつなぎ替えを試

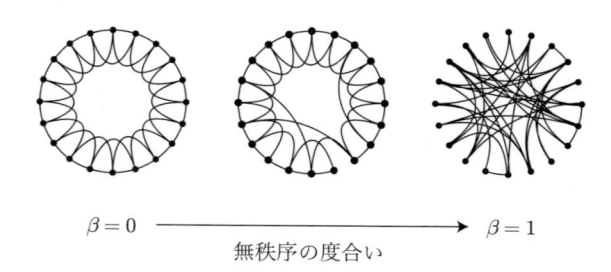

$\beta = 0 \longrightarrow \beta = 1$

無秩序の度合い

図 3.19 β グラフの構成方法を図式的に示したもの．$\beta = 0$ では，もととなる 1 次元格子そのものである．$\beta = 1$ では，すべての辺がランダムに張り替えられている．$0 < \beta < 1$ の範囲では，秩序と無秩序が共存するグラフが生成される．

みる．さらにこれを，すべての辺についてつなぎ替えが試みられるまで，$k/2$ ラウンド繰り返す．

$\beta = 0$ のときは 1 次元格子そのものであり，$\beta = 1$ のときにはすべての辺がランダムにつなぎ替えられるので，結果としてランダムグラフに近い構造ができあがる[*7]．その中間の状態（$0 < \beta < 1$）を理解するのは簡単ではないが，α モデルに比べるとその変化は解釈しやすい．つまり，β モデルのアルゴリズムでは，厳密に規則正しく，その性質も完全にわかっているグラフを，その性質が近似的に把握されるランダムグラフに向けて次第に変化させていく．このように β モデルは，α モデルの場合よりもより具体的に二つの極限グラフの間を埋めるものであり，そのパラメータも，グラフを構成する上でランダム性を制御しているという役割がよりわかりやすいものとなっている（図 3.19）．社会学的側面からこのモデルの正当性を保証するものは何もない．それがまさにこのモデルのポイントなのだが，その違いにもかかわらず，α モデルと同様に β モデルでも統計的性質に相転移が起きるのだろうか？ もし，そうであるならば，その結果から，これらの現象の根底にある原因や，α グラフがもつ性質の一般性について何が言えるのであろうか？

固有パス長とクラスタの特性

3.1.1 項で調べた固有パス長とクラスタ係数の変動を，β グラフについても調べてみよう．パラメータを $0 \leq \beta \leq 1$ の範囲で変化させ，各値ごとに 20 回実際にグラフを構成して得られた数量の平均をとった．α モデルの場合と同様に，$L(\beta)$ でも環構造とランダムグラフという両極限の間で急激な変化が起きている（図 3.20）．しかし，その変化は $\beta = 0$ にごく近いところで起きているので，その様子を詳しく調べるためには，横軸だけを対数スケールにして $L(\beta)$ をプロットする必要がある（図 3.21）．$L(\beta)$ は $L(\alpha)$ といくぶん違った特徴を示しているが，β の値が小さい範囲に認められる「崖」は α モデルの崖に対応していると考えられる．また，この範囲における固有パス長のスケーリング特性も，n の対数に比例しているように見える．$L(\beta)$ と $\gamma(\beta)$ の関係も，$L(\beta)$ がランダムグラフと同

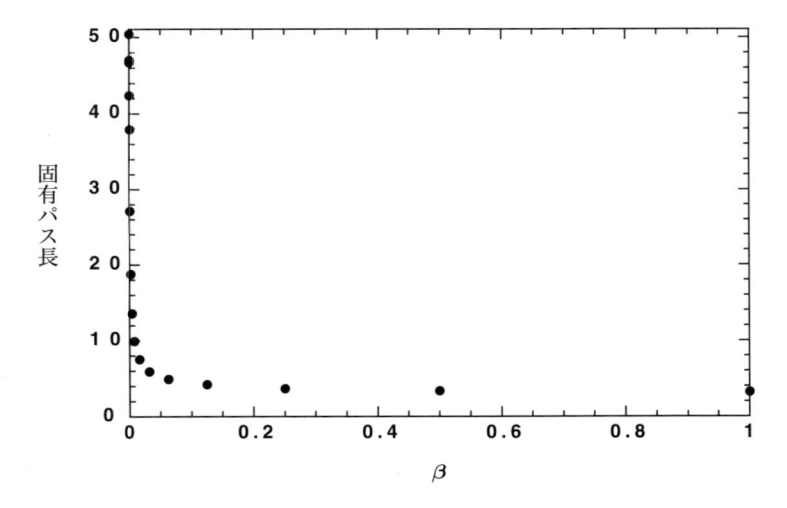

第 3 章 広い世界と狭い世界——グラフによるモデル化——

図 3.20 β グラフにおける β と L の関係（$n = 1000$, $k = 10$）．L の値は，グラフを 20 回構成して得られたそれぞれの値の平均をとったものである．

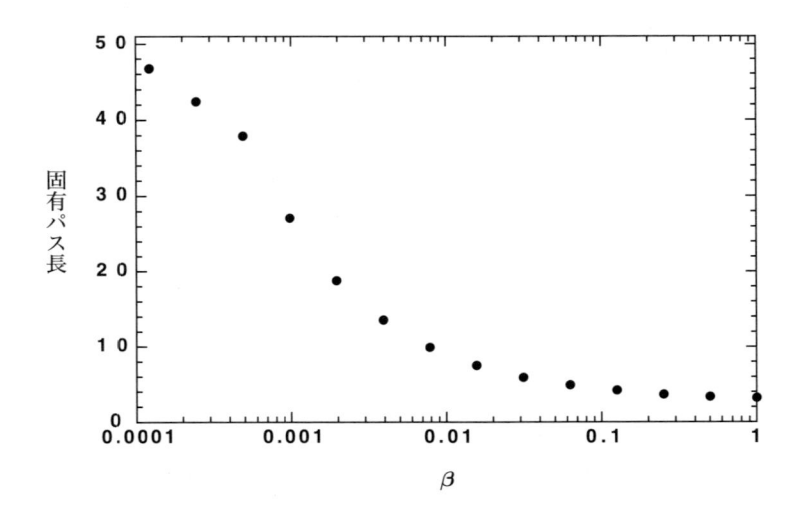

図 3.21 β グラフにおける β と L の平均の関係を片対数で示したもの（$n = 1000$, $k = 10$）．

じ値にまで下がった後もしばらく $\gamma(\beta)$ が高い値を維持しているという点で類似している（図 3.22）．しかし当然のことながら，L と γ それぞれに急激な変化が現れるときのパラメータの値は二つのモデルで異なっている．

どのように比較するべきか？

二つのモデルは類似点と相違点を併せ持っており，それらをどのように比較すべきかについては議論を要する．明らかに，双方とも二つの同様な極限状態における統計的性質を示しており，一方の極限から急激な変化によってもう一方に推移している．しかし，α と β というパラメータがどういう関係にあるのかは明らかでない．二つのモデルに認められる性質は，それぞれ異なったメカニズムに起因するものなのだろうか？　それとも，同じメカニズムに基づくものが単に異なった形で出現していて，それをモデル非依存のパラメータを見つけ出すことで説明できるものなのだろうか？　次章では，実は後者が正しくて，スモールワールドという性質をグラフ上で実現するためには，α モデルで用いた社会学的な要因が必要とされず，より抽象的な形で記述できることを示す．

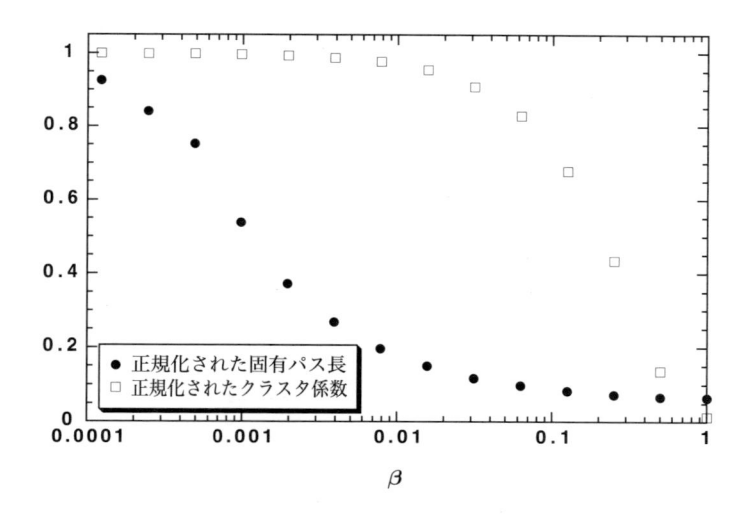

図 3.22　β グラフにおける正規化された $\gamma(\beta)$ と $L(\beta)$（$n = 1000$，$k = 10$）．それぞれ，グラフを 20 回生成して得られた値の平均である．

3.1.3 ショートカットと縮約：モデル不変量

α モデルと β モデルにおける固有パス長を制御するメカニズムを理解するためには，次の点に注意すべきである．すなわち，それぞれのパラメータの値が小さいということは，ランダム性が低い状態に対応しているということである．なぜなら，既存の辺，あるいは初期状態として用意されている1次元格子構造に強く依存して，新しい辺が生成されているからである．これらの場合，辺は，隣接頂点を少なくとも一つ共有している二つの頂点を結ぶ傾向にある．つまりパラメータの値が小さいときには，新しい辺 (i,j) は**三角形**（triad）（図 3.23（a））を形成する傾向にある．この場合，もともと距離が2でしかなかった2頂点 i, j 間の最短経路がこの辺で置き換えられる．これと対照的にパラメータの値が大きいと，隣接頂点を共有することもない，1次元格子の対極にあるような頂点に，既存の辺の配置と無関係に辺が生成されるようになる．これらの辺では，三角形を形作る関係は形成されず，もともとの距離が2よりも大きい2頂点を直接結び付ける傾向にある（図 3.23（b））．以上を踏まえて，次のような概念を定義する．

【定義 3.1.1】 辺 (i,j) の**レンジ**（range）$R(i,j)$ を，その辺が**存在しなかった**ときの2頂点間の距離と定義する．

言い換えると，$R(i,j)$ は二つの頂点 i, j 間の**2番目に**短い経路の長さである．

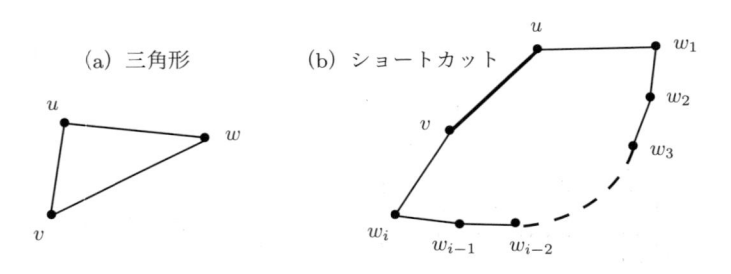

図 3.23　高度にクラスタ化されたグラフの辺は三角形の一部となっていることが多いが（a），その辺が存在しなければ遠く隔たれてしまう二つの頂点を結んでいる場合もある（b）．後者を**ショートカット**と呼ぶ．

3.1 関係グラフ

【定義 3.1.2】 $R(i,j) = r$ である辺 (i,j) を **r-辺** と呼ぶ．

この定義によれば，三角形を構成している辺は 2-辺であり，そうでない辺は $r > 2$ の r-辺である．後に述べるように，後者はここでの議論において特に意味のある辺であるので，その役割を示す名前を与えておく．

【定義 3.1.3】 $r > 2$ の r-辺 を**ショートカット**と呼ぶ．

α モデル，β モデルのいずれにおいても，ある辺をショートカットとして特別扱いする条件として，$r > 2$ という閾値は自然な設定である．一つの近傍内の頂点同士を結ぶ辺は $r = 2$ であり，一方，辺が一つの近傍を越えて頂点を結んでいるのであれば，グラフ内のどの頂点も同じ確率でそのつながり先になりうる．よって，r は 2 か，あるいは平均が L のオーダである一様乱数値のいずれかである．辺のレンジという概念は，α，β という二つのモデルから導き出されたものであるが，その定義は，グラフを構成する過程の中で，辺がいつどのように生成されたかを問わないことに注意すべきである．このことから，次のような**モデル非依存**なパラメータが定義できる．

【定義 3.1.4】 グラフの $M = k \cdot n / 2$ 本の辺のうち，ショートカットとなっているものの割合を ϕ で表す．

ショートカットは，実はグラフの固有パス長を縮める役割を担っているのだが，その証拠を見る前に，すでにグラフの固有パス長に関するある潜在的な問題を見ることが可能である．それは，ショートカットによらずともグラフの固有パス長を縮めることができるということである．その最も単純な例を図 3.24 に示す．v を端点とする辺がなければ，明らかに u_i と w_i は互いに遠く離れているのだが，これらの辺はいずれもショートカットの条件に合致しない．この状況は決して起こりえないものではなく，実社会のネットワークではよく見かけるものである．例えば，二つのグループがたった一人の人物を仲立ちとしてつながりをもっているというようなケースがこれに該当する．また，ショートカットは，少

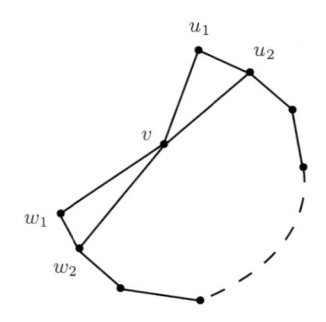

第 3 章　広い世界と狭い世界——グラフによるモデル化——

図 3.24　ショートカットではない辺の組み合わせで頂点間の固有パス長が縮められることを示す最も単純な例．この役を担う頂点は**縮約者**（contractor）と呼ばれる．

なくとも片方の**グループ**が一人だけからなるという極端な場合に相当する．固有パス長を縮めるためにはショートカットによらなくてもよいことは明らかになってきたが，その条件を，少なくとも特定の辺に着目してうまく定式化するのは難しい．これは，固有パス長の短縮には一つの辺のみが関係しているのではなく，頂点 v から伸びている複数の辺が複合的に関与しているからである．そこで辺ではなく，近傍を共有している頂点についての記述によって自然な定義が得られる．

【定義 3.1.5】　二つの頂点 u, w が同一の近傍 $\Gamma(v)$ に属しているとする．u と w を結ぶ経路で，v を端点とする辺を通らないもののうち最短なものの長さを $d_v(u,w)$ とする．このとき，$d_v(u,w) > 2$ であるならば v は u と w（の関係を）を**縮約する**（contract）といい，頂点の組 (u,w) を**縮約**（contraction）という．

別な言い方をすれば，**直接つながっていない**二つの頂点の近傍がただ一つの頂点を共有するときに縮約が起きる．

【定義 3.1.6】　すべての頂点の組の中で，直接つながっていない上，それぞれの近傍が**ただ一つ**の頂点を共有するものの割合を ψ で表す．

ψ は ϕ に類似したパラメータである．ただし，ほとんどのショートカットは縮約を生じるが，その逆は成り立たないため，前者は後者に比べてより一般的なパラメータである．いずれにしても，これらのパラメータはいずれも似通った概念，すなわち元は遠く隔てられていた 2 頂点間の距離の短縮，を数量化している．

ショートカットによる α, β モデルの比較

以上の議論を踏まえて，二つのモデル（環構造の土台をもつ α グラフと β グラフ）をパラメータ ϕ でとらえ直すことができる．ϕ が非常に小さいとき，明らかに二つのモデルの $L(\phi)$ と $\gamma(\phi)$ は異なった値を示している（図 3.25，図 3.26）．この不一致はモデルの明らかな違いに起因するもので，驚くに値しない．むしろ注目すべきなのはランダム極限，すなわち $\phi \approx 1$ となるかなり前から両モデルの統計量がほとんど一致しているということである．この一致は，α と β の関数としての ϕ の振る舞いを調べることで説明できる．α モデルでは，α が小さい範

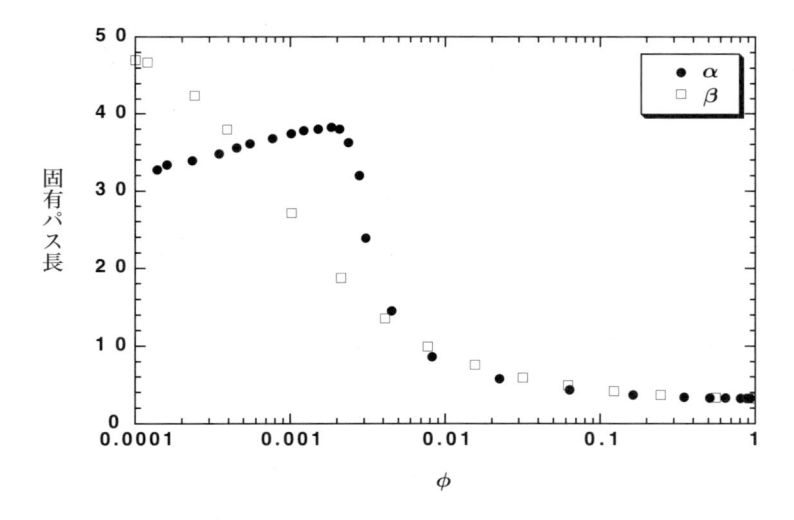

図 3.25 ショートカットの割合 ϕ と L の関係を α グラフと β グラフとで比較したもの（$n = 1000$, $k = 10$）．

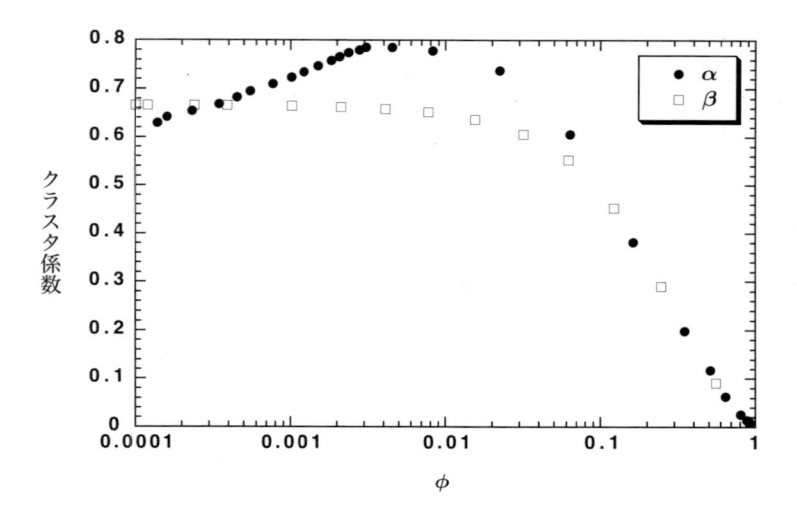

第 3 章 広い世界と狭い世界——グラフによるモデル化——

図 3.26 ショートカットの割合 ϕ と γ の関係を α グラフと β グラフとで比較したもの（$n = 1000$, $k = 10$）．

囲で $\phi(\alpha)$ はほとんど一定であり，その後急激に値が増加し，その値が維持される（図 3.27）．一方，$\phi(\beta)$ は，0 から 1 へほぼ線形に増加している（図 3.28）．いずれの場合でも常に $\phi < 1$ であるのは，ランダムグラフであっても新たな三角形が生成される可能性が残っているためである．ϕ が小さい範囲で二つのモデルに違いが出る理由を図式的に説明したのが図 3.29 である．α モデルでは，順次生成されていく新しい辺が土台となる環構造のある一辺をまたがることなく，その左右のいずれかに分かれて追加されることがある．このとき，その境目に位置する辺は，離れた頂点を結んでいるわけではないのに，ショートカットに分類されてしまう．k が大きくなるにつれて，このような変則的な辺（これは**ブリッジ**（bridging edge）として知られている）の影響は減少する．そして，ショートカットをまたがる辺が生成される可能性も次第に増大し，その結果，ショートカットは 2-辺へと変わっていく．この変則性は α モデル固有のもので，そのような性質をもたないことが，β モデルは扱いやすいという理由の一つである．β モデルでのショートカットは，元は隔たっていた 2 頂点間を結び付けているという意

84

3.1 関係グラフ

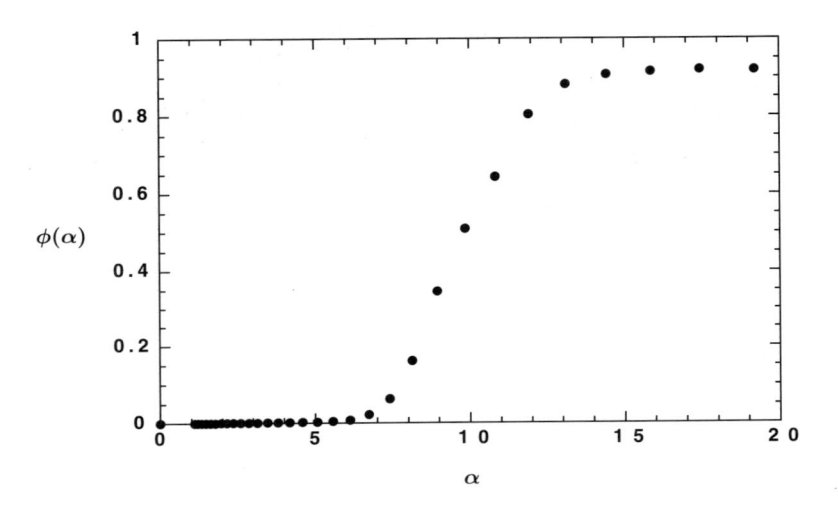

図 3.27 α グラフにおける α と $\phi(\alpha)$ の関係 ($n = 1000$, $k = 10$).

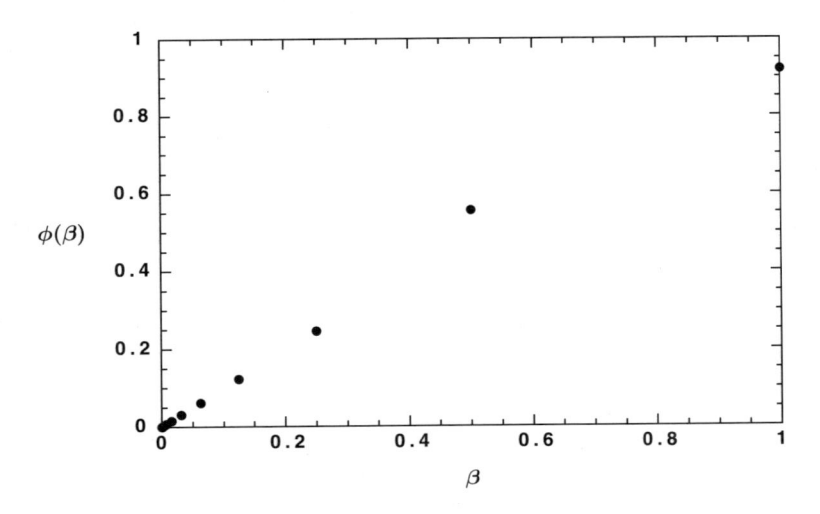

図 3.28 β グラフにおける β と $\phi(\beta)$ の関係 ($n = 1000$, $k = 10$).

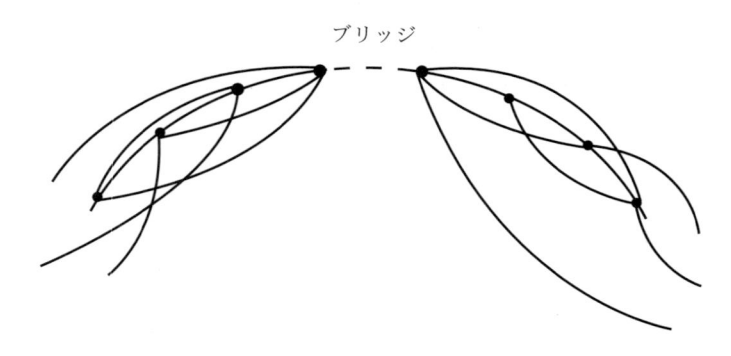

第 3 章　広い世界と狭い世界——グラフによるモデル化——

ブリッジ

図 3.29　α グラフでとりわけ k が小さな値のときに起こりうるブリッジの例.

味で，「本当の意味での」ショートカットである（それゆえ，ϕ をパラメータとする $L(\beta)$ グラフは単調減少である）．$\gamma(\phi)$ の値の違いは，$L(\phi)$ の場合に比べて，ϕ がかなり大きくなるまで持続している．これは，クラスタ係数がグラフの局所的性質を示していることを反映している．

ここで，各々のグラフにおいて何が起きているのかをはっきりさせておこう．この二つのタイプのグラフには，パラメータ区間の両端で得られるグラフを除いて，見かけ上ほとんど共通点がない．パラメータ（β）が小さい場合の β グラフに比べて，α グラフはかなり変則的である．また，両者がランダムグラフと同等なグラフに収束していくことは間違いないことだが，その振る舞いが類似したものであるとは限らないし，ϕ のような統計量によって支配されなければならない明らかな理由はどこにもない．実際，ϕ は有り合わせの統計量で，固有パス長が短縮する理由を示し損ねているようである．例えば，ϕ が十分小さい範囲では，二つのモデルをうまく一致させることができていない．それでもこのパラメータによって，高度にクラスタ化した 1 次元構造からランダムグラフへの構造的変化はかなり把握できるようになったと思われる．

ここで言及しておくべきもう一つの主要な点は，$L(\phi)$ の変化は $\phi \ll 1$ の範囲で起きているのに対し，$\gamma(\phi)$ ではそうでないということである．これは，スモールワールドグラフの存在に関する前述の主張を補強する非常に重要な事実で

ある．ショートカットの割合が比較的少ない場合（$\phi \approx 0.01$, $n = 1000$, $k = 10$）でも，すでに L はランダム極限の値に近付いており，その一方でグラフはまだ高度にクラスタ化された状態のままである．局所的に見れば，これはランダムグラフというより，むしろ初期状態に近い構造を示している．これは先験的には自明ではなかったが，よく考えてみるとその理由は明らかである．

大きなグラフ中に少数のショートカットしかない場合には，（ランダムに生成された）それぞれのショートカットはたいてい遠く離れた部分をつないでおり，グラフ全体の固有パス長に対して大きな影響力をもつ．これらのショートカットは頂点同士の距離を縮めるだけではなく，その近傍同士，さらに近傍の近傍などの距離をも縮める．このように，ショートカットはグラフに対して非線形な作用を施している．しかし，ショートカットの増加に伴って，その影響力は弱まっていく．これは，ショートカットが増えていくと，次第にグラフは狭くなっていくためである．すなわちこれが，$L(\phi)$ のランダム極限値への収束である．その一方で，三角形から一つの辺が取り除かれたとしても，この辺は同じ状況にある多くの辺のうちの一つなので，$\gamma(\phi)$ はあまり影響を受けない．これらが組み合わさった結果が，パラメータの広い区間にわたって小さな L と大きな γ, すなわちスモールワールドグラフが形成されている，ということである．

土台の再検討

ここまで，環構造を土台に使うことの正当性を複数の観点から示してきたが，特定の構造を土台に使ったグラフのモデルに，秩序立ったものからランダムなものまでさまざまであるグラフの集合を代表させることにどれほどの一般性があるのかはわかっていない．ショートカットがグラフの固有パス長に大きく関与しているということが，α モデルで環構造を使う場合とその他の場合を統合させる助けとなるのであろうか？

（もちろん）そのとおり，というのがその答えである．図 3.30 は，以前議論した土台を使用したグラフそれぞれの $L(\phi(\alpha))$ の値を比較したものである．ここで，$n = 1000$, $k = 10$, 2 次元格子のときだけ（平方数でなければならないので）

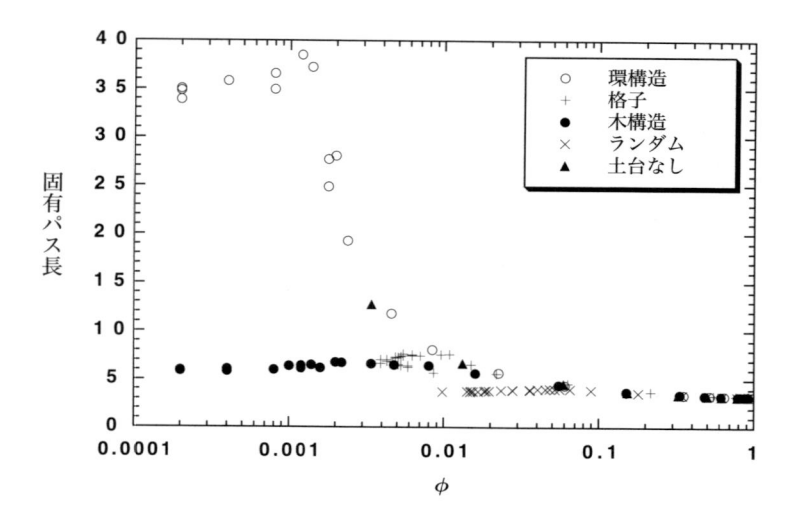

図 3.30　α グラフのすべての土台について，それぞれ ϕ と L の関係を調べ比較したもの．$n = 1000$, $k = 10$ である（ただし，2 次元格子の場合だけ例外で，$n = 1024$）．

$n = 32^2 = 1024$ とした．図には，以下に述べるの三つの特筆すべき特徴がある．

1. $L(\phi(\alpha = 0))$ の値は，異なる土台の間でかなりの差が認められる（そしてすでに述べたように，$\phi = 0$ での固有パス長のスケーリング特性もそれぞれ異なる）のだが，すべての曲線は ϕ の値が小さい（$\phi \approx 0.01$）うちに同一の極限値に収束している．この事実は重要である．ϕ が小さすぎなければ，固有パス長は土台に依存することなくランダムグラフのものと一致する（クラスタ係数については，これは成り立たない）．

2. ランダムな土台の場合，すべての α に対して $\phi(\alpha) > 0$ である．ランダムグラフがいったん連結になると（$k \approx \ln(n)$ あたりで），それはすでに「狭い」グラフであり，その後，既存のつながりに基づいて追加されていく辺によってそのランダム性が失われることはない．

3. 土台なしの場合，グラフが連結になった時点で固有パス長は環構造を土台としたものと一致する．これは，もともと非連結だった穴居人の世界がつ

ながったとすれば，それは環構造によるものであるという主張を支持するものである．

$\gamma(\phi)$ についてもほぼ同様な状況であるが，異なる土台間の一致度は L のときほど高くなく（図 3.31），とりわけランダムな土台についてはその他との違いが目立つ．それでも，どの土台を用いた場合でもスモールワールドグラフが構成されており，$\phi \gtrsim 0.1$ の範囲では，ランダムグラフと同等な状態に到達する以前に，土台の構造に由来するグラフ間の差が埋められている．

以上の結果から，ネットワークが（1）連結で（2）ϕ が小さすぎない [*8] のであれば，土台が何であったかを気にする必要はないと言えるだろう．なぜならば，**どの土台も**同様な結果——高度にクラスタ化され，かつ固有パス長が小さい状態——をもたらすことができるからである．

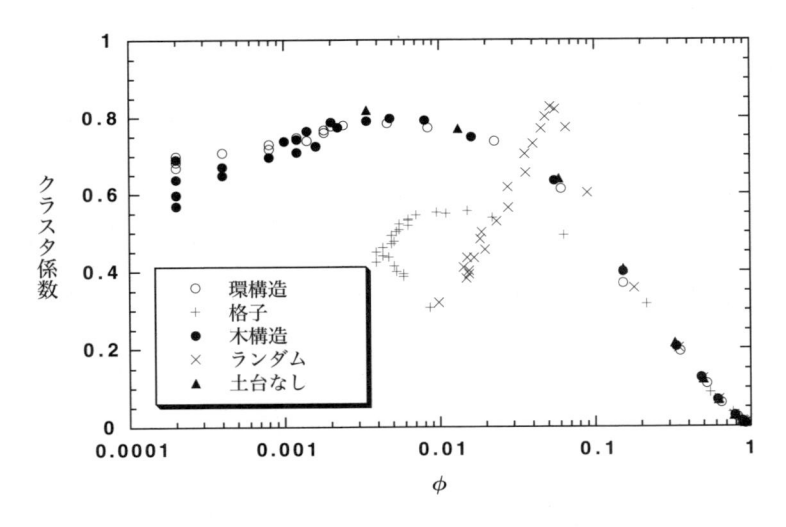

図 3.31　α グラフのすべての土台について，それぞれ ϕ と γ の関係を調べ比較したもの．$n = 1000$，$k = 10$ である（ただし，2 次元格子の場合だけ例外で，$n = 1024$）．

第 3 章　広い世界と狭い世界——グラフによるモデル化——

縮約による α, β モデルの比較

　ϕ の代わりに ψ を基準としても，同様に α グラフと β グラフ，異なる土台に基づく α グラフをそれぞれ比較することができる．図 3.32〜図 3.35 はこれらの比較の結果をまとめたものである[*9]．ϕ よりも ψ を基準としたほうが，異なる土台による結果同士がより良く一致するようになる一方で（図 3.32，図 3.33），α モデルで環構造の土台を用いた場合と β モデルの違いは拡大している（図 3.34，図 3.35）．これらの現象は，ここで考えているすべてのグラフにおいて，それぞれのパラメータのいずれの値に対しても ψ が 0 でないという事実と関係がある．例えば，単純な 1 次元格子（例えば，$\beta = 0$ の場合）においてさえも，それぞれの近傍に縮約されている（contracted）頂点の組が必ず一つずつ存在する（近傍内で，格子上一番端の 2 頂点）[訳注2]ため，$\psi = 2/k(k-1)$ となっている．この，「土台」に含まれている縮約は，明らかに β グラフの固有パス長にほとんど影響を与えないので，それらの縮約を除去して比較することが考えられる．その結果，α，β モデルのグラフは一致するようになる（図 3.36）．ただし，まったく同様な縮約の影響で，α モデルでは異なる土台の固有パス長を比較した結果が得られているようなので，この縮約はそのまま保持させておくべきである．

　現時点では，これまで考えてきたすべてのモデルを一つの統計量でうまく統合するのは難しいと思われる．その上，空間グラフも同一の枠組みの中に持ち込んで議論しようとすれば，状況はさらに複雑で見通しのきかないものとなってしまうだろう．よって，ショートカットと縮約が関連グラフの固有パス長とクラスタ性に強く関連しているようで，個々のグラフ構成方法や土台の種類に関係する微細な違いにとらわれずに，このカテゴリに共通の特徴を明確化しているというこ

[訳注2]．具体例を示す．下図の左側に示した 1 次元格子のつながりを右側のように書き換えると，X が B と D を縮約していることがはっきりする．

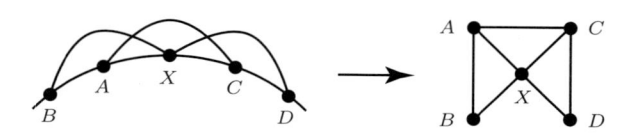

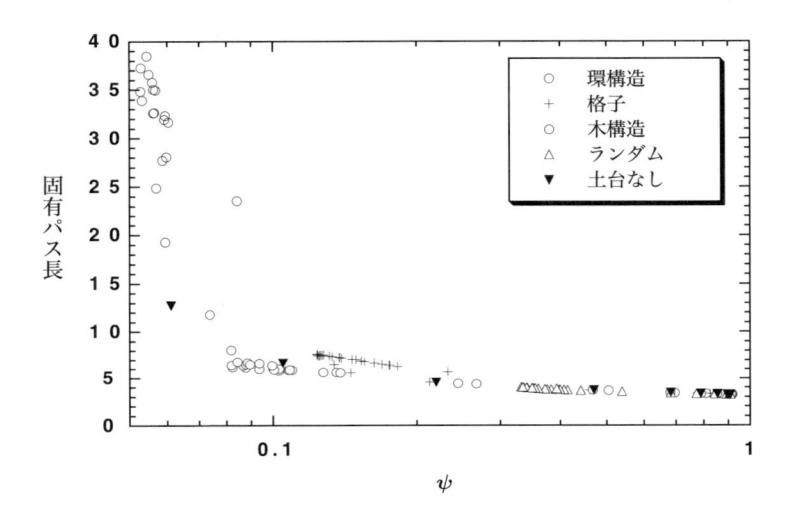

図 3.32 α グラフのすべての土台について，それぞれ ψ と L の関係を調べ比較したもの．$n = 1000$, $k = 10$ である（ただし，2 次元格子の場合だけ例外で，$n = 1024$）．

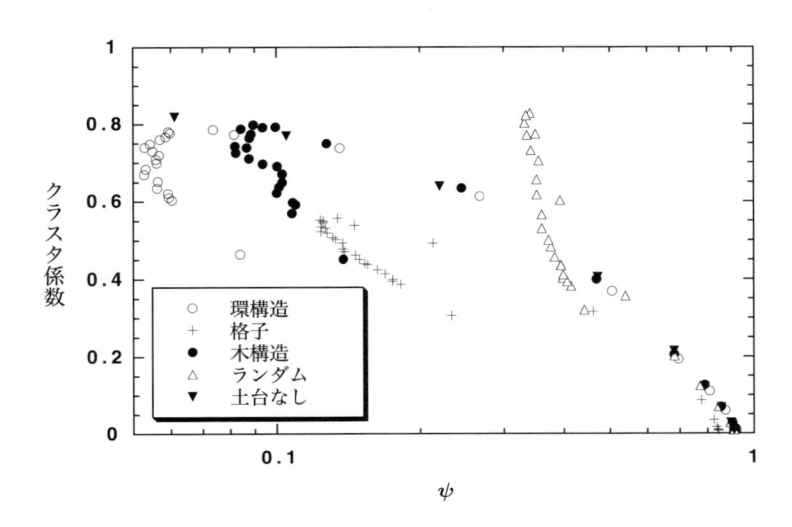

図 3.33 α グラフのすべての土台について，それぞれ ψ と γ の関係を調べ比較したもの．$n = 1000$, $k = 10$ である（ただし，2 次元格子の場合だけ例外で，$n = 1024$）．

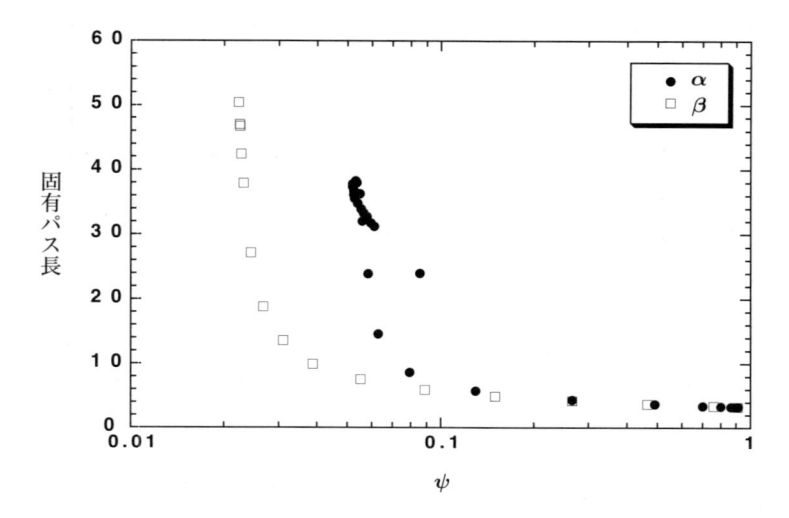

第3章 広い世界と狭い世界——グラフによるモデル化——

図 3.34 ψ と L の関係を α グラフと β グラフで比較したもの（$n = 1000$, $k = 10$）.

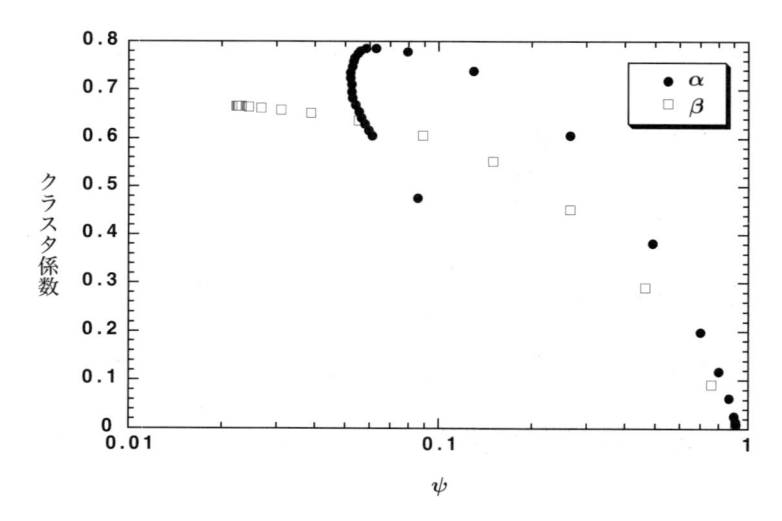

図 3.35 ψ と γ の関係を α グラフと β グラフで比較したもの（$n = 1000$, $k = 10$）.

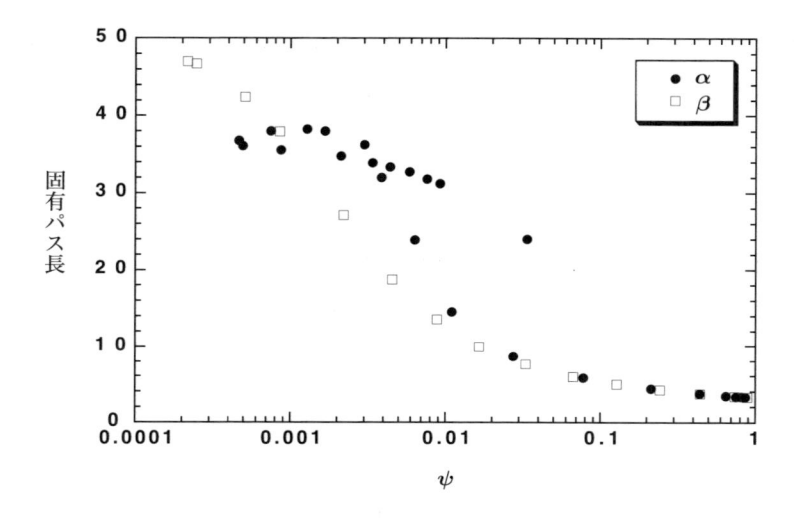

図3.36 ψ と L の関係を，α グラフと β グラフの土台に含まれている縮約を取り除いたものとで比較した結果．両者の一致度が向上している．

としか主張できない．たぶん，この離れ技をたった一つの統計量に任せるのはやりすぎで，そのような統計量の存在自体いまだ結論の出せない問題に違いない．さらに良い代替案のない状況では，このショートカットと縮約で満足すべきであろう．これらは，もともとグラフ上において離れていた部分をつなぐ役目を担ったものである．概念の単純さを考慮すると，現象の説明に役立つ範囲でもっぱらショートカットが使われるだろう[*10]．

固有パス長再論：ϕ モデルの必要性

以前に述べたように，グラフの固有パス長そのものより，同じ n と k をもつランダムグラフの固有パス長と比較した相対的な長さのほうが，より興味深い数量である．そして，同じ観点から，固有パス長の**スケーリング**特性もやはり興味深い性質である．その理由は，固有パス長のスケーリング特性はトポロジに関する性質であり，特定のグラフの特徴というよりもグラフのタイプの特徴であるからである．α あるいは β グラフにおける固有パス長のスケーリング特性を ϕ の

関数として調べるときの問題点は，ϕ はモデル固有のパラメータ（α, β）の関数なので，ϕ が与えられた値に等しくなるようなグラフを構成することができないということである．つまり，ϕ をある値に固定し，n, k を変化させてスケーリング特性を調べるということができないのである．ここで必要なのは，α, β モデルの特徴を保持しつつ，ϕ の値がパラメータの値に応じて決定されるのではなく，直接指定できるようなグラフのモデルである．このようなグラフは，以下のようにして生成することができる．

1. 頂点の数が n，各頂点の次数が k の1次元格子を作る．
2. ϕ の値を決める．
3. β モデルのときと同様に，「ランダムな辺の張り替え」をする．ただし，このとき $\phi \cdot (k \cdot n)/2$ 本の辺はショートカットとなるようにする[*11]．具体的には，
   (a) 頂点 u を無作為に選ぶ．
   (b) u の最短近傍に属する頂点 v で u と隣接頂点を共有するもの（つまり，辺 (u,v) がショートカットでないもの）を無作為に選ぶ．
   (c) グラフから辺 (u,v) を削除する．
   (d) グラフ全体から，u と隣接頂点を共有し**ない**頂点 w（つまり，(u,w) が**ショートカット**になるもの）を無作為に選ぶ．
   (e) グラフに辺 (u,w) を追加する．

以上の手順により，指定された n, k，そしてショートカットの割合をもつ ϕ グラフが構成できる．このモデルの導入により，ϕ を固定したときのスケーリング特性を調べることができる[*12]．

ϕ モデルの性質

ϕ モデルを解析する前に，これまでに得られた α, β グラフに関する結果と同様な結果が，同じパラメータ値で得られることを確認しておくべきである．図 3.37 は固有パス長を比較したもので，ϕ グラフは前に導入した二つのモデルと

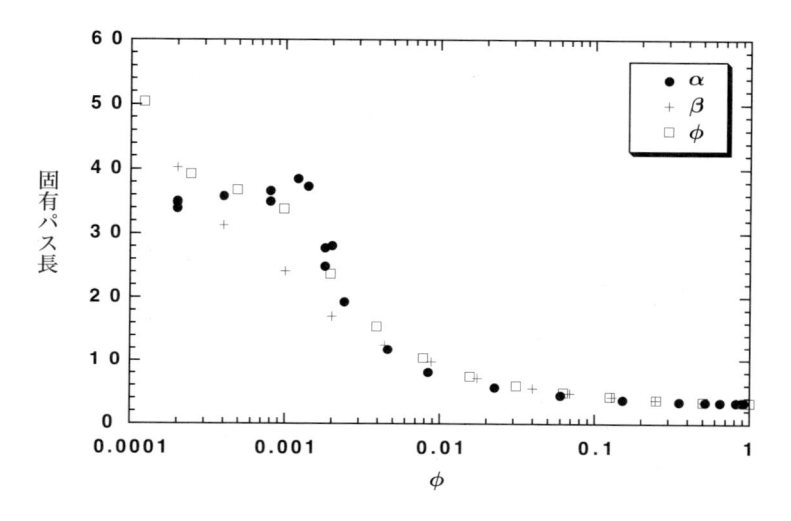

図 3.37 ϕ と L の関係を，α グラフ，β グラフ，そして ϕ グラフの間で比較したもの（$n = 1000$, $k = 10$）．

共通した特徴をもっていることがわかる．特に，β グラフとの類似性が高いが，これは構成アルゴリズムの類似性から推測できる結果である．また，$\gamma(\phi)$ の既存モデルとの共通性についても，妥当な結果が得られている（図 3.38）．これらから ϕ モデルは，スモールワールドグラフの性質を研究するための適切な手段と言える．

図 3.39，図 3.40，そして図 3.41 は，$k = 10$ と固定し，n を増加させていったときの $L(\phi)$ の変化を示したものである．注目すべき点は，これまでにもよく観察されたランダムグラフへの収束を示す崖のような変化に加え，n が低めの値で ϕ が十分小さいときに，崖の手前で固有パス長に変化がないということである．この理由は簡単である．すなわち，崖が現れるとすれば，それは最初のショートカットが作られた後にのみ可能だからである．

与えられた n, k に対して $\phi \geq 2/k \cdot n$ であれば，ϕ グラフ中に少なくとも一つのショートカットができており，そのとき $L(\phi)$ は，1 次元格子の固有パス長である $L(\phi = 0)$ よりもはっきりと小さな値をとることになる．明らかに

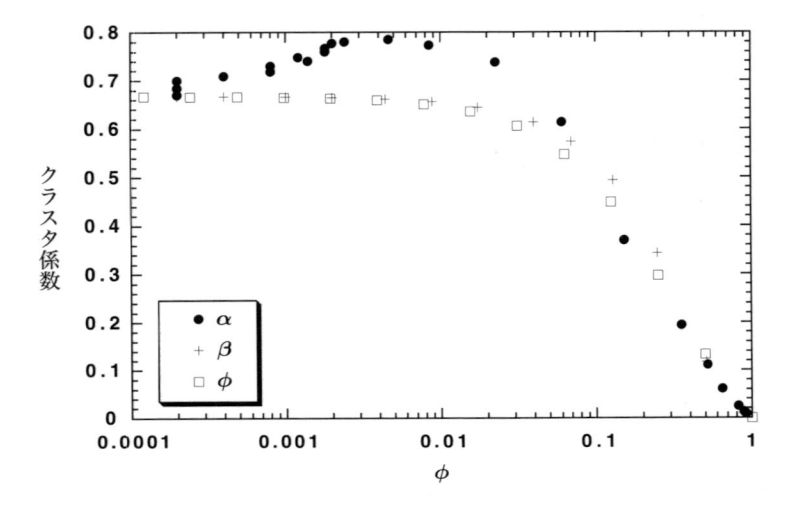

第 3 章　広い世界と狭い世界——グラフによるモデル化——

図 3.38　ϕ と γ の関係を, α グラフ, β グラフ, そして ϕ グラフの間で比較したもの ($n=1000$, $k=10$).

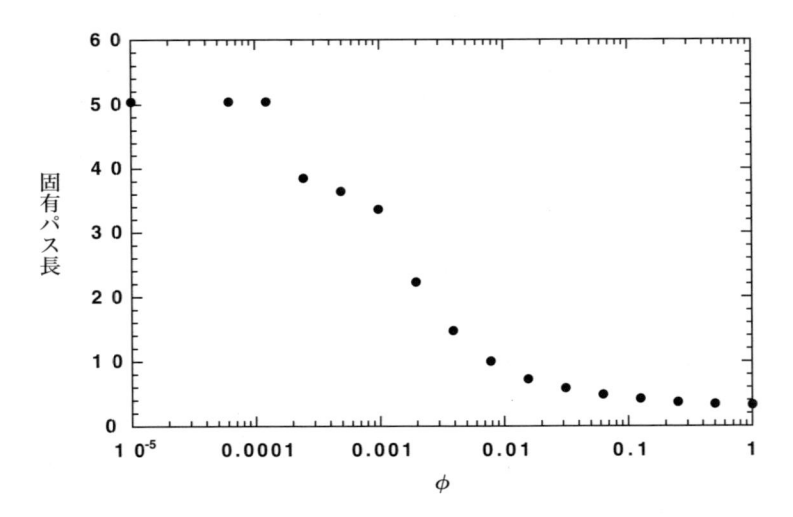

図 3.39　ϕ グラフ ($n=1000$, $k=10$) における ϕ と L の関係. 崖の前に高台がはっきりと認められる.

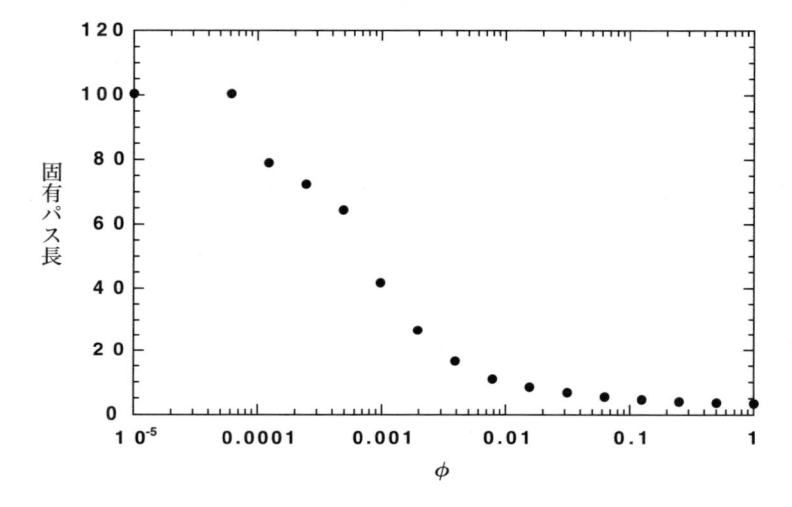

図 3.40　ϕ グラフ（$n = 2000$, $k = 10$）における ϕ と L の関係．まだ崖の前に高台が認められるが，ϕ が小さい範囲で終わっている．

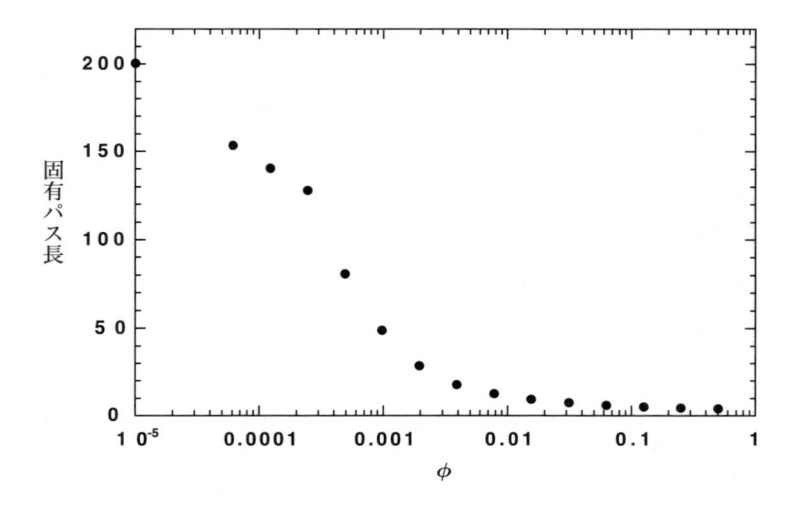

図 3.41　ϕ グラフ（$n = 4000$, $k = 10$）における ϕ と L の関係．もはや高台は認められない．

ϕ がどんなに小さくても，n を十分に大きくすれば，グラフ中に少なくとも一つのショートカットを存在させることができる．ϕ をある値 $\phi_* > 0$ に固定し，$n > n_{\min} = 2/(\phi_* k)$ を満たすグラフだけを考えると，図 3.42 に示すように，これらの固有パス長は n の対数に比例して増加する．さらに重要なのは，$n_{\min}$ を（上で定義したように）十分大きくしておけば，ϕ_* がどんなに小さくても同じスケーリング特性が認められるようだ，ということである．これらの事実から，次の推測が導かれる．

【推測】 $\phi_* > 0$ を任意に選び，$n > 2/(k\phi_*)$ としたとき，$\phi = \phi_*$ である ϕ グラフは，固有パス長が n の対数に比例して増加するというスケーリング特性をもつ（ここで，$n \gg k \gg 1$）．

この性質が出現する理由については第 4 章で議論するが，基本的には次のように考えることができる．$n_{\min}$，ϕ_*，k を $\phi_*(n_{\min} \cdot k)/2 \geq 1$ が成り立つように選んだとき，もともとは 1 次元構造であるのだが，n の増加に伴ってショートカッ

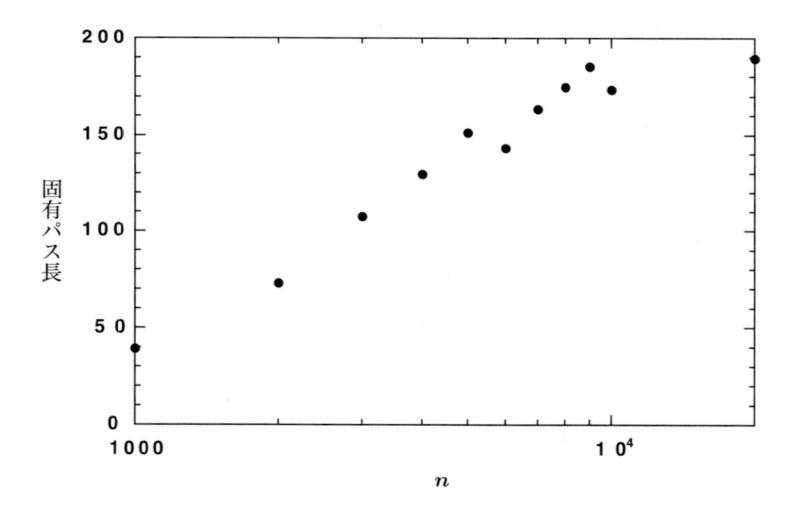

図 3.42 ϕ グラフで $k = 10$，$\phi \approx 0.00024$（$n = 1000$ のとき高台が終わる ϕ の値）のときの n と L の関係．

トが追加されて，固有パス長の増加が緩和される．対数に比例することは自明ではなく，第 4 章の大部分はこのことを理解するために費やされる．

3.1.4 嘘，デタラメ，そしてさらなる統計量 訳注3

ショートカットという概念はグラフのある興味深い特徴をとらえているが，十分な検討を経て導き出された統計量ではない．実際，少なくとも二つの方法でショートカットの概念をより一般的なものに拡張でき，それらによって規則的なものからランダムなものへのグラフの変化をより詳細にとらえることができる．そのいずれも，$L(\phi)$ や $\gamma(\phi)$ の振る舞いについて新たな発見をもたらすわけではないが，それらに基づいてグラフの**構造的な複雑さ**（structural complexity）を測る新しい統計量が導き出される．

平均レンジ

3.1.3 項でショートカットを定義したとき，辺のレンジが 2 のものと 2 より大きいものの二者に分けて議論した．しかし，実際にはレンジは（辺を二つのカテゴリに分けるだけではなく）もっと応用のきく概念であり，例えば，すべての辺の**レンジの平均**（average range）R でグラフを特徴付けることが考えられる．$n = 1000$, $k = 10$ である ϕ グラフについて，この統計量を計算した結果を図 3.43 に示す．$\phi = 0$ ではすべての辺が 2-辺なので，当然 $R = 2$ となる．ランダムグラフで R がどのような値をとるかは自明ではないが，固有パス長に近いものとなると考えるのが妥当だろう．なぜなら，辺同士には相関がなく（直接つながっている 2 頂点と直接つながりのない 2 頂点で，その他の状況はほぼ同じと考えられる．特に $n \gg k$ なので，直接つながっている 2 頂点の割合は低い），二つの頂点がつながっているからといって，2 番目に短いパスの長さが平均パス長より短いとは限らないからである．一方，つながりが非常に秩序立ったグラフでは，明らかに状況が異なる．直接つながっている頂点間の 2 番目に短いパスの長さは，ランダムに選んだ 2 頂点間の距離より**必ず**短いのである．

訳注3. Benjamin Disraeli の "There are three kinds of lies; lies, damned lies, and statistics" のもじりと思われる．

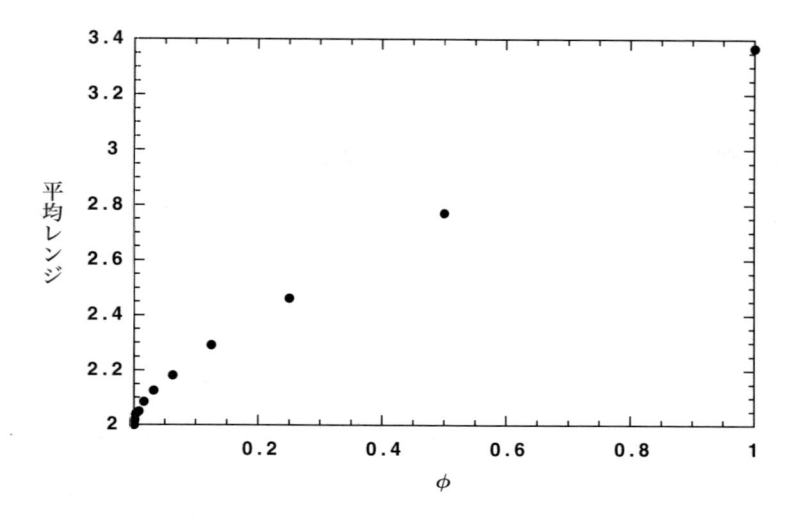

第3章 広い世界と狭い世界──グラフによるモデル化──

図 3.43 ϕ グラフ（$n = 1000$, $k = 10$）における ϕ と平均レンジ R の関係.

頂点の平均重要性

ちょうど平均レンジが ϕ の一般化で得られたように，頂点の重要性の平均が ψ の一般化から導かれる．この概念の根本にあるのは，「近傍 $\Gamma(v)$ に属する頂点同士は，もし v とのつながりがなかったとすると，互いにどのくらい隔たることになるのだろうか？」という問いであり，頂点の**重要性**（significance）は次のように定義される．

【定義 3.1.7】 頂点 v の**重要性**とは，近傍 $\Gamma(v)$ から v を除いた部分グラフの固有パス長である．

別の言い方をすれば，重要性 $S(v)$ は，$\Gamma(v)$ 内の（v を除く）すべての頂点の組 (i, j) について，その距離 $d(i,j)$ の平均をとったものである．$S(v) = s$ である頂点を s-頂点と呼ぶ．また，S をすべての $v \in V(G)$ についての $S(v)$ の平均とし，これをグラフの**平均重要性**（average significance）と呼ぶ．すなわち，近傍の中心的存在である点の除去によってその他の頂点が互いに引き離されたとき，その距離の期待値を示すのが S である．図 3.44 は，ψ と $S(\psi)$ の関係が，ϕ と $R(\phi)$

3.1 関係グラフ

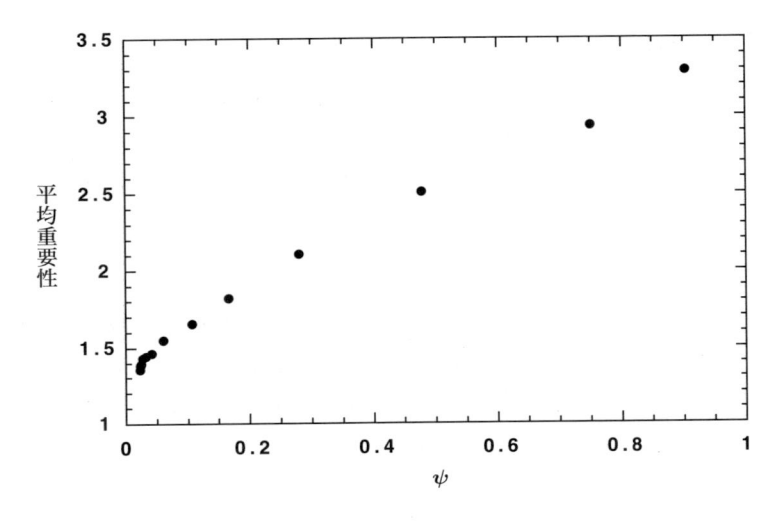

図 3.44 ϕ グラフ ($n=1000,\ k=10$) における ψ と平均重要性 S の関係.

の関係に類似していることを示している．特に $R(\phi)$ の場合と同様に，グラフの極限状態であるランダムな構造に到達したときに S は最大値に達し，その値はグラフの固有パス長に近付いていくように見える．S を**局所的な頂点間距離のスケーリング特性**（local length scale）を示すもの，L を**大域的なスケーリング特性**（global length scale）を示すものとしてとらえると，これらが同じように収束するということは，任意のレベルの頂点間距離のスケーリング特性がランダム構造に到達した時点あるいはその手前で一致するということであり，意味深いものであると考えられる．しかし，このような状況が生み出される要因については，ここで調べた結果をもってしてもまだ明らかではない．直感的には，それぞれのショートカットや縮約がグラフに対して高度に非線形な作用を及ぼし，一度に多くの頂点間の距離を縮め，その結果として固有パス長が変化していると考えられる．一方（複雑な相互作用があるのにもかかわらず），R や S の計算には，頂点や辺がそれぞれ単独の因子として用いられているだけであり，それゆえ（$\gamma(\phi)$ のときのように）グラフの重要な**大局的**性質の多くは，これらの統計量では把握できていない．

構造的な複雑さ

　レンジや重要性の平均といった統計量は価値がないわけではないが，ここで議論しているグラフの性質についてさらに深い理解を得るためには，ショートカットなどとは異なった概念に基づく統計量の導入が必要である．**構造的な複雑さ**（structural complexity）とでも呼ぶべきその統計量は，Crutchfield（1994）により，二つのタイプの複雑さの対比に動機付けられて考案したものである．二つのタイプの複雑さとは，従来の情報理論的な複雑さと**統計的な複雑さ**（statistical complexity）である．前者では，ランダムな事象を最も複雑なものとして分類する．一方，後者では，ランダムな情報を生成するための計算コストを複雑さの見積もりに含めない．むしろ統計的な複雑さは，システムの出力をより正確に予測するために必要な情報の量（モデルの自由パラメータの数を考えてみるとよい）と深い関連性がある．完全に統計モデルに基づいて動作するシステムでは出力は統計的に予測されるだろうが，それはただ一つのパラメータで可能な場合もある．よって，完全にランダムな振る舞いは，ある意味，比較的単純なのである．同様に，完全に周期的な信号を予知するためには，位相（phase）という一つのパラメータだけで十分であるので，これもまた単純なシステムである．Crutchfield の主張のポイントは，これらの極端な場合のどこか中間に，体系的でありながらも予測が難しいという両方の性質を備えた最も複雑なシステムが存在する，ということである．

　構造的な複雑さについては，ランダム性を明示的に低く見積もることはしないので，Crutchfield の統計的な複雑さとは異なる．それはむしろ，興味の対象となるグラフは規則的なものからランダムなものにまで及んでおり，その中間的状態では，両極端に比べて構造の最適な（無駄のない）記述のためにより多くの情報を必要とするという事実をとらえるためのものである．この状態は，レンジの大きいショートカット（あるいは，重要性の大きな頂点）が少数存在する状況で出現するのではないかと思われる．このことから，**辺に関する複雑さ**（edge complexity）は，統計的な複雑さに類似した概念として以下のように定義できる．

3.1 関係グラフ

【定義 3.1.8】 グラフ $G(\phi)$ の辺に関する複雑さ C_e とは，すべての辺の集合 $E(G)$ にわたるレンジの平均偏差である．

ここで，通常よく用いられている標準偏差ではなく，**平均偏差**（$s = (1/n)\sum_{i=1}^{n}|x_i - \overline{x}|$）が使われていることに注意してほしい．これは，標準偏差は，とりわけ平均から大きくはずれた値の影響を受けやすいからである．これらのグラフで ϕ が小さいときには，レンジの大きな辺が一つだけ生成されているという状況が起こりうるのだが，それが標準偏差に過度な影響を及ぼしてしまうことになる．平均からの隔たりを差の自乗ではなく絶対値で測る平均偏差では，このような一部の大きなずれの影響は比較的小さくできる．図 3.45 は，今まで調べてきた三つのモデルそれぞれの $C_e(\phi)$ を示している．ここでもまた，これら3モデル間のはっきりとした類似性が示されている（α モデルでは，やはり ϕ が小さいときのブリッジの影響が認められる）．そして $\phi < 1$ で，はっきりとした「こぶ」が見られる．さらに α モデルで，土台としていずれを選んでも，ϕ の増加に伴う C_e の変化はかなり似通っている（図 3.46）．これは，α モデルの構成方

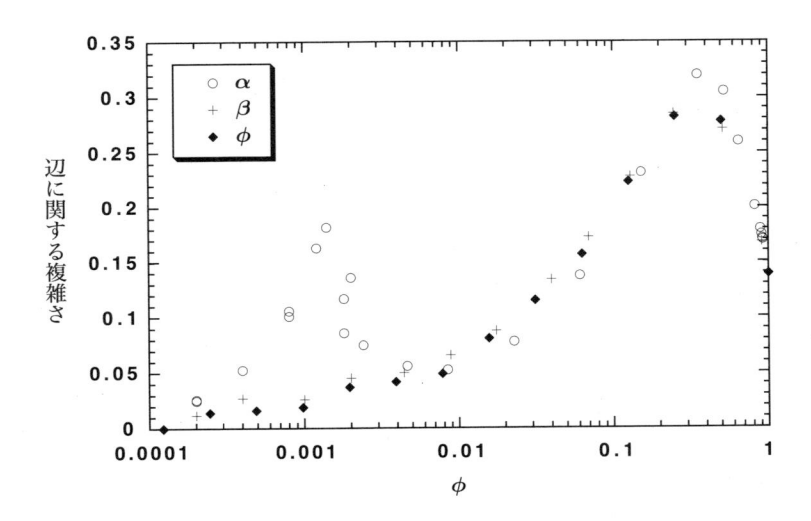

図 3.45　α, β, ϕ グラフ（$n = 1000$, $k = 10$）それぞれにおける ϕ と辺に関する複雑さ C_e の関係．α グラフに偽のこぶが認められるのは，k が小さいときに**ブリッジ**（bridging edge）が生成されるためである．

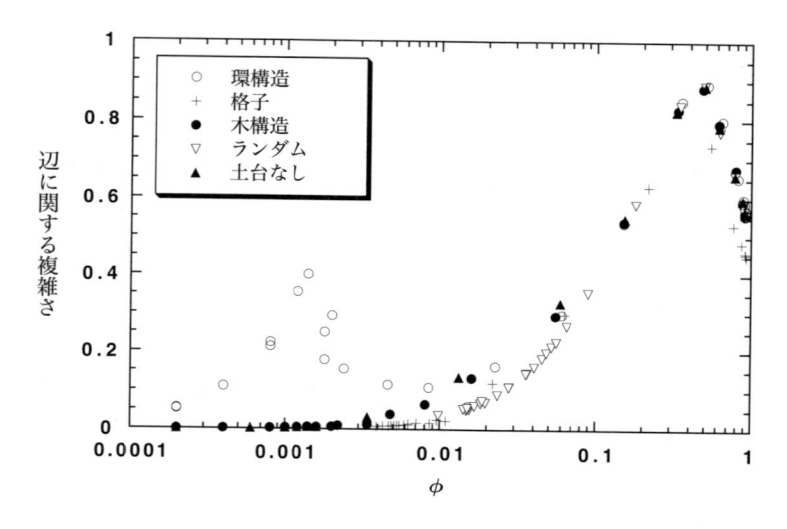

図 3.46 α グラフ ($n = 1000$, $k = 10$) のすべての土台それぞれにおける ϕ と辺に関する複雑さ C_e の関係.

法からは直ちには導かれない結果であり，これらのうまい解釈の方法はまだわかっていない．

3.2 空間グラフ

検討すべきグラフ生成アルゴリズムの第二のクラスは，関係グラフとはまったく異なった前提に基づくものである．このクラスでは，頂点はある次元 d の立方体の格子点に配置されていると仮定されている．二つの頂点のつながり（すなわち辺）は既存のつながりに応じて生成されるのではなく，それらの（$\mathbb{R}^d$ の）物理的距離を変数とするあらかじめ決められた確率分布に基づいて決定される．この種のモデルでも，一つのパラメータの値に応じて d 次元格子からランダムグラフに推移するグラフの族を構成することができる．そのパラメータ（ξ）とは，外部的（グラフそのものとは独立）に定義されるグラフ上（の頂点間）の距離で，**その値により辺の生成が制御される**．これは，別の言い方をすると，生成されるつながりが局所的なものに限定されるような物理的な力を仮定するということで

ある．一様分布によって構成した1次元のグラフでは，単純に，$\xi = \omega/2$ となる（ここで，ω は分布の幅である）．正規分布，あるいはその他の分布で裾野をもつものの場合には，**ほとんどすべてのつながりが生起する範囲（区間）の幅によって ξ を定義すればよい**．$k = O(10)$ のとき，ある頂点を端点とする辺の 99% は，そこから $\pm 3\sigma$ の範囲内にある頂点に対して張られるので，$\xi = 3\sigma$（σ は当該分布の標準偏差）が妥当な選択である．n, k が有限であれば，ξ も必ずある有限値をとり，その ξ を超える距離の頂点間でつながりが形成される可能性はほとんどない．つまりここでは，分布に（少なくとも実質的に）**有限カットオフ**（finite cutoff）がある空間グラフだけを議論の対象としている[*13]．

一様分布，あるいは正規分布に基づく 1 次元のグラフの場合，頂点の分布の一様性を仮定すると，それぞれの頂点が k 本の辺で他とつながるためには，$\xi \geq k/2$ である必要がある[*14]．一方，$\xi = O(n/2)$ であれば，辺は任意の2頂点間に無作為に生成される．これは，パラメータの値の変化に伴ってランダムグラフの状態に推移したことを示している．ランダムグラフへの到達が確率分布にどのように依存し，規則的な状態からランダムな状態にどのように推移するのかをこれから調べていく．

3.2.1 一様分布空間グラフ

空間グラフの中でも最も単純な部類に属するのが，$\mathbb{R}^d$ 上の距離 ξ 内にある頂点間を一様（この範囲内であれば距離に非依存に）かつ無作為につなげるものである．具体的な構成方法はごく簡単である．

1. 次元 d を決める（ここでは $d = 1$ の場合を考える）．
2. 各頂点 v（d 次元空間における座標を v_i とする）に対して，v からの隔たり $r_i \in [-\xi, \xi]$（$1 \leq i \leq d$）を無作為に選ぶ．
3. r_i から座標 $u_i = v_i + \lceil r_i \rceil$ を計算する．
4. 辺 (u, v) を生成する．ただし重複は避ける．
5. 頂点を順次取り替えて，$k \cdot n/2$ 本の辺が生成されるまで，これを繰り返す．

固有パス長とクラスタ性

図 3.47 と図 3.48 は，今までと同じパラメータ $n=1000$, $k=10$ を使って構成した空間グラフにおける ξ と L, γ それぞれの関係を示したものである．この図で最も注目すべきなのは，$L(\xi)$ と $\gamma(\xi)$ が**関数として同じ形をしている**という点である．図 3.49 は 1 次元の場合を示したものだが，2 次元でも同様な結果が得られる．これは，$\gamma(\phi)$ が $L(\phi)$ に比べてずっと緩やかに減少しているという，以前に関係グラフについて調べたときの結果とまったく異なるものである．ここで，L と γ の違いが取りも直さずグラフのスモールワールド性を示していることを思い出してほしい．この空間グラフでは，固有パス長がランダムグラフのものに近付いたときには，すでにクラスタ係数でも同じ状況になっているため，スモールワールドグラフというものが成立しえない．一様空間グラフと関係グラフとの第二の大きな違いは，$L(\xi)$ と $\gamma(\xi)$ を ϕ の関数としてとらえ直したとき，関係グラフの $L(\phi)$ や $\gamma(\phi)$ との類似性が認められないということである（図 3.50, 図 3.51）．これは，縮約の割合 ψ をパラメータにしたときも同様である（図 3.52, 図 3.53）．この違いの説明が第 4 章の主題の一つである．

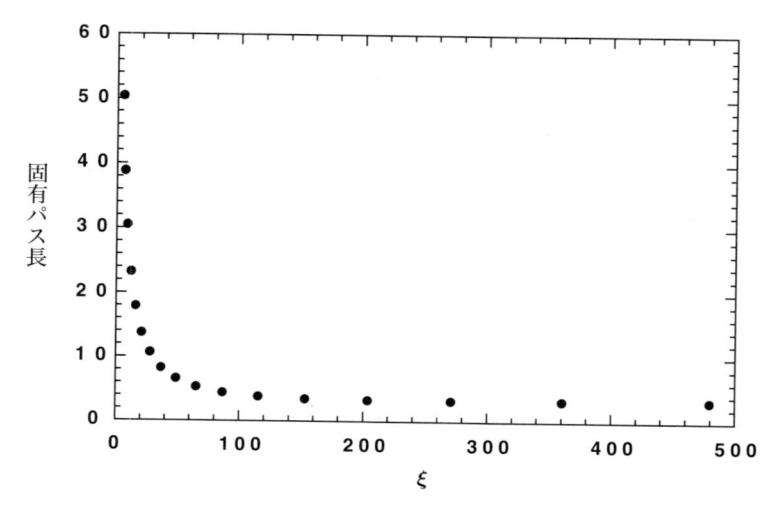

図 3.47 一様分布に基づく 1 次元空間グラフ（$n=1000$, $k=10$）における ξ と L の関係．

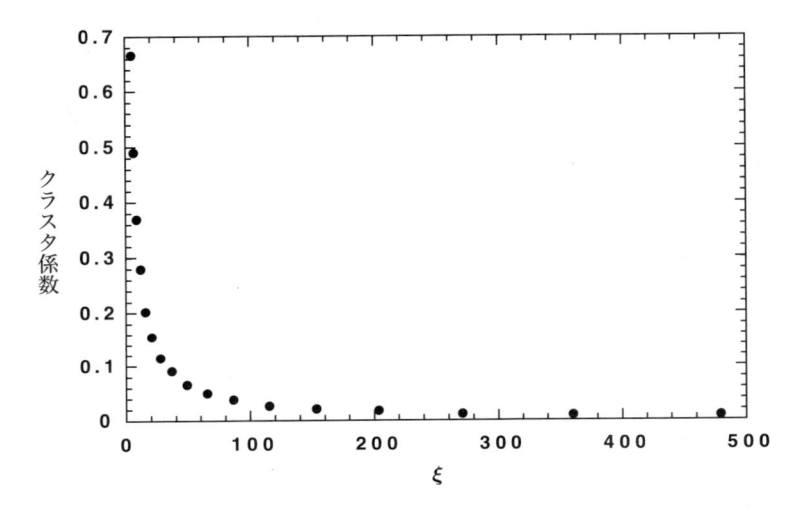

図 3.48　一様分布に基づく 1 次元空間グラフ（$n = 1000$, $k = 10$）におけるξとγの関係.

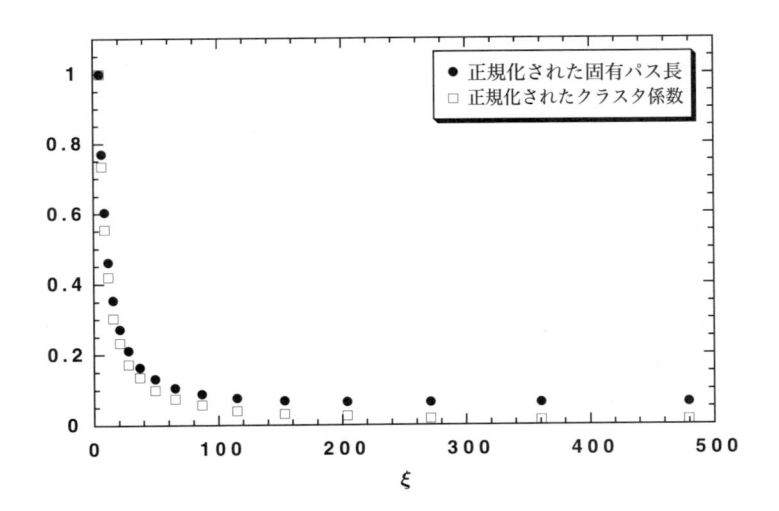

図 3.49　一様分布に基づく 1 次元空間グラフ（$n = 1000$, $k = 10$）における正規化された $L(\xi)$ と $\gamma(\xi)$.

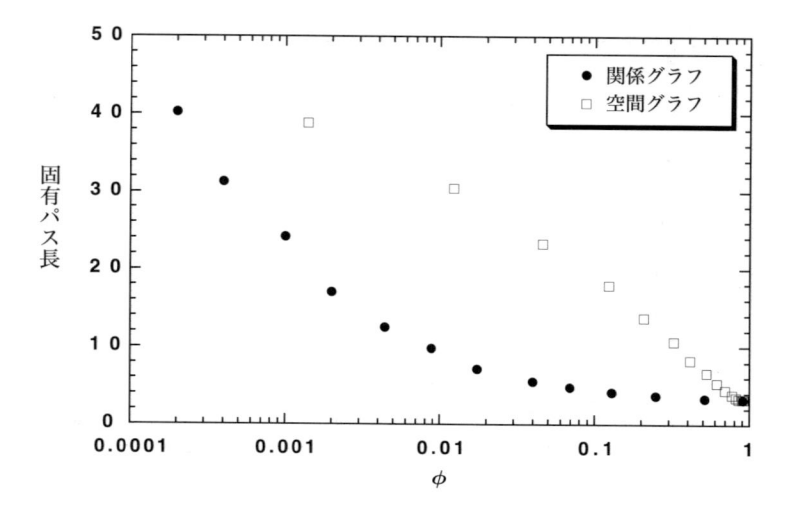

第3章 広い世界と狭い世界——グラフによるモデル化——

図 3.50 関係グラフ，空間グラフそれぞれにおける ϕ と $L(\phi)$ の関係の比較（$n = 1000$, $k = 10$）．

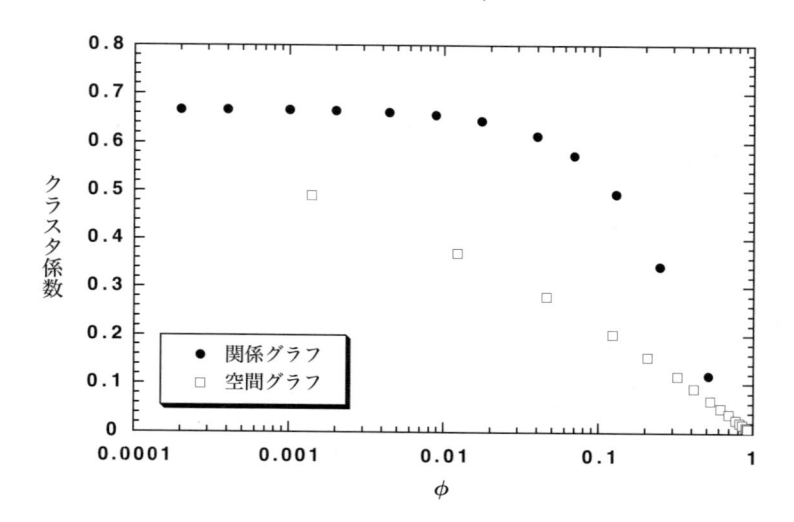

図 3.51 関係グラフ，空間グラフそれぞれにおける ϕ と $\gamma(\phi)$ の関係の比較（$n = 1000$, $k = 10$）．

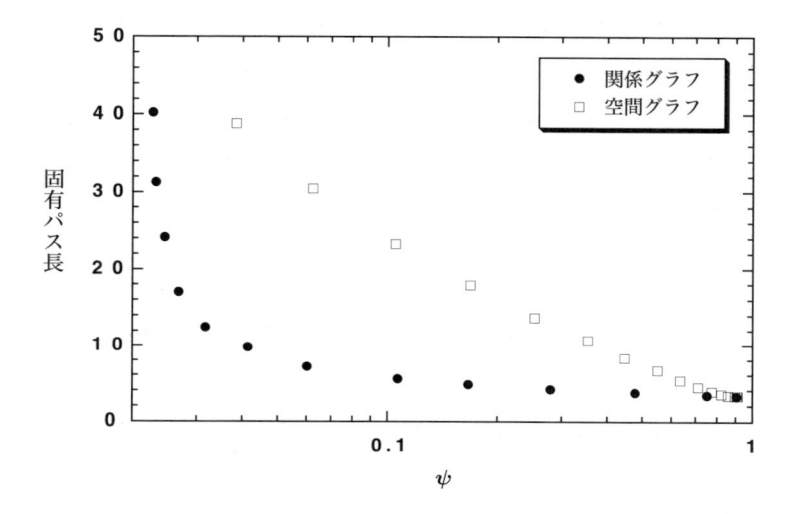

図 3.52 関係グラフ，空間グラフそれぞれにおける ψ と $L(\psi)$ の関係の比較（$n = 1000, \ k = 10$）．

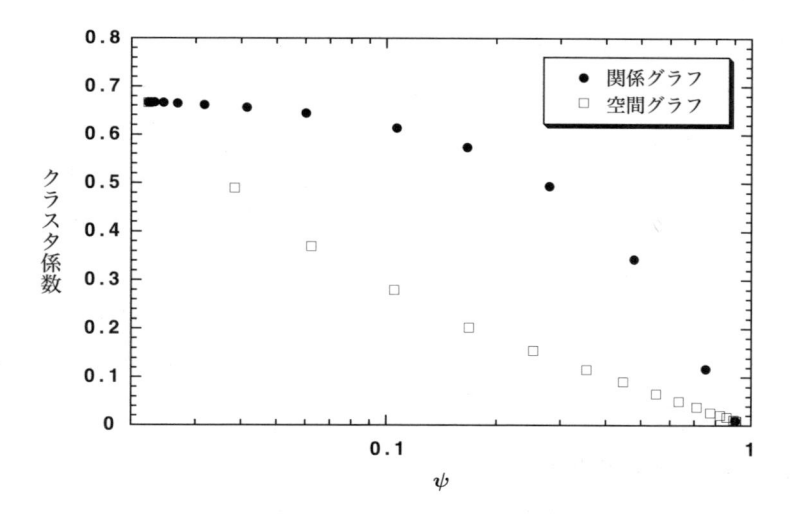

図 3.53 関係グラフ，空間グラフそれぞれにおける ψ と $\gamma(\psi)$ の関係の比較（$n = 1000, \ k = 10$）．

もっとも，すでに基本的なアイデアは明白である．空間グラフでもショートカットや縮約はありうるのだが，（ξ によって）**定められた距離**以上に離れている頂点同士が結ばれることはないのである．つまり，つながりは確率分布のカットオフに完全に支配されているので，ξ が全グラフを包含するくらいに大きな値をとらない限り，辺が遠く離れた頂点同士を結ぶことはない．それが可能になった状態では，グラフはもはやクラスタ化されておらず，クラスタ性においてもランダムグラフに近い状態になっている．それとは対照的に，関係グラフで ϕ が非常に小さいときには，（グラフの直径オーダという意味で）**大域的な**レンジをもつ辺が少数存在している．これらの辺の存在は，グラフのクラスタ性にはほとんど影響を与えないのだが，固有パス長に対しては非常に強い影響を与える．

グラフに共存し，概念的に対をなしている二つのタイプの頂点間距離（局所的なものと大域的なもの）が，第4章で固有パス長とクラスタ性の関係を説明する上で鍵となる．

固有パス長のスケーリング特性

関係グラフと空間グラフのもう一つの質的な違いは，固有パス長のスケーリング特性である．関係グラフでは，ϕ が非常に小さな値であっても，固有パス長は n の対数に比例していたことを思い出してほしい．また，n を無限大に近付けていくことにより，どんなに小さな ϕ に対してもスケーリング特性は対数オーダになっていた．このようなことは，有限のカットオフをもつ空間グラフでは起きない．図3.54は，空間グラフにおける固有パス長のスケーリング特性が $\xi = O(n)$，すなわちランダムグラフと同等な状態に至ったとき，初めて対数オーダになることを示している．この，関係グラフと空間グラフのもう一つの相違点については，次章でも議論する．

3.2.2　正規分布空間グラフ

正規分布空間グラフの構成方法は，確率分布が異なる以外は一様分布空間グラフとまったく同じである．つまり，$\mathbb{R}^d$ 内で近接する点を選ぶのに，一様分布で

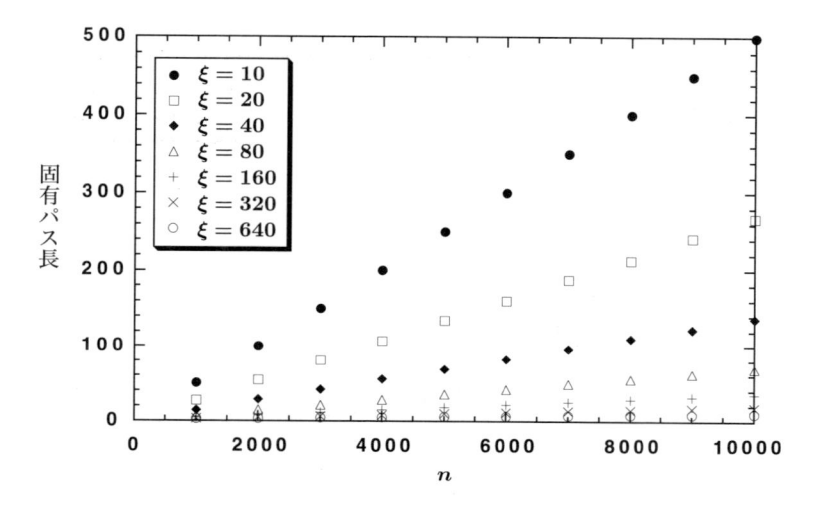

図 3.54 一様分布に基づく空間グラフ（$k=10$）で，さまざまな ξ の値に対し，それぞれ n と L の関係を調べたもの．$\xi < O(n)$ であるすべての ξ に対して，L は n に比例している．

はなく正規分布に基づいてその座標を計算するのである．正規分布において，分布の幅をとらえるための標準的な尺度は標準偏差 σ である．すでに述べたように，$\xi = 3\sigma$ が正規分布の幅の（実質的な）半分に当たる．図 3.55 と図 3.56 は，空間グラフの $L(\xi)$，$\gamma(\xi)$ を一様分布の場合と正規分布の場合とで比較したものである．この結果から，空間グラフの構成において，確率分布の詳細はさほど重要でなく，パラメータ ξ こそがグラフの統計量を決める重要な要素であることがわかる[*15]．よって，今後，確率分布を特に指定していない場合には，一様分布を用いているものとする．

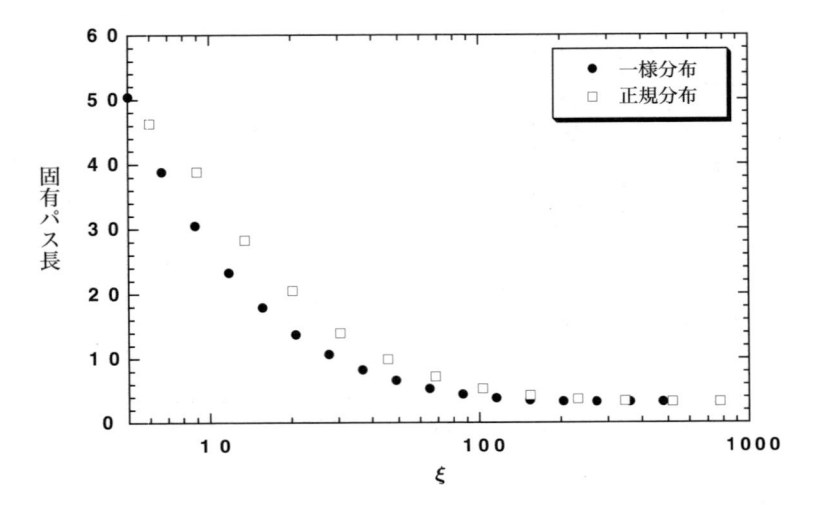

第 3 章 広い世界と狭い世界——グラフによるモデル化——

図 3.55 空間グラフで正規分布に基づくものと一様分布に基づくものの, ξ と L の関係を比較したもの ($n = 1000$, $k = 10$).

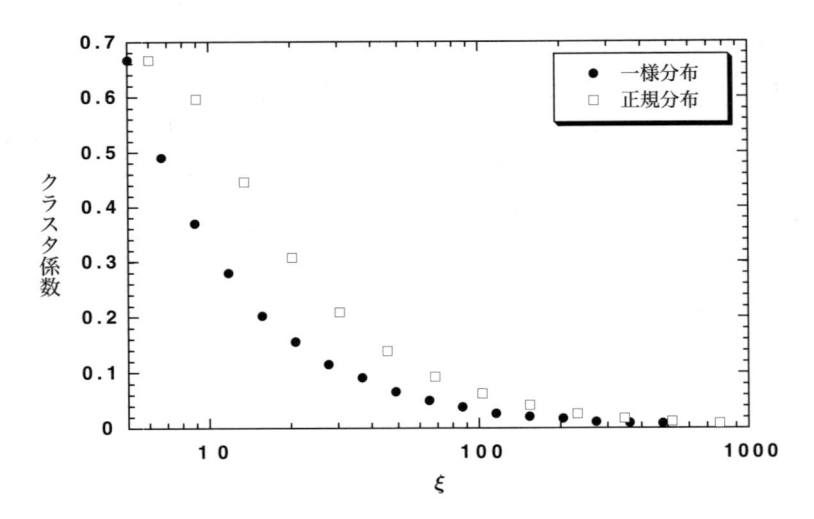

図 3.56 空間グラフで正規分布に基づくものと一様分布に基づくものの, ξ と γ の関係を比較したもの ($n = 1000$, $k = 10$).

3.3 まとめ

1. 本章では，グラフ構成アルゴリズムの二つのクラスについて調べてきた．それぞれ，**関係グラフ**，**空間グラフ**と呼ばれるもので，いずれも，規則的な構造をもつものからランダムなものの間を埋めるようにしてグラフの族を構成する．関係グラフでは，2頂点に新たなつながりが形成される確率は，既存のつながりに依存して決まる．同じ確率が，空間グラフではユークリッド空間で定義される頂点間の距離の関数（確率分布）として与えられる．ここでは，有限カットオフをもつ確率分布に基づく空間グラフだけを考える．

2. 関係グラフの異なった複数のモデルは，**ショートカット**の割合を示す，モデル非依存なパラメータ ϕ によって，統一的に扱うことができる．ある辺が，それを取り除いたときに端点が遠く隔てられてしまう場合に，それをショートカットと呼ぶ．ショートカットより若干一般的な概念として頂点による縮約があり，その割合はパラメータ ψ によって表される．

3. 空間グラフの異なった複数のモデルは，モデル非依存なパラメータ ξ で統一的に扱うことができる．ξ は，グラフが埋め込まれている外部空間で定義される距離で，辺はその距離より遠い頂点間を結ぶことができない．

4. 関係グラフには，固有パス長がランダムグラフ程度（$L \sim \ln(n)/\ln(k)$）でありながら，高いクラスタ性をもつものが存在する．これらを**スモールワールドグラフ**と呼ぶ．

5. 一方，ここで議論の対象としている（有限カットオフをもつ）空間グラフには，このようなグラフは存在しない．これは，パラメータ ξ の関数として固有パス長，クラスタ係数が同じ振る舞いを示すためである．

6. 関係グラフでは，n を無限大に近付けていったとき，どんなに小さな ϕ（ショートカットの割合）に対しても，固有パス長は n の対数に比例し，k の対数の逆数に比例する．

7. 1次元空間グラフでは，$\xi = O(n)$ のときに限って，固有パス長は n の対数に比例する．

8. 関係グラフの構造的な複雑さ（各辺のレンジの平均偏差）は，スモールワールドグラフが出現可能な範囲である $\phi < 1$ でピークに達する．

第4章
解釈と考察

　前章のシミュレーションでは，秩序化された世界とランダムな世界との橋渡しとなるグラフ構造の本質に関して，いくつかの興味深い結果と直感的な推測を示したものの，わずかな説明にとどまった．これに対し，本章では次の諸現象を近似し説明することを可能とする，一貫性のある解析可能なモデルについて考察する．

1. 次の二つのグラフ構造における「固有パス長」と「クラスタ特性」の関係
   (a) 秩序化され，かつ高度にクラスタ化されたグラフ
   (b) ランダムグラフ
2. 次の二つのグラフ構造における両極限間の L と γ の変化の関数形
   (a) 関係グラフ
   (b) 空間グラフ
3. 関係グラフと空間グラフにおけるパス長のスケール特性
4. なぜ，関係グラフだけがスモールワールドというグラフ構造，すなわち高度にクラスタ化可能で，かつ大域的にはランダムグラフのようなパス長とパス長のスケール特性を有することができるのか

　なお，これらを明らかにするのに際して，数学的な意味での詳細な証明を行うことはしない．むしろ，第3章でのシミュレーション結果と驚くほど合致する解

析的近似が可能な，かなりの簡略化が施されたヒューリスティックモデルを考える．

4.1 両極端なグラフ構造

ここでは，実際の世界を意識しつつ，秩序化された構造とランダムな構造という二つの特徴的な構造を統合するグラフに対して焦点を当てる．しかし，これを理解するためには，まずはそれぞれのグラフについてより理解する必要がある．そのために，まずは次の問題について考える．

- 頂点数 n と次数 k が与えられるとき，最もクラスタ化されたグラフとはどのようなものなのだろうか？ そして，このようなグラフにおけるパス長とクラスタの特性とはどのようなものなのだろうか？ すなわち，**この世で考えられるあらゆるネットワークの中で，最もクラスタ化されたネットワークとはどれくらいの大きさなのだろうか？**
- 同じく n と k が与えられたとき，固有パス長が最も短くなるようなグラフのパス長とクラスタの特性とはどのようなものなのだろうか？ すなわち，**この世で考えられるあらゆるネットワークにおいて，最も小さなグラフとはどれくらいクラスタ化されたグラフなのだろうか？**

これらの問題に答えることは，部分的に秩序化され，かつ部分的にランダム化されたモデルを考えるためのヒントとなり，前章で考察したパス長，クラスタ，そしてスモールワールドのそれぞれの特徴を理解する上でも大いに役立つことになる．

4.1.1 石器時代の結合した穴居人モデル

明らかに最もクラスタ化されたグラフは**完全グラフ**（complete graph）と呼ばれ，すべての頂点が他のすべての頂点と連結しているグラフである．しかし，完全グラフ構造では $k = n - 1$ という関係が成り立ち，「疎な状態」がいっさい存在しないことを同時に示している．われわれが望むグラフは，**大域的には疎**

(globally sparse) であるものの，**局所的に密度の濃い構造**（locally dense）をもつものであり，$k \ll n$ かつ $\gamma \approx 1$ という条件を満たすグラフである．

この点において，まさに**穴居人グラフ**は適当なグラフである．これは多数のクラスタから構成され，それぞれのクラスタ内ではクラスタ内の各頂点がそのクラスタ内の他のすべての頂点と連結された完全結合構造（一つのクラスタが一つの洞窟）となる（図 4.1 を参照）．各頂点は k 個の他の頂点と連結されているので，各クラスタにおける頂点数である n_{local} は $n_{\text{local}} = k+1$ であり，全クラスタ数である n_{global} は $n_{\text{global}} = n/(k+1)$ となる．ここで，頂点同士を連結するすべての辺はいずれも三角形を構成するので，異なるクラスタ同士を結ぶような辺は一本も存在しない．つまり，穴居人グラフは複数のクラスタが散在する疎な構造であると同時に，クラスタ係数 γ も $\gamma = 1$ である．しかし，穴居人グラフでは重要な条件，つまり連結に関してわれわれが望むグラフの条件を満たしていない．それでも，この問題の解決方法が周期的で結合された穴居人グラフへのきわめて正確な近似によって得られることが明らかになる．

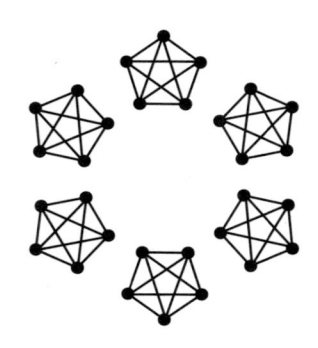

この条件は穴居人グラフの構造を図 4.2 に示す手順で変化させることで成立させることができる．そしてこの手順によってできるグラフ，つまり図 4.3 に示す**結合した穴居人グラフ**（connected-caveman graph）と呼ぶべきグラフのクラスタ係数は，大きな n と k の極限では穴居人グラフのクラスタ係数に収束していく．

図 4.1 穴居人グラフは $n/(k+1)$ 個のそれぞれ孤立した洞窟（クラスタ）から構成され，各洞窟内の頂点は完全結合構造となっている．

第 4 章 解釈と考察

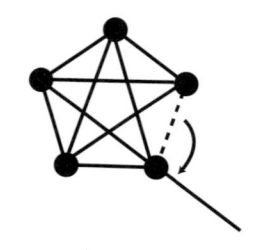

図 4.2 穴居人グラフ同士を連結させる手順.

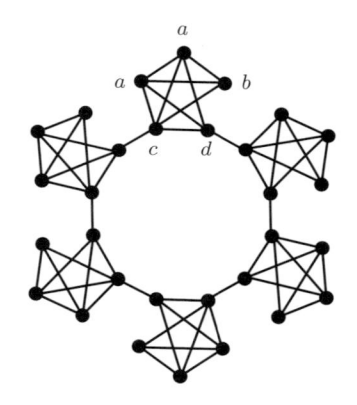

図 4.3 結合した穴居人グラフは個々の穴居人グラフの輪構造として構成され，輪を構成する辺は各穴居人グラフの辺を利用する.

クラスタ係数

第 2 章で，ある一つの頂点 v におけるクラスタ係数の一般的な表現が，

$$\gamma_v = \frac{\Gamma(v) \text{ に存在する辺の総数}}{\Gamma(v) \text{ に存在しうる辺の総数}}$$

であったことを思い出そう（γ はすべての頂点のクラスタ係数 γ_v の平均）．ここで，結合した穴居人グラフの各クラスタはすべて同じ構造であることから，一つのクラスタ内の各頂点のクラスタ係数 γ_v の平均を求めるだけでグラフ全体のクラスタ係数 γ を求めることができる．そして，異なるクラスタ係数をもつ頂点は次の 4 種類である（図 4.3 を参照）．

1. 頂点 a のタイプ（各クラスタに $k-2$ 個存在し，各頂点は k 個の隣接頂点と連結されている．よって，頂点 a の次数は $k_a = k$ となる）．$\Gamma(a)$ に属するすべての頂点は，頂点 b と頂点 d 以外のすべての頂点と完全結合されている．つまり，一本の辺だけが完全結合構造から欠けていることになるので，クラスタ係数は次のように表現される．

$$\gamma_a = \frac{2}{k(k-1)}\left(\frac{k(k-1)}{2} - 1\right)$$
$$= 1 - \frac{2}{k(k-1)}$$

2. 頂点 b のタイプ（各クラスタに一つだけ存在し，$k-1$ 個の隣接頂点をもつので，次数 k_b は $k_b = k-1$ である）．$\Gamma(b)$ のすべての頂点は完全結合されているので，$\gamma_b = 1$ である．

3. 頂点 c のタイプ（各クラスタに一つだけ存在し，$k+1$ 個の隣接頂点をもつので，次数 k_c は $k_c = k+1$ である）．タイプ c の頂点は自分が属するクラスタとは別のクラスタのタイプ d の頂点の一つと連結している．つまり，頂点 b と d との間に張られる一本の辺 (b, d) に加えて，k 本の辺が完全結合構造から欠けていることになるので，クラスタ係数は次のように表現される．

$$\gamma_c = \frac{2}{(k+1)k}\left(\frac{(k+1)k}{2} - (k+1)\right)$$
$$= 1 - \frac{2}{k}$$

4. 頂点 d のタイプ（各クラスタに一つだけ存在し，k 個の隣接頂点をもつので，次数 k_d は $k_d = k$ である）．タイプ d の頂点も，自分が属するクラスタと異なるクラスタのタイプ c の頂点の一つと連結している．よって，完全結合構造から $k-1$ 本の辺が欠けていることになるので，クラスタ係数は次のように表現される．

$$\gamma_d = \frac{2}{k(k-1)}\left(\frac{k(k-1)}{2} - (k-1)\right)$$
$$= 1 - \frac{2}{k}$$

すると，一つのクラスタとしてのクラスタ係数は，これらすべての頂点に関する重み付き平均であるから，次のようになる．

$$\begin{aligned}
\gamma_{cc} &= \frac{1}{k+1}\left((k-2)\gamma_a + \gamma_b + \gamma_c + \gamma_d\right) \\
&= \frac{1}{k+1}\left[(k-2)\left(1 - \frac{2}{k(k-1)}\right) + 1 + 2\left(1 - \frac{2}{k}\right)\right] \\
&= \frac{1}{k+1}\left[(k+1) - \frac{6k-8}{k(k-1)}\right] \\
&= 1 - \frac{6}{k^2-1} + O\left(\frac{1}{k}\right)^3
\end{aligned} \tag{4.1}$$

結合した穴居人グラフが連結性，まばらさ，そして周期性を満たす，最も高度にクラスタ化されたグラフであるという確証はない．仮に最もクラスタ化されたグラフではなかったとしても，クラスタ係数が最大のときの $O(1)$ のオーダに比べて $O(1/k^2)$ のオーダというのは，結合した穴居人グラフとランダムグラフとでのクラスタ係数の違いに比べれば無視できるレベルの差である．そもそも，n を無限大とすれば，まばらさの条件を崩すことなく k を任意の大きさにできるので，その場合は γ_{cc} は限りなく 1 の極限に近付き，結合した穴居人グラフと穴居人グラフとの差はなくなる．

さて，クラスタ係数は頂点の**実質的次数**（effective degree）というものを用いても求めることができる．実質的次数には以下に示すように，互いに密接に関係するものの明らかに異なる二つの種類が存在し，両者とも γ を計算する際の重要な要素である．

【定義 4.1.1】 **実質的局所次数**（effective local degree）k_{local}

実質的局所次数 k_{local} は，レンジ $r = 2$ の各頂点からの辺の数の平均である．**局所辺**は三本の辺で構成される三角構造を構成するので，k_{local} はショートカットを**含まない**頂点からの辺の数を数えればよい．

【定義 4.1.2】 **実質的クラスタ次数**（effective clustering degree）k_{cluster}

実質的クラスタ次数 k_{cluster} は頂点 v の隣接頂点の各 $u_i \in \Gamma(v)$ から，同じく

頂点 v の隣接頂点の u_i 以外への頂点，すなわち $u_{j \neq i} \in \Gamma(v)$ への平均連結数である[*1]．つまり，k_{cluster} は頂点 v の隣接頂点群内での連結数を表す指標である．

このように，k_{local} は頂点 v に関する，そして k_{cluster} は頂点 v と隣接頂点に関する特徴を表す．ショートカットの導入は本章で考察するモデルにおける重要な部分であり，ショートカットの効果に対する解析は，頂点を対象とするほうがその近傍（neighborhood）を対象とするよりも容易であることから，k_{local} と k_{cluster} を用いてクラスタ係数を表現し直すと，次のようになる．

$$\begin{aligned}\gamma &= \frac{2}{k(k-1)} \frac{k_{\text{local}}(k_{\text{cluster}} - 1)}{2} \\ &= \frac{k_{\text{local}}(k_{\text{cluster}} - 1)}{k(k-1)}\end{aligned} \quad (4.2)$$

結合した穴居人モデルでは，k_{local} は図 4.3 の各頂点のタイプを見れば容易に求めることができるので，全頂点の平均である $k_{\text{local}_{cc}}$ は次のようになる．

$$\begin{aligned}k_{\text{local}_{cc}} &= \frac{1}{k+1}\big[(k-2)k + (k-1) + k + (k-1)\big] \\ &= \frac{k^2 + k - 2}{k+1} \\ &= k - \frac{2}{k+1}\end{aligned} \quad (4.3)$$

そして，式 (4.1) の γ_{cc} と式 (4.2) の右辺を等しいとし，式 (4.3) の $k_{\text{local}_{cc}}$ を k_{local} に代入することによって，実質的クラスタ次数 $k_{\text{cluster}_{cc}}$ は k によって次のように表すことができる．

$$k_{\text{cluster}_{cc}} = k - \frac{4}{k} + O\left(\frac{1}{k}\right)^3$$

固有パス長

結合した穴居人グラフにおいても，一つのクラスタ内の各頂点のほとんどはそのクラスタ内の他の頂点と直接連結されており（$d(i,j) = 1$ ということ），また

$n \gg k$ ではほとんどの二つの頂点がそれぞれ異なるクラスタに属するので，結合した穴居人グラフの固有パス長 L は**クラスタ**間の最短パス長で決定される．ここで，以降重要な意味をもつ二つの距離の尺度を導入する．すなわち，同一クラスタ内の二つの頂点間の平均距離 (d_{local}) と，それぞれ異なるクラスタに属する二つの頂点間の平均距離 (d_{global}) である．また，L_{local} と L_{global} というパス長の尺度も用意し，L_{local} はクラスタ内での固有パス長を，そして L_{global} はクラスタ間の固有パス長を表すものとする．L_{global} は d_{global} と重複する尺度のように思えるが，d_{global} が異なるクラスタに属する**頂点**間の平均パス長であるのに対し，L_{global} は**頂点によって構成されるクラスタ**間の平均パス長であり，大域的スケールにおいては一つのクラスタを一つの頂点のようにとらえることができる．同様に，L_{local} も d_{local} と**重複する**尺度のように思えるが，L_{local} の有用性については後述する．まず d_{local} であるが，これは容易に計算することができる．一つのクラスタ内における $(k+1)k/2$ 個の頂点の組において，二つの組のみ $d(i,j) = 2$ であり，残りは $d(i,j) = 1$ であるので（図 4.2 を参照），

$$d_{\text{local}} = L_{\text{local}} = \frac{2}{(k+1)k}\left[\left(\frac{(k+1)k}{2} - 2\right)\cdot 1 + 2\cdot 2\right] = 1 + \frac{4}{(k+1)k} \tag{4.4}$$

となり，$k \gg 1$ では d_{local} はおよそ 1 となる．

各クラスタは，その内部のパス長を L_{local} とする**メタ頂点**ととらえることができる．そして d_{global} は，L_{local} と**大域的なパス長の尺度**である L_{global} によって表現することができる．これは，$n_{\text{global}} = n/(k+1)$ かつ $k_{\text{global}} = 2$ である環構造のグラフとまさに同じである．そこで，第 2 章で環構造グラフにおける固有パス長が，

$$L_{\text{ring}} = \frac{n(n+k-2)}{2k(n-1)}$$

であったことを思い出してみよう．すると，L_{global} は次のように表すことができる（k に 2 を，n に $n/(k+1)$ を代入する）．

4.1 両極端なグラフ構造

$$L_{\text{global}} = \frac{\left(\frac{n}{k+1}\right)^2}{4\left(\frac{n}{k+1}-1\right)}$$

さて，図 4.4 から類推されるように，あるクラスタに属する頂点 v から別のクラスタ内の頂点 u へのパスは，次の三つの部分に分けることができる．

1. 頂点 v を含むクラスタの外に移動するまでに要する辺の数（L_{local}）．
2. クラスタ間を移動する際に移動する辺の数．一つのクラスタを経由するごとに，クラスタとクラスタを連結する大域的な役割をもつ辺とクラスタ内を移動するための二本の辺が必要となり，全部で $L_{\text{global}} - 1$ 個のクラスタ

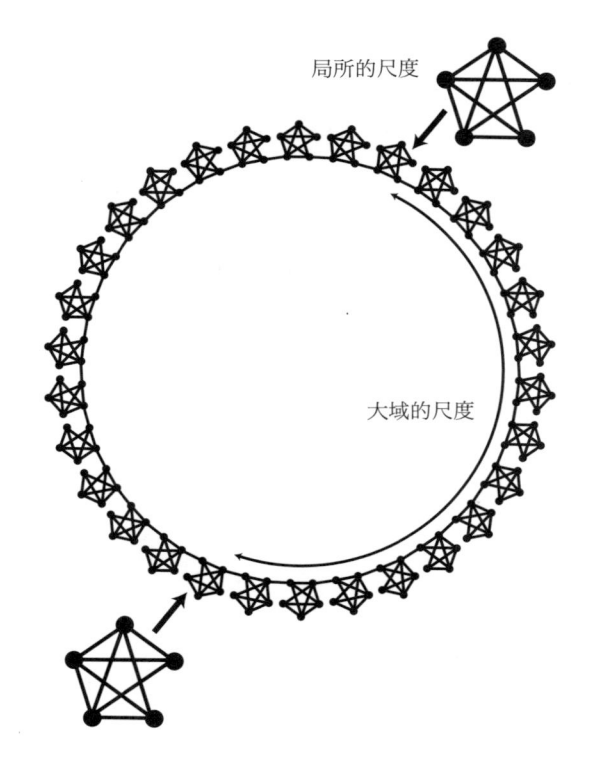

図 4.4 結合した穴居人グラフにおいて，異なるクラスタ（洞窟）間を移動する際の固有パス長を計算する手順．

を経由する．

3. 頂点 u を含むクラスタ内を移動するための辺の数であり，$L_{\text{local}}+1$ となる（加算される 1 は，クラスタ間の最後の移動分である）．

よって，d_{global} は次のように表すことができる．

$$d_{\text{global}} = L_{\text{local}} + 2(L_{\text{global}} - 1) + (1 + L_{\text{local}})$$
$$= \frac{8}{k(k+1)} + \frac{\left(\frac{n}{k+1}\right)^2}{2\left(\frac{n}{k+1} - 1\right)} + 1 \tag{4.5}$$

ここで，$n \gg k \gg 1$ では，d_{global} はおよそ $n/2(k+1)$ という簡単な式となる．そして，同一クラスタ内には

$$\frac{(k+1)k}{2} \cdot \frac{n}{k+1} = \frac{n \cdot k}{2} = N_{\text{local}}$$

という N_{local} 個の二つの頂点の組み合わせが存在し，異なるクラスタ間には

$$\frac{n}{2(k+1)} \left[\left(\frac{n}{k+1} - 1\right) \cdot (k+1)^2 \right] = \frac{n(n-k-1)}{2} = N_{\text{global}}$$

という N_{global} 個の互いに異なるクラスタに属する二つの頂点の組み合わせが存在するので，その合計は $n(n-1)/2 = N$ となる．よって，結合した穴居人グラフ内の任意の二つの頂点の全組み合わせに対するパス長の平均である L_{cc} は，次のように表現することができる．

$$L_{cc} = \frac{1}{N} \left[N_{\text{local}} \cdot d_{\text{local}} + N_{\text{global}} \cdot d_{\text{global}} \right]$$
$$\approx \frac{2}{n(n-1)} \left[\frac{n \cdot k}{2} \cdot 1 + \frac{n(n-k-1)}{2} \cdot \frac{n}{2(k+1)} \right]$$
$$= \frac{k}{n-1} + \frac{n(n-k-1)}{2(k+1)(n-1)}$$
$$\approx \frac{n}{2(k+1)} \quad (n \gg k \gg 1) \tag{4.6}$$

なお，ここで注意すべきことは，この式が n, k の 1 次元格子モデルでの固有パス長と類似しているということである．これは，穴居人グラフでの L が d_{global}，つまり互いに異なるクラスタに存在する頂点間のパス長に大きく依存す

ることを意味している．この結果は 4.2 節において，ϕ の関数として表現できる結合した穴居人グラフの固有パス長を近似する際に重要となる．

4.1.2 ランダムグラフに限りなく類似するムーアグラフ

次に，本章冒頭で掲げた二つ目の問題，すなわち考えられる最も小さなネットワークでの固有パス長とクラスタ係数とはどのようなものなのかについて考えてみよう．まず，固有パス長が最小なネットワークは，すべての頂点が同じ次数をもつようなグラフを想定できれば容易に作ることができる．このようなグラフとして，**ムーアグラフ**（Moore graph）が知られている．ムーアグラフでは，すべての頂点が等しく k 個の他の頂点と連結するものの，その k 個の頂点が互いに隣接関係にはない状態を保った**完全拡張グラフ**である．図 4.5 に一例を示すが，一般にグラフの大きさは有限であり，その際，グラフの縁の部分が問題となることがわかる．縁部分では，「すべての頂点の次数が k である状態で拡張できる」という規則性と拡張性が成立していない．事実，多くの n と k に対応するムーアグラフは存在せず，それ以外のケースにおけるムーアグラフの構成法はいまだにわかっていない．それでも正則性が保たれるグラフにおいては，最小の L が存在することが**保証されている**．

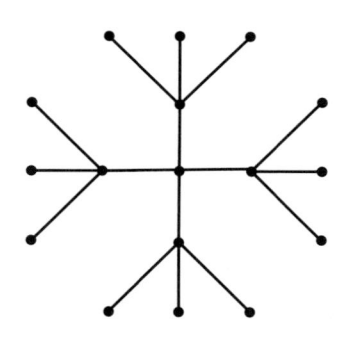

図 4.5　ある頂点を中心とするムーアグラフの例．

固有パス長

　この，ムーアグラフのもつ理論的に最小な固有パス長は，次のように容易に求めることができる．まず注意すべきは，図 4.5 からわかるように，任意の頂点 v（局所的にはどの頂点から見てもグラフは同じ形状に見える）からパス長 d で到達できる頂点数は $k(k-1)^{d-1}$ 個となる．よって，頂点 v から最も遠方の頂点まで到達した場合，その移動ステップ数が D であるとすると，到達するまでに通過する全頂点数は次のようになる．

$$S = \sum_{d=1}^{D-1} k(k-1)^{d-1}$$

よって，残された $n-S-1$ 個の頂点が，頂点 v から D だけ遠方に存在する頂点数になるので，頂点 v から移動できるすべての距離の総和は次のようになる．

$$\sum_i L_{v,i} = \sum_{d=1}^{D-1} d \cdot k(k-1)^{d-1} + (n-S-1) \cdot D$$

そして，$n-1$ 個の頂点で平均すると（頂点 v 以外には $n-1$ 個の頂点がある），L_v はすべての頂点 v において等しいので，

$$L_\mathrm{M} = \frac{1}{n-1}\left[\sum_{d=1}^{D-1} d \cdot k(k-1)^{d-1} + (n-S-1) \cdot D\right]$$

となる．ここで，D はグラフの**直径**である．そして，以下の総和計算に関する二つの公式，すなわち，

$$\sum_{i=1}^{I} r^{i-1} = \frac{r^I - 1}{r-1}$$

および

$$\sum_{i=1}^{I} i \cdot r^{i-1} = \frac{nr^{I+1} - (I+1)r^I + 1}{(r-1)^2} \qquad (r \neq 2)$$

を適用すると，$k > 2$ のとき，

$$L_\mathrm{M} = \frac{1}{n-1}\left(k\left[\frac{(D-1)(k-1)^D - D(k-1)^{D-1} + 1}{(k-2)^2}\right] + D\left[n - \frac{(k-1)^{D-1}-1}{k-2} - 1\right]\right) \tag{4.7}$$

となり，さらにこの式は次のように書き直すことができる．

$$L_{\mathrm{M}} = D - \frac{k(k-1)^D}{(n-1)(k-2)^2} + \frac{k(D(k-2)+1)}{(n-1)(k-2)^2} \qquad (k>2) \tag{4.8}$$

ここで，D は次のように近似することができる．

$$S = \sum_{d=1}^{D-1} k(k-1)^{d-1} \leq n-1$$
$$\Rightarrow k\frac{(k-1)^{D-1}-1}{k-2} \leq n-1$$
$$\Rightarrow D \leq \frac{\ln\left[\frac{(k-2)}{k}(n-1)+1\right]}{\ln(k-1)} + 1$$
$$\Rightarrow D = \left\lfloor \frac{\ln\left[\frac{(k-2)}{k}(n-1)+1\right]}{\ln(k-1)} + 1 \right\rfloor \qquad (k>2) \tag{4.9}$$

なお，$k>2$ は拡張可能なグラフであるための必要条件である．つまり，$k>2$ であれば，頂点 v から 1 ステップ離れるごとに到達可能な頂点数は，指数関数的に増加する．$k=2$ でのムーアグラフは単純な環構造となり，この場合の L_{M} は次のようになる（n は偶数とする）．

$$L_{\mathrm{M}} = \frac{n^2}{4(n-1)} \qquad (k=2) \tag{4.10}$$

この表現はすべての 1 パラメータモデルにおいて，そのパラメータが十分に大きい値において収束する極限の形であるランダムグラフの固有パス長を近似するときにも便利である．Bollobás はランダムグラフや正則グラフなど，さまざまなグラフにおける直径としてとりうる値の範囲を示し，Schneck らはランダムグラフにおけるすべてのパス長の合計についての解析を試みたものの，ランダムグラフの固有パス長の期待値を求める閉じた表現は，現在においても得られていない．

本質的にランダムグラフはムーアグラフとは**異なり**，次数に関して完全に正則ではなく，また完全な拡張性もない．しかしながら，頂点 v の隣接頂点群内において連結が存在する可能性は，たかだか $O(k/n)$ のオーダである．そして，こ

れはすべての頂点において当てはまり，またすべての頂点は互いに独立していることから，（頂点 v から移動するのに要するステップ数に応じて）距離次数列（distance degree sequence）は指数関数的に増加するため，クラスタが少数しか形成されず，よって L がほとんど変化しないと言えるかもしれない．事実この推測は，ムーアグラフと，これから述べる**擬似ランダム**グラフとの固有パス長を比較することで検証することができる．擬似ランダムグラフは次の手順で作る．

1. $k = 2$ の n 個の頂点から構成される環構造グラフを作る．
2. 全部で辺が M 本になるまで，ランダムに辺を追加する（M 本には手順 1 での n 本を含む）．すると，次数 k は $k = 2M/n$ となる．

よって，$k = 2$ では擬似ランダムグラフは環構造そのものであり，$k > 2$ になると L が急速に短くなる．この擬似ランダムグラフの構成法に関しては，Chung による方法や Bollobás と Chung による方法が提案されており，前者において Chung は，どのような辺の追加の仕方にも依存しない環構造の最小直径を求める方法を提案し，後者において二人は，環構造グラフにおける各頂点を，新たに追加される一つの（一つのみの）隣接頂点としてランダムに割り当てる「環構造における**ランダムマッチング法**」を提案した．そして，彼らはそのようなグラフの直径が（特に $k = 3$ のとき）$\log_2(n)$ となることを明らかにした——いかなる $k = 3$ である正則グラフにおいても，考えられる最小の直径にきわめて近い値となる．

図 4.6 から，次数 k をおよそ $\ln(n)$ としたときには，擬似ランダムグラフの固有パス長が同じ n と k からなるランダムグラフの固有パス長と一致することがわかる．また，図 4.7 は擬似ランダムグラフの固有パス長である L_pseudo とムーアグラフの固有パス長 L_M を比較したものであるが（$n = 1000, 2 \leq k \leq 12$），ムーアグラフの公式が擬似ランダムグラフとの十分な近似が可能であり，（適当なパラメータの範囲においては）ランダムグラフの近似も可能であることが推察できる．このことから，$k \gtrsim \ln(n) \gg 1$ におけるランダムグラフの固有パス長の近似には，ムーアグラフ構造を利用することが妥当であると考えられる．

4.1 両極端なグラフ構造

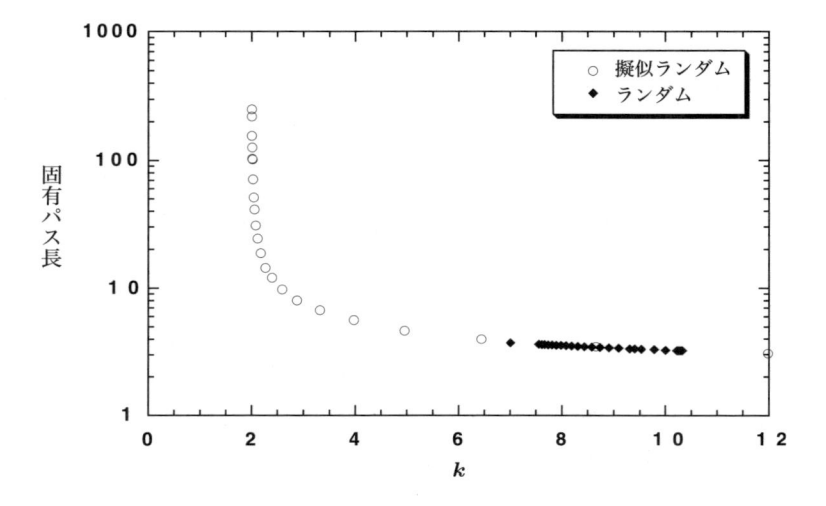

図 4.6 擬似ランダムグラフ（環構造の土台にランダムに辺を追加する）と，ランダムグラフ（ただし $k \gtrsim \ln(n)$）における固有パス長 L と次数 k との関係．ランダムグラフの連結が $k \gtrsim \ln(n)$ において擬似ランダムグラフと一致していることに注意しよう．

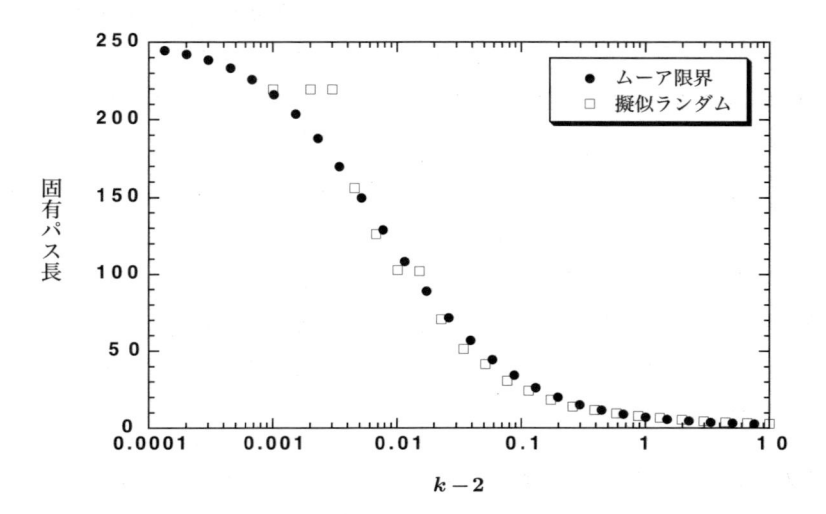

図 4.7 擬似ランダムグラフと理論的なムーアグラフにおける固有パス長 L と $k-2$ との関係．

クラスタ係数

明らかな事実であるが，完全な拡張性のあるムーアグラフには三角形は存在しない．つまり，いかなる頂点 v においても，$\Gamma(v)$ には一本も辺は存在しない．このことは，すべての辺が同じ近傍内の二つの頂点同士を連結するのではなく，「新しい領域」に対して張られていることを意味している．つまり，クラスタ係数 γ_M は，

$$\gamma_\mathrm{M} = 0 \tag{4.11}$$

ということである．これまでにも触れてきたが，ランダムグラフではこのようなことはなく，三角形は偶然ではあるが存在する．事実，k-正則なランダムグラフのクラスタ係数の期待値は次のようになる．

$$\gamma_\mathrm{random} = \frac{k-1}{n} \approx \frac{k}{n} \tag{4.12}$$

この値は $n \gg k$ において限りなく小さな値となり，ムーアグラフとランダムグラフは再び同じ類似する関係となる．

さて，いよいよ頂点数 n と次数 k のみを用いて**スモールワールドグラフ**を定義できる準備が整った．第3章において，スモールワールドは，一つのパラメータで表現されるグラフの族において，最もクラスタ化されたグラフ（すなわち $\phi = 0$ ということ）と最もクラスタ化されないグラフにきわめて近いグラフ（すなわち $\phi \approx 1$ ということ）に対応するために，クラスタ係数 γ というパラメータで定義された．しかしながら，この定義が満たされるためには，定義される範囲内における任意のグラフと，同じくその範囲内における両極端のグラフとの統計量を比較できることが必要である．しかし，いまやわれわれは，スモールワールドを，いかなる特別なモデルやクラスに依存することもなく，すなわち同等のランダムグラフによって定義することができる．

【定義 4.1.3】 頂点数 n，平均次数 k の**スモールワールドグラフ**は，固有パス長 L が $L \approx L_\mathrm{random}(n,k)$，ただしクラスタ係数 γ が $\gamma \gg \gamma_\mathrm{random} \approx k/n$ となるようなグラフである．

この定義によれば、いかなるグラフであっても、**そのグラフの構成法を知ることなく**、そしてそのグラフが何らかのグラフの族に属しているか否かにかかわらず、そのグラフがスモールワールドグラフであるかどうかを判別することができる。さらに、このようなスモールワールドグラフの特徴のとらえ方は、次の第5章において実際のネットワークについて考察する際に、特に効果を発揮することになる。

4.2 関係グラフの遷移

さて、前節の L と γ によるグラフの定式化から次のことが推察できる——γ 値が大きな高度にクラスタ化されたグラフでは L は大きくなり、逆に L が小さなグラフの γ は小さくなる。第3章での結果は、この類推がときには正しい（有限のカットオフをもつ空間グラフにおいて）ことがあり、また、ときには正しくない（関係グラフであっても）ことがあることを示している。そして、結合した穴居人モデルとムーアグラフがこの状況に対して寄与できることは、穴居人グラフに対してショートカットを導入することで制御される、秩序化されたグラフとランダムグラフ間の遷移に関する**解析的な定式化**である。解析的手法の利点は、部分的に秩序化されたグラフと、部分的にランダムなグラフがスモールワールドとなるためのより詳細な条件を得られるところにある。

4.2.1 局所的なパス長の尺度と大域的なパス長の尺度

このモデルにおいて利用する重要な概念が、一つのグラフに同時に存在する**2種類の長さスケール**（length scale）、つまり**局所的な長さスケール**である L_{local} と**大域的な長さスケール**である L_{global} である [*2]。この考え方は穴居人グラフの節においてすでに紹介済みであるが、L_{local} は一つのクラスタの固有パス長を、また L_{global} はクラスタ群による環構造の固有パス長を示すものであり、クラスタはその内部に独自の長さスケールをもつ**メタ頂点**としてとらえることができる。しかし、あるクラスタ内の二つの頂点を連結する辺が削除され、代わりに異なるクラスタ間を連結する新しい辺が追加された場合、二つの長さスケールには

どのような変化が起こるだろうか？ 言い換えれば，結合した穴居人モデルに対して「ランダムな辺の張り替え」によるショートカットを導入したら，どのように変化が生じるだろうか？ これは図 4.8 に示すように，局所的な長さスケールとしての辺を大域的な長さスケールとしての辺に張り替えるということである．ショートカットを追加するということは，クラスタからクラスタ内の頂点同士を連結する辺を削除することであるから，L_{local} は長くなる．そして，大域的な長さスケールとしての新しい辺がメタ頂点による環構造に追加されることから，L_{global} が短くなる．4.1.1 項で考察したように，固有パス長はそれぞれ異なるクラスタに属する二つの頂点間の距離である d_{global} に依存することから，L は $L \approx d_{\text{global}}$ として近似することができる．しかし，式 (4.5) ではクラスタ間を移動するのに一本の辺を必要とすることを仮定している（タイプ c とタイプ d 間の辺）．この仮定は，結合した穴居人グラフにおいては無論正しいのであるが（そ

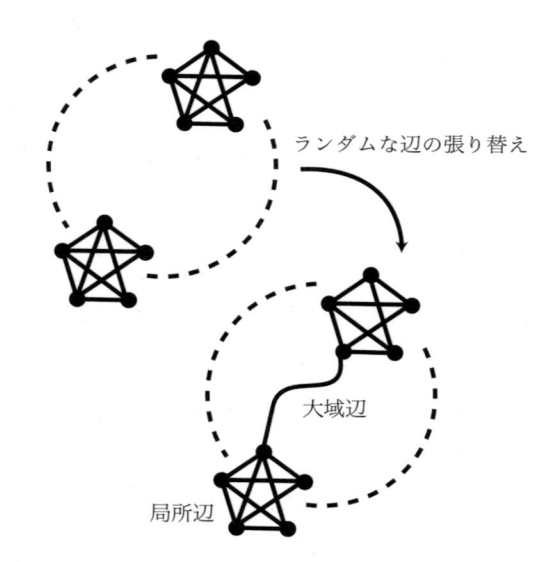

図 4.8 結合した穴居人グラフと関係グラフにおけるランダムグラフ間の遷移は，局所的尺度における辺から大域的尺度における辺への遷移によって起こる．

もそもそのようなモデルとして考えたモデルである），一般的なグラフ，特に局所的な長さスケールとしての辺がランダムに大域的な長さスケールとしての辺に張り替わってしまう状況では成立しないかもしれない．よって d_{global} を，クラスタを経由して移動する際の辺の数に基づく**変数**としての L_{local} を用いた表現に変更する必要がある．すると，式 (4.5) と，$L \approx d_{\text{global}}$ を仮定することにより，

$$\begin{aligned}
L &\approx L_{\text{local}} + (1 + L_{\text{local}})(L_{\text{global}} - 1) + 1 + L_{\text{local}} \\
&= L_{\text{local}} + L_{\text{global}}(1 + L_{\text{local}})
\end{aligned} \tag{4.13}$$

と表現することができる．

4.2.2 パス長とパス長の尺度

4.2.1 項に続く重要な考え方が，L_{local} と L_{global} の計算方法に関することである．われわれは最初，個々の局所的に存在するクラスタを**完全**結合グラフとして近似し，全体的なスケールとしては環構造を仮定してきた．ここで，次数 $k = (n-1)$ のランダムグラフは完全結合グラフとなり，もう一方の極端な結合例である $k = 2$ のときは完全な環構造グラフであることに注意しよう．つまり，L_{local} と L_{global} に対して適切なパラメータを導入することで，両者を L_{M} のみで近似することができる．ショートカットの導入以前における局所的な長さスケールは，$k_{\text{local}} = k - 2/(k+1)$，$n_{\text{local}} = k+1$ であり，大域的な長さスケールは $k_{\text{global}} = 2$，$n_{\text{global}} = n/(k+1)$ であった．ここで，ランダムな辺の張り替え（全辺の数は $(k \cdot n)/2$ に固定する）を通したショートカットを導入し，そして，局所的な長さスケールから大域的な長さスケールに ϕ の割合で，連続的に辺が変化すると**仮定する**と，各パラメータは次のような表現となる．

$$\begin{aligned}
k_{\text{local}} &= (1-\phi)\left(k - \frac{2}{k+1}\right) \\
n_{\text{local}} &= k+1 \\
k_{\text{global}} &= 2(1-\phi) + k(k+1)\phi \\
n_{\text{global}} &= \frac{n}{k+1}
\end{aligned} \tag{4.14}$$

よって，これらのパラメータを用いると，関係グラフの固有パス長 (L_r) は，ϕ の関数として次のように定式化できる．

$$
\begin{aligned}
L_r &= L_\mathrm{M}\bigl(n_\mathrm{local}, k_\mathrm{local}(\phi)\bigr) + L_\mathrm{M}\bigl(n_\mathrm{global}, k_\mathrm{global}(\phi)\bigr) \\
&\quad \times \bigl[L_\mathrm{M}\bigl(n_\mathrm{local}, k_\mathrm{local}(\phi)\bigr) + 1\bigr] \\
&= L_\mathrm{M}\left(k+1, (1-\phi)\left(k - \frac{2}{k+1}\right)\right) \\
&\quad + L_\mathrm{M}\left(\frac{n}{k+1}, 2(1-\phi) + k(k+1)\phi\right) \\
&\quad \times \left[L_\mathrm{M}\left(k+1, (1-\phi)\left(k - \frac{2}{k+1}\right)\right) + 1\right]
\end{aligned}
\quad (4.15)
$$

なお，L_M は式 (4.8) を用いて評価する．$\phi = 0$ のときが完全な穴居人モデルということになり，確かに式 (4.15) は，$\phi = 0$ の極限において L_{cc} になることがわかる（$k = 2$ のムーアグラフのパス長として式 (4.10) を適用した）．

ここで注意すべきことは，この表現がどれくらい大雑把なものなのかということである．この近似のために仮定した条件を次に示す．

1. このモデル化においては，2種類の距離の尺度しか存在しない．
2. 辺は，局所的な長さスケールから大域的な長さスケールに，ϕ の割合でグラフ全体において一様に張り替えられる．
3. すべての頂点は，ϕ 値にかかわらず同じ次数 k をもつ．
4. 頂点数 n，次数 k のランダムグラフの固有パス長は，（おそらく実現できない）同一の n と k でのムーアグラフと同じであるとする．

現実的にはいずれの仮定も成り立たない可能性があり，特に ϕ が大きい値のときには明らかである．事実，ϕ を大きくすると，式 (4.8) で定められる二つの長さスケール（式 (4.14) の各パラメータを用いる）は同じ値に収束していく．そして L_local と L_global が衝突（同じ値となるとき）すると，ある ϕ 値，すなわちその値を超えると上記の近似と L_local の値が無意味なものとなってしまう値が定まる．それでもこの考え方からは，多くの考察，推察を得ることができる．

式 (4.15) には，関係グラフの長さスケールに関する特に重要な意味が含まれて

いる．第3章での数値結果によれば，関係グラフの固有パス長は頂点数 n に対して対数のオーダであった（ただし $\phi \geq \phi_*$ が $n_{\min} > 2/(k\phi_*)$ である場合）．よって，頂点数 n の無限大の極限では，ϕ が**任意の小さな値**において対数のオーダが見られるはずである．また，式 (4.8)，式 (4.9)，式 (4.10) ならびに式 (4.15) から，$k_{\text{global}} = 2$（$\phi = 0$ のとき）では L_r は n/k に比例するものの，$k_{\text{global}} > 2$（$\phi > 0$ のとき）では無限に小さな値であっても L_r は $\ln(n)/\ln(k)$ に比例することになり，これは数値結果と一致する．

4.2.3　クラスタ係数

関係グラフの固有パス長と距離尺度の特性を予測することに加え，本モデルは，結合した穴居人モデルとランダムモデルの両極端を橋渡しする ϕ に関する $\gamma(\phi)$ の解析的な近似をもたらす．ここでは，k_{local} と k_{cluster} に基づいた γ の定式化が便利である．$\gamma(\phi)$ の計算においては，ϕ が増加すると k_{local} が線形に減少するだけではなく，k_{cluster} も同様に減少すると仮定することが妥当である．すると，式 (4.2) に適当な表現を代入することで，関係グラフにおける γ のための定式化を得ることができる．

$$\gamma_r(\phi) = \frac{(1-\phi)k_{\text{local}}[(1-\phi)k_{\text{cluster}} - 1]}{k(k-1)}$$
$$= \frac{(1-\phi)\left(k - \frac{2}{k+1}\right)\left[(1-\phi)\left(k - \frac{4}{k}\right) - 1\right]}{k(k-1)}$$

そして $O(1/k)^3$ のオーダの部分の項を無視すると，次の式が得られる．

$$\gamma_r(\phi) = 1 - 2\phi + \phi^2 - (\phi - \phi^2)\frac{1}{k} + (11\phi - 5\phi^2 - 6)\frac{1}{k^2} + O\left(\frac{1}{k}\right)^3 \quad (4.16)$$

式 (4.16) から推察されることは，ϕ が小さく k が大きいときは $\gamma(\phi)$ はおよそ $1 - 2\phi$ に近似できるということである．つまり，ショートカットを最初に数本を追加するだけでも $L(\phi)$ には非線形的な影響が及ぶのに対し，クラスタ係数である $\gamma(\phi)$ には線形の影響しか及ばないということである[訳注1]．

[訳注1]　本書の日本語版序文において，$(1-\phi)^3$ に比例することが明らかになったと述べている．

4.2.4 縮約

最後に，このモデルは，（第3章で定義した）縮約のショートカットに対する関数的な依存関係を予測するために変更することも可能であり，この場合，ϕ ではなく ψ の L と γ に対する依存性について考察することになる．第3章を思い出すと，ショートカットと縮約はそれぞれ個別に定義されたものの，実際には密接に関係している．縮約という考え方は，「規模の大きな単一の友達グループがあり，その中ではメンバー同士が緊密に連結されているとともに，多くの個別の関係（ショートカット）が存在する世界」ではなく，「多くの異なる友達グループが存在し，それぞれのグループ内で緊密に連結されているものの，グループ間での連結が疎であるような社会ネットワーク」から生まれたものである．そのような構成においては，ショートカットが必ずしも必要ということはないが，異なるグループ間において両グループに共通なメンバーが一人もいないとすると，両**グループ**がきわめて疎遠な関係である場合は一般的に縮約が発生する[*3]．関係グラフにおいて，個々にショートカットを作るのではなく，図4.9に示すように，辺の束を考え，束を作るすべての辺があるクラスタ内の一つの頂点から別のクラスタ内の複数の頂点に連結する状況を考える．この状況では，束を構成するどの辺もショートカットとはならない．というのは，それぞれの辺は異なるクラスタ内の頂点を連結しているものの，束の受け手（図4.9の下側）の頂点群が緊密に連結し合っているからである．

関連する話題として，二つの家族間の婚姻を挙げる．最初，見知らぬ二人が出会ったばかりの状況では，二人の背後に存在するそれぞれの家族は完全に隔たれており，まさに二人が二つの家族にとってのショートカットとなる．しかし，二人の付き合いが始まることにより，二人のそれぞれが他方の家族のメンバー（相手の両親や相手の兄弟姉妹など）と会う機会が生まれる．しかし，このような状況になったからといって，それぞれの家族の各メンバー同士が互いに直接会う必要なない（特に駆け落ちなどした場合には！）．つまり，二人の関係には図4.9のような複数の三角形ができており，もはや二人の関係はショートカットではな

4.2 関係グラフの遷移

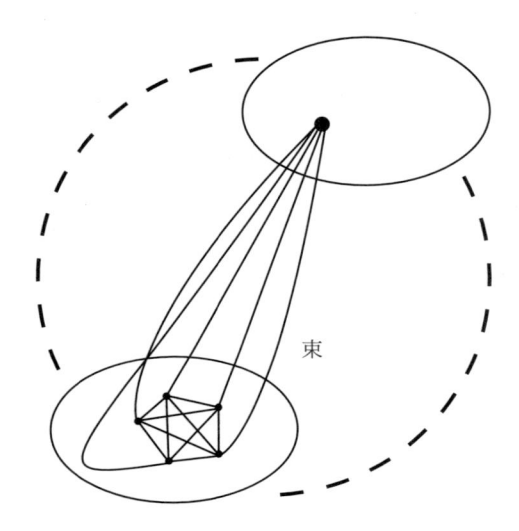

図 4.9 ある洞窟（クラスタ）内の一つの頂点から別の洞窟の複数の頂点群に辺の束が連結されている．このときの束は縮約でありショートカットではない．

く，二人は二つの家族のメンバー間の多くの縮約という責任を負うことになる．

縮約は，縮約数をショートカットの関数として計算することができる．頂点 v から b 本のショートカットが，同一クラスタ内の b 個の頂点に「サイズ b の**ショートカット束**」として張られているとすると，縮約は結果的にその状況での縮約数を考えることでショートカットの関数として計算することができる．$k-b$ 個の頂点が $\Gamma(v)$ の**主たるグループ**に残っているとすると，$b(k-b)$ 個の縮約が作られる．さらに，もし頂点 v がそのような束を n_b 個もつとすると，$n_b b(k-n_b \cdot b)$ 個の縮約がそれらすべての束と主たるグループとの間に存在することになり，束と束との間には $n_b/2\left[(n_b-1)b^2\right]$ 本の縮約が存在する（このとき，束と束は十分に分離されているとする）．よって，

ショートカット束からの全縮約数
$$= n_b b(k - n_b b) + \frac{n_b}{2}(n_b - 1)b^2 \quad 〔本〕$$

となる．しかし個々の束は複数の個々のショートカットで構成されているので，$n_b b = \phi k$ であり，すべての縮約数は ϕ と b のみで次のように表現される．

ショートカット束からのすべての縮約の本数
$$= k\phi(k - k\phi) + \frac{(k\phi)^2}{2} - \frac{k\phi b}{2}$$
$$= \frac{k(2k - b)\phi - (k\phi)^2}{2}$$

これを $k(k-1)/2$，すなわち $\Gamma(v)$ 内のすべての二つの頂点の組み合わせ数で割ることで，関係グラフ（ψ_r）における縮約の割合を，ショートカットの関数として次のように表すことができる．

$$\psi_r(\phi; b) = \frac{(2k - b)\phi - k\phi^2}{k - 1} + \psi_{\text{substrate}} \tag{4.17}$$

ここで，$\psi_{\text{substrate}}$ はすべてのショートカットが作られる前，つまり $\phi = 0$ のときにすでに存在する縮約に対する追加項である．穴居人グラフでは各タイプ c の頂点が k 本の，そしてタイプ d の頂点が $k-1$ 本の縮約をもっているので，一つのクラスタにおける縮約の平均は次のようになる．

$$\psi_{\text{substrate}} = \psi_{\text{caveman}} = \frac{2k - 1}{k + 1} \cdot \frac{2}{k(k - 1)} = \frac{2(2k - 1)}{k(k^2 - 1)}$$

この項は ψ の関数自体に影響を及ぼすものではないが，数値結果との定量的な比較をする際に重要である．

4.2.5　β モデルとの比較と結果

上述したモデルは，結合した穴居人グラフとムーアグラフという二つの人工的なグラフ構造間を横断するための，特定の手段を説明するものである．そもそも結合した穴居人グラフを取り上げたのは，長さスケールに対して自然に二つの尺度に分けることができることと，それによって解析が簡潔になるからである．しかし，得られたモデルの統計量を，同一の頂点数 n，次数 k において，第 3 章における数値結果と**定量的に**比較するためには，ランダムな辺の張り替えを開始する適切な時点の観点から $L(\phi)$，$\gamma(\phi)$，$\psi(\phi)$ を再表現する必要がある．その点，

β モデルはこれら二つの関係グラフに比べて構造が簡潔であり，1 次元格子モデルを対象として再定式化を行うのに適切である．

すると，1 次元格子モデルでの L_{local} を結合した穴居人グラフの L_{local} として扱えるという一つの仮定を置くことで，再定式化が容易であることがわかる．ただし，1 次元格子モデルでの隣接頂点同士は穴居人モデルのクラスタとは異なり，互いに密接に連結してはいないことから，k_{local} は適当な大きさに減少する．まず，これは「引き伸ばし」か何かのように見える．つまり 1 次元格子モデルはクラスタ同士が一本の辺で連結される環構造ではない．しかし，頂点 v の近傍 $\Gamma(v)$ が自然な距離の尺度を定義するという解釈は**正しく**，そこでは，いずれの隣接頂点に対しても頂点 v から 1 ステップで到達することができる．よって，1 次元格子モデルにおける二つの頂点間のパス長は，$L(\Gamma(v)) = L_{\mathrm{local}}$ と（これは $n/(k+1)$ 個の穴居人グラフが存在するととらえることができる），（平均値としての）L_{global} とに分けられることから，結合した穴居人型のモデルとして（強引ではあるが）とらえることができる（図 4.10 を参照）．このように，疎に連結されたグラフの固有パス長は，同じ近傍に属さない二つの頂点間のパス長に依存し，大雑把な表現であるが，これら二つの頂点間に存在する**近傍の数**によって決定される．

これを踏まえると，式 (4.15) の（穴居人モデルの土台から得られる）L_r は，1 次元格子の土台においてもそのまま**変化しない**．そして，この近似をそのまま利用すると，式 (4.15) で得られる L_r を第 3 章における β モデルに関する計算結果，例えばごく標準的な $n = 1000$, $k = 10$ と比較することができる（図 4.11 を参照）．すると，理論と数値結果が合致していることがわかる．そして図 4.12 に示すように，さらにスケールを $n = 20000$, $k = 10$ のように大きくしても両者は合致する．

L_r に対し γ_r の計算は本質的に局所的なものであり，1 次元格子モデルにおけるこれまでとは異なる局所的構造を考える必要がある．結合した穴居人グラフとは異なり，1 次元格子のすべての頂点は皆同様の隣接頂点をもつので，クラスタを構成する辺の数である k_{cluster} は次のように表すことができる．

第4章 解釈と考察

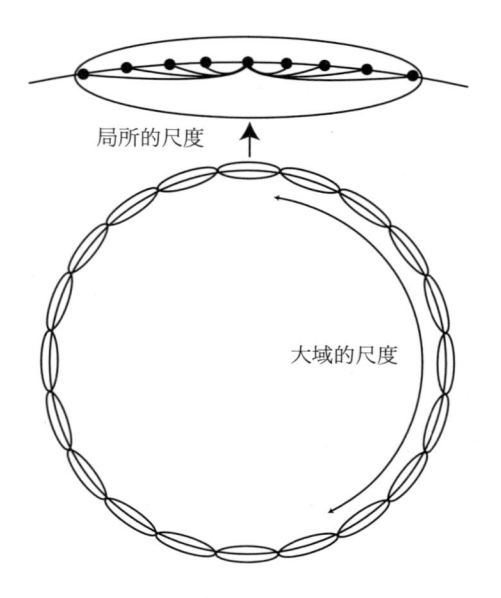

図 4.10 β グラフモデルの固有パス長を計算するための概略図.

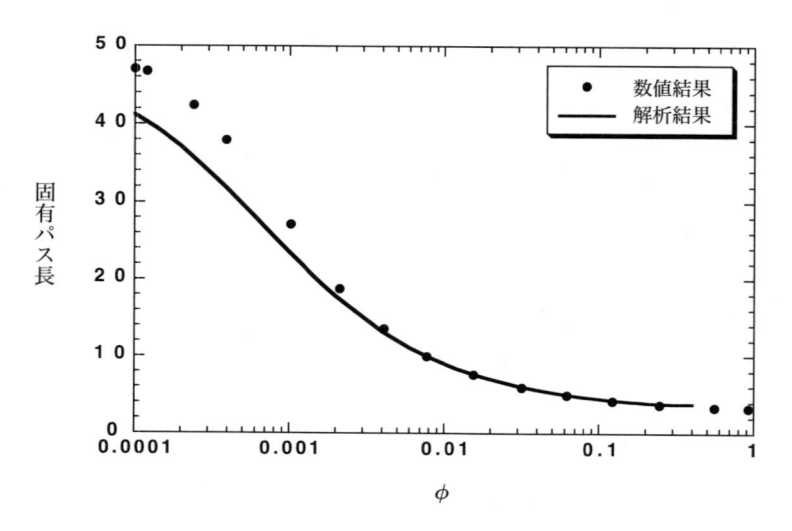

図 4.11 $n = 1000$, $k = 10$ での β グラフにおける $L(\phi)$ に関する解析結果と数値結果との比較.

4.2 関係グラフの遷移

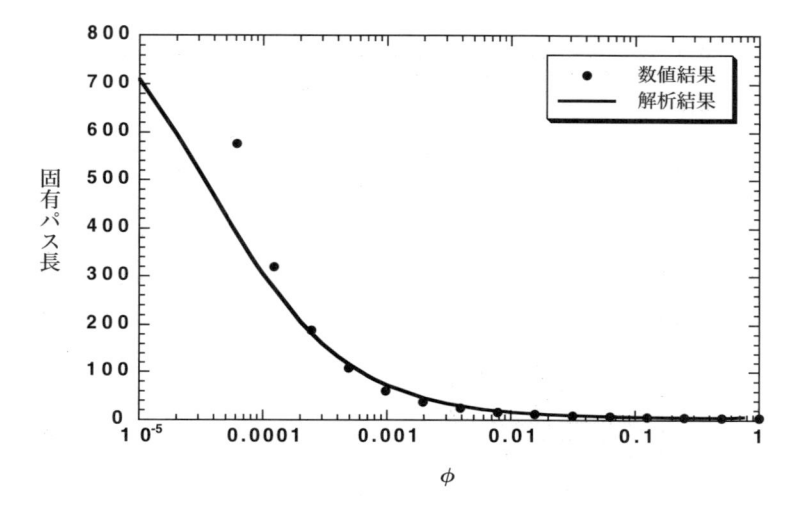

図 4.12 $n = 20000$, $k = 10$ での β グラフにおける $L(\phi)$ に関する解析結果と数値結果との比較.

$$\begin{aligned}
k_{\text{cluster}} &= \frac{2}{k} \sum_{i=1}^{\frac{k}{2}} (k-i) \\
&= \frac{2}{k} \left[\frac{k^2}{2} - \frac{k}{4}\left(\frac{k}{2} + 1\right) \right] \\
&= \frac{3}{4}\left(k - \frac{2}{3}\right)
\end{aligned}$$

ここで,これまでのように,局所的な辺が ϕ に基づく線形な割合で大域的な辺に遷移すると仮定すると,式 (4.2) の該当する変数を代入することで(ここでは $k_{\text{local}} = k$ とする),

$$\begin{aligned}
\gamma_\beta(\phi) &= \frac{k_{\text{cluster}} - 1}{k - 1} \\
&= \frac{\frac{3}{4}(1-\phi)^2 \left(k - \frac{2}{3}\right) - (1-\phi)}{k - 1}
\end{aligned} \tag{4.18}$$

となる.図 4.13 と図 4.14 は,この γ_β に関する解析結果と実際の数値結果とを比較した結果を示したものである.驚くべきことに,このような簡潔な近似である

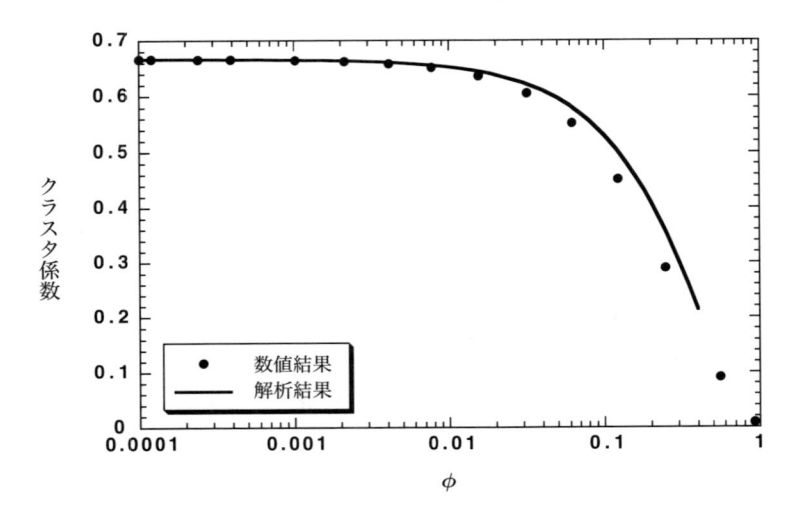

図 4.13　$n = 1000$, $k = 10$ での β グラフにおける $\gamma(\phi)$ に関する解析結果と数値結果との比較.

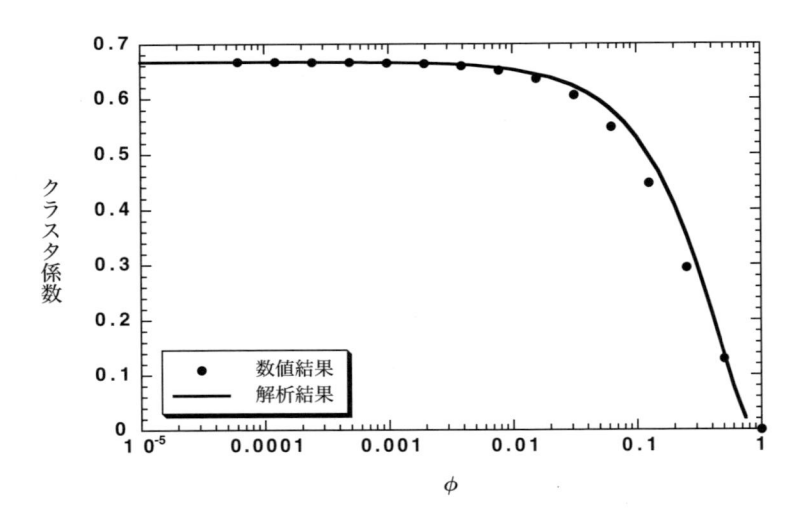

図 4.14　$n = 20000$, $k = 10$ での β グラフにおける $\gamma(\phi)$ に関する解析結果と数値結果との比較.

にもかかわらず，ϕ の広範囲にわたって両者は合致しており，特に ϕ が小さいときはきわめて正確に合致している．なお，クラスタ性は $\phi = 0$ の極限において強くその特徴が現れている．

最後に，L と γ は ψ によっても近似することができる．式 (4.17) を利用すると

$$\psi_{\text{substrate}} = \psi_{1-\text{lattice}} = \frac{2}{k(k-1)}$$

となる．よって，$L(\psi)$ と $\gamma(\psi)$ の解析的近似も数値結果との比較が可能で，解析的近似において，$L(\psi(\phi))$ と $\gamma(\psi(\phi))$ のようにパラメータ化して計算すると，図 4.15 と図 4.16 に示す結果が得られる．

すべての結果において解析的な予測と実際の数値結果は正しく合致しており，特に ϕ 値が小さいときにきわめて正確に合致している（とは言うものの，β モデルにおけるショートカット数が予測できないため，極端に小さな ϕ 値というわけではない）．また，式 (4.15) が予想どおりのスケーリング特性を示し，式 (4.15) ならびに式 (4.16) が正しい極限値をもつとすれば，ここでのモデルは，第 3 章で

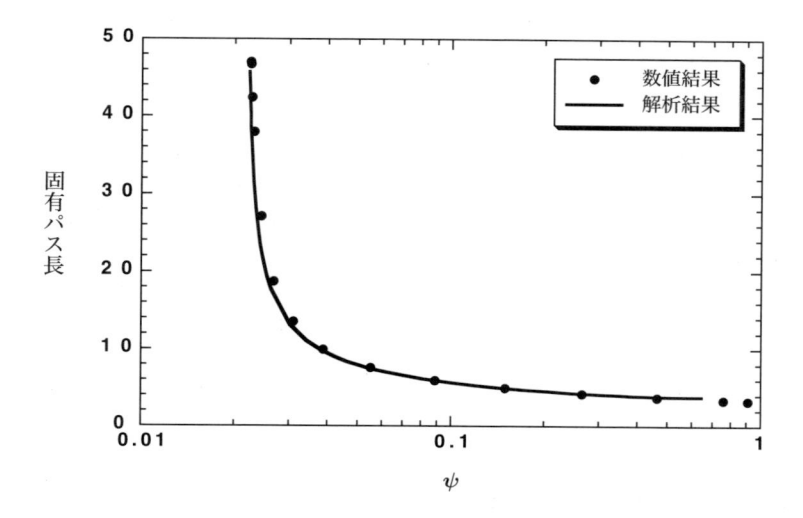

図 4.15　$n = 1000$, $k = 10$ での β グラフにおける $L(\psi)$ に関する解析結果と数値結果との比較．

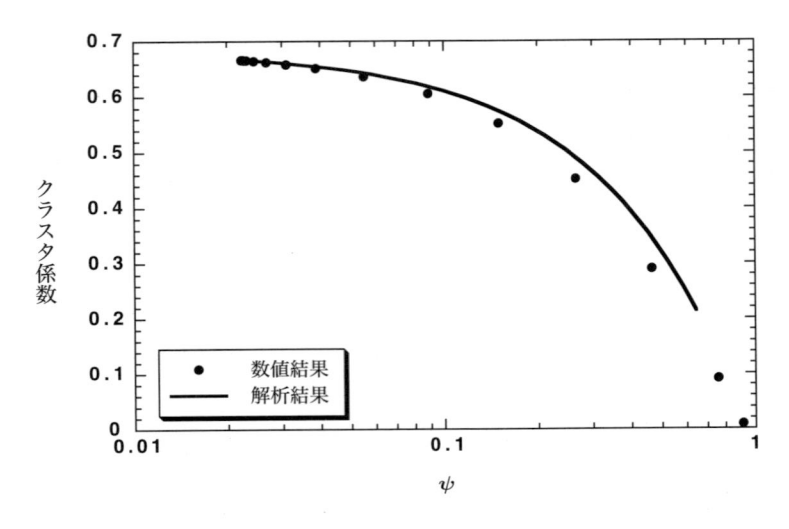

図 4.16　$n = 1000$, $k = 10$ での β グラフにおける $\gamma(\psi)$ に関する解析結果と数値結果との比較.

取り上げた関係グラフの直径とクラスタに関する統計量を制御する,もっともらしい仕組みを最低限説明できるように思える.

　事実,もう一歩先に進み,1次元格子モデルに近いビッグワールドの固有パス長の急激なスモールワールドの固有パス長への変化も,ランダムグラフの平均次数を増加させることでその固有パス長を制御する仕組みと同様の仕組みで可能である.4.1.2項において,擬似ランダムグラフにおけるパス長の縮約が,$k = 2$ から k を増加させたときのムーアグラフととても似ていたことを思い出してほしい.関係グラフにおいても似たようなメカニズムが働いているようである——メタ頂点で構成される環構造グラフにおいて,大域的なパス長の尺度である環構造に対してランダムに辺を追加するモデルである.ϕ が小さいときに,局所的な長さスケールで起こる変化は,大域的な長さスケールに対する辺の追加によって起こる大きな変化に比べると些細なものである.つまり,局所的には結合した穴居人グラフや1次元格子モデルなどさまざまなグラフ構造であっても,大域的に見ると $n = n_{\mathrm{global}}$ の擬似ランダムグラフのように振る舞うということである.

$k_\text{global} \approx \ln(n_\text{global})$ の場合には，擬似ランダムグラフとランダムグラフとを区別することは図 4.6 に示すように不可能となり，関係グラフはランダムの極限に近付き，それによって引き起こされる固有パス長の変化は小さなものとなるに違いない．そして，この推察は関係グラフに関する次に述べる一つの最後の予想へとつながる——関係グラフには，グラフがランダムグラフの極限に至る限界を示す ϕ（ϕ_crit）がある．もしも $k_\text{global} = \ln(n_\text{global})$ がランダム限界に到達したことを意味するのであれば，$k_\text{global} = 2(1-\phi) + k(k+1)\phi$ であったことを利用することで，ϕ_crit は次のように求めることができる．

$$2(1 - \phi_\text{crit}) + k(k+1)\phi_\text{crit} = \ln\left(\frac{n}{k+1}\right)$$
$$\Rightarrow \big[k(k+1) - 2\big]\phi_\text{crit} = \ln\left(\frac{n}{k+1}\right) - 2$$
$$\Rightarrow \phi_\text{crit} = \frac{\ln\left(\frac{n}{k+1}\right) - 2}{[k(k+1) - 2]}$$

標準的なパラメータ値である $n = 1000$, $k = 10$ では ϕ_crit はおよそ 0.02 となり，$n = 20000$, $k = 20$ では 0.05 となる．両者とも図 4.11 ならびに図 4.12 から，妥当な見積もりであることがわかる．

4.3　空間グラフでの遷移

さて，ようやく第 3 章の最後の部分で紹介した空間グラフについて考察する準備が整った．前節のモデルは，空間グラフに対しても数値結果と定性的かつ定量的に合致するのだろうか？　また，その過程で関係グラフと空間グラフとの定性的な違いを明確化することは可能なのだろうか？　実は，関係グラフと空間グラフの現状の関係を詳細に調整することなく，この二つの疑問を解決することが可能であることがわかる．しかし，まずはグラフ空間でのパス長としての距離の尺度と，実世界などの物理世界での距離の尺度との違いを明確にしておく必要がある．

4.3.1 空間距離とグラフ距離（パス長）

これまでにおいて，**距離**はもっぱらグラフにおける二つの頂点間を移動するために経由する辺の数（パス長）という意味で用いられてきた．「パス長」という用語の使い方は，一般的グラフの構造的な特徴を表現するために十分に考慮されており，ここでの距離には唯一の明確な解釈しか存在しない．しかし，第3章での空間グラフに関する考察において，グラフによっては頂点が位置する実際の距離空間が，グラフ構造や構造の特徴に影響を及ぼす可能性について述べた．ここで，距離に関する重要な異なる解釈について整理しよう．**グラフ距離**（graph length，固有パス長 L と二つの頂点間の最短パス長 $d(i,j)$ で表記される）は，依然としてグラフの構造的な特徴を表現する上での唯一の距離の単位である．一方，物理的な距離は ξ というパラメータを用い，グラフが構成される過程で，グラフに属する二つの頂点が互いに連結される度合いを決定する．これは関係グラフにおいて，すでに存在する辺が連結の度合いを決定することと似ている．よって，**物理的距離**（physical distance）は（ξ に依存して）グラフ距離と密接に関係しているかもしれないし，またそうでないかもしれない．

4.3.2 パス長と長さスケーリング

さて，これまで用いてきた解析方法を空間グラフに適用してみよう．空間グラフでは，頂点は空間に均一に分散配置されており，局所的なパス長の尺度を k の代わりに ξ で定義する．1次元での適当なイメージとしては，これまで用いてきた環構造土台ときわめて類似する図 4.17 を想像してほしい．そこでは，1次元格子が $2\xi+1$ 個の頂点を含むクラスタに分かれており，各クラスタ内では頂点間が一様ランダムな確率で連結されている．ここで重要なのが，別のクラスタに対してはまったく辺が張られていないということである．よって ξ は，各頂点が連結できる世界の範囲を決定することになり，L_{local} を決めるパラメータということになる．

これが関係グラフと空間グラフとの大きな違いである．関係グラフでは，局所的な近傍にある頂点の数は一定（次数一定）で，局所的な長さスケールはこれら

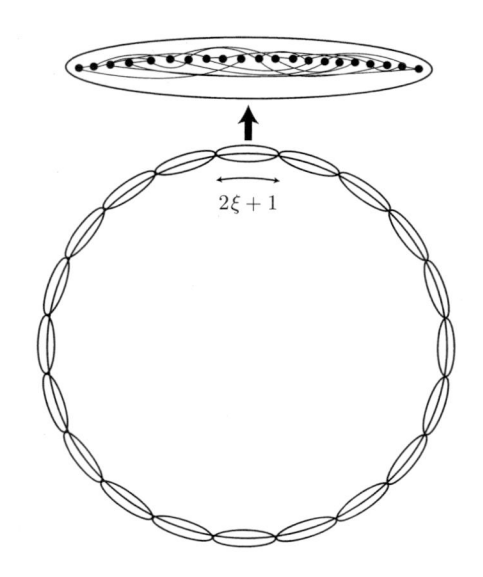

図 4.17 均質な空間グラフモデルにおける固有パス長の計算手順.

の頂点がどのように分離されるか（クラスタ化されるか）によって決定された．これにより隣接頂点グループ内の二つの頂点を連結する局所辺（すなわち $r=2$）と，異なる隣接頂点グループに属する頂点同士を連結する大域辺とを区別することができた．しかし空間グラフにおいては，隣接頂点グループに属する頂点数は ξ によって決定され，ξ は何らかの**外的な指標**によって決定される．頂点はこの外的な指標に従って他の頂点と局所的にのみ連結されるので，**すべての辺はレンジにかかわらず局所的**なものとなる．よって，空間グラフの特徴から次のことが考えられる——$r>2$ の辺であっても，大域的な距離の尺度に基づいて隔離されている二つの頂点を必ずしも連結するとは限らない．むしろ空間グラフでは，**外的な指標**であるパラメータ ξ による距離の尺度によって二つの頂点がランダムに連結される．

したがって，空間グラフでは，関係グラフにおいては無視することができた近傍の重複が，ξ の増加に伴い大きな問題となってくる．近傍の重複問題は，次のように L_r を表現し直すことで解決できる．すなわち，異なる近傍に属する二つ

の頂点間の距離を推定する際，経由する近傍を数えるという方法である．よって，L_s は次のようになる．

$$L_s = L_{\text{local}} + (L_{\text{global}} - 1)(L_{\text{local}} + 1) \tag{4.19}$$

ここで，

$$\begin{aligned} k_{\text{local}} &= k \\ n_{\text{local}} &= 2\xi + 1 \\ k_{\text{global}} &= 0 \\ n_{\text{global}} &= \frac{n}{2\xi + 1} \end{aligned} \tag{4.20}$$

である．すると，$k_{\text{global}} = 0$ であるので，式 (4.19) は式 (4.10) で簡略化することができ，式 (4.15) に対応する空間グラフにおける式 L_s を次のように得ることができる．

$$\begin{aligned} L_s &= L_{\text{M}}(n_{\text{local}}, k_{\text{local}}) + \left(\frac{n_{\text{global}}^2}{4(n_{\text{global}} - 1)} - 1 \right) \left[L_{\text{M}}(n_{\text{local}}, k_{\text{local}}) + 1 \right] \\ &= L_{\text{M}}\left(2\xi + 1, k\left(1 - \frac{2}{k+1}\right) \right) + \left(\frac{n^2}{4(2\xi + 1)(n - 2\xi - 1)} - 1 \right) \\ &\quad \times \left[L_{\text{M}}\left(2\xi + 1, k\left(1 - \frac{2}{k+1}\right) \right) + 1 \right] \end{aligned} \tag{4.21}$$

ここで注意すべきは，関係グラフと異なり，制御パラメータは局所的そして大域的な距離の尺度に属する辺の数を制御するのではなく，二つの尺度の相対的な比率を制御するということである．関係グラフにおいては，グラフの構造がランダム化する原理は**局所的辺**が**大域的辺**に張り替わることであるのに対し，空間グラフにおいてはそのようなことは起こらない．むしろ，局所的尺度がそのまま成長して大域的尺度と判別できなくなることを除けば，すべての辺は常に局所的な状態のままである．これは，ショートカットや縮約が空間グラフと関係グラフにおいて両立できないことを意味しており，その理由は，ショートカットと縮約の定義において，局所的な距離の尺度での連結が大域的な距離の尺度に遷移すると，グラフ全体の距離が縮小することが仮定されているからである．そして，これが ϕ や ψ が小さなときの関係グラフのみが同規模のランダムグラフと同等の

固有パス長を有する理由である．しかしながら空間グラフにおいては，ショートカットや縮約によっても，$d(i,j) = 2$ の距離よりもわずかに長い程度に隔たった二つの頂点を連結させるだけなので，生じる縮約効果は小さなものとなる．式 (4.21) も，空間グラフの固有パス長が頂点数 n に対して線形に変化することを示している．ξ をどのような値に固定しても，n の増加は n_{global} の線形な増加にとどまり，k_{global} 値は変化せずに 0 のままである．そして，L_{global} も式 (4.21) から線形な増加となる．よって，L_{local} は n の変化に対して対数的に変化するものの，L は依然として線形に変化する L_{global} の項に支配される．

4.3.3 クラスタ化

このモデルを使った空間グラフのクラスタ係数を計算するための鍵は，ξ（結果的には n_{local}）が増加しても k_{local} が一定のままであることである．よって，局所的な距離の尺度内において頂点数が増加すると，同じ数の辺がそれらの頂点に対してランダムかつ均質に張られることになる．これも関係グラフとは大きく異なる．関係グラフでは n_{local} は変化せず，ϕ が増加することで k_{local} が低下する．さて，クラスタ係数（γ_s）は次のように求めることができる．

各頂点 v が，**空間的な近傍** $\Gamma_\xi(v)$ において k 個の隣接頂点 $\Gamma(v)$ をもつとき，含まれる頂点は $v - \xi \leq u_i \leq v + \xi$ の範囲に存在する．よって，任意の u_i が v の隣接頂点である確率は $k/2\xi$ となる．ここで $u_i \in \Gamma(v)$ であるとすると，ほかにいくつの $w \in \Gamma(v)$ が u_i に隣接しているかが重要となり，これは個々の u_i が $\gamma(v)$ に寄与する辺の数ということになる．ここで，**近傍の重複度**を示す $\mu(v, u_i)$ を $\mu = |\Gamma(v) \cup \Gamma(u_i)|$ と定義する．なお，あらゆる $w \in \Gamma(u_i)$ が同じく $\Gamma(v)$ の要素である確率は $(k/2\xi)^2$ である．なお，$\Gamma(v)$ と $\Gamma(u_i)$ での辺の張り替えは，独立かつ一様とする（図 4.18 を参照）．よって，u_i からの $\gamma(v)$ に寄与する辺の数の期待値は，次のようになる．

u_i からクラスタに張られる辺の数
$$= P\big[u_i \in \Gamma(v)\big] \cdot \mu(v, u_i) \cdot P\big[w \in \Gamma(v) \cup \Gamma(u_i)\big]$$
$$= \frac{k}{2\xi} \cdot \mu(v, u_i) \cdot \left(\frac{k}{2\xi}\right)^2$$

第 4 章 解釈と考察

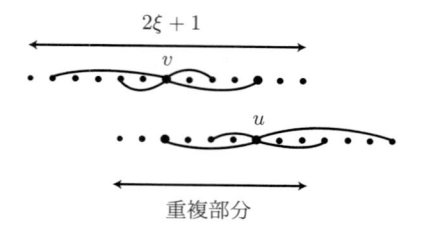

図 4.18 均質な空間グラフにおけるクラスタ係数（γ）を計算するためには，ξ によって定義される $\Gamma(v)$ と $\Gamma(u_i)$ の二つの近傍の重複を考慮する必要がある．

そして，すべての u_i として考えられる頂点（$(\xi-1) \leq \mu \leq 2(\xi-1)$ において）を合計すると，$\Gamma(v)$ におけるクラスタを構成する辺の数の期待値は次のようになる[*4]．

$$\Gamma(v) \text{ に含まれるクラスタを構成する辺の数} = \left(\frac{k}{2\xi}\right)^3 \sum_{\mu=\xi-1}^{2(\xi-1)} \mu$$
$$= \frac{3}{2}\left(\frac{k}{2\xi}\right)^3 \xi(\xi-1)$$
$$= \frac{3}{16}\left(\frac{k}{\xi}\right)^3 \xi(\xi-1)$$

これを $\Gamma(v)$ に属するすべての辺の数で割ることで，目的とするクラスタ係数を次のように得る．

$$\gamma_s = \frac{2}{k(k-1)} \frac{3}{16}\left(\frac{k}{\xi}\right)^3 \xi(\xi-1)$$
$$= \frac{3}{8}\frac{k^2(\xi-1)}{\xi^2(k-1)} \tag{4.22}$$

$k \gg 1$，$\xi \gg 1$ とすると，予想どおり $\gamma_s \propto k/\xi$ となる．また，ξ を $O(n)$ のオーダとすると，予想どおり γ_s はランダムグラフの極限である $\gamma_s = O(k/n)$ のオーダとなる．さらに，$\xi = k/2$（1 次元格子モデルと同様，ξ の最小の極限値）とすると，式 (4.22) は次の形に簡略化できる．

$$\gamma_s|_{\xi=\frac{k}{2}} = \frac{3}{8}\frac{k^2\left(\frac{k}{2}-1\right)}{\frac{k^2}{4}(k-1)}$$
$$= \frac{3}{4}\frac{(k-2)}{(k-1)}$$
$$= \gamma_{1-\text{lattice}} \tag{4.23}$$

4.3.4　結果と比較

　前節では，L_s と γ_s が適切な極限値とスケール特性を有することを示したものの，ξ のとりうるすべての範囲において，解析的手法による表現が第 3 章の数値結果と一致するかどうかを確認する作業がまだ残されている．図 4.19 と図 4.20 は，均質な空間グラフモデルにおける L と γ のクラスタ係数の予想数値を，実際の数値結果と比較したものである．関係グラフでの近似と同様に両者はきわめて合致しており，定性的に適切な特徴を有していることがわかる．ここで最も重要なのは，$L(\xi)$ と $\gamma(\xi)$ が**同じグラフ形状**となっていることであり，このことから**スモールワールドという構造をもつ空間グラフの可能性が排除される**．よっ

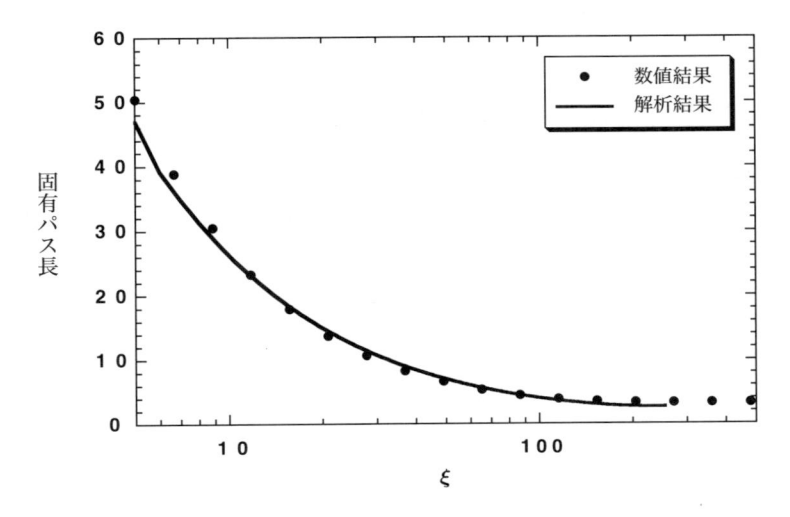

図 4.19　均質な空間グラフにおける $\Gamma(\xi)$ の解析的手法と数値結果との $n=1000$，$k=10$ での比較．

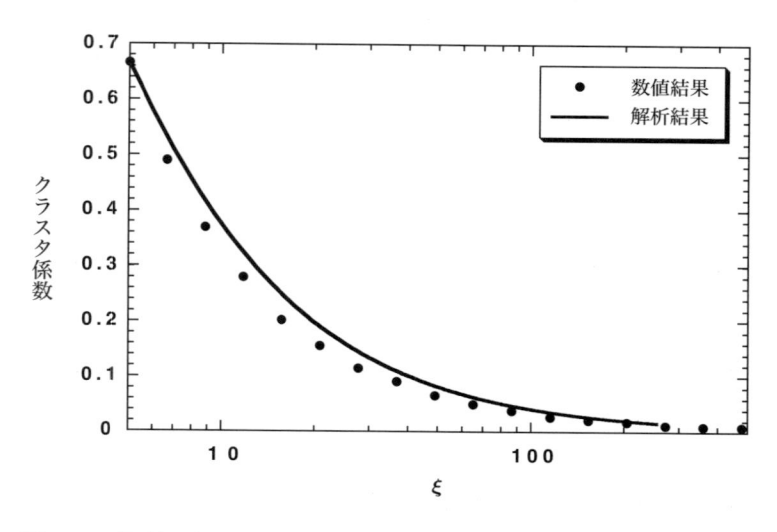

図 4.20 均質な空間グラフにおける $\gamma(\xi)$ の解析的手法と数値結果との $n = 1000$, $k = 10$ での比較.

て，第 3 章での直感的な推察がこの解析的検証によって明確に確認されたことになる．

4.4 さまざまな種類の空間グラフと関係グラフ

ここからは**遷移可能なグラフ**（transitional graph）と呼ぶのがふさわしい試験的モデルについて考察しよう．クラスタと固有パス長の特性において，高度にクラスタ化，秩序化されたグラフと，同じく高度に拡張され，ランダム化されたグラフとの間にまたがり，さらにこれまでに述べてきた空間グラフと関係グラフとの性質を併せ持つようなグラフである．ここでの「併せ持つ」というのはとても自然なとらえ方である．なぜなら，実環境でのグラフ（実際に観察できるネットワークの結合状況が反映されるグラフ）は，通常，両方の特徴を有していると考えられるからである．このことについては次章で詳細に述べるが，人と（地理などの）物理的な影響とにかかわるネットワークが空間グラフと関係グラフの両方の特徴をもっていそうなことは容易に想像できる．つまり，多くの発生しやすい

4.4 さまざまな種類の空間グラフと関係グラフ

連結による固有空間パス長が十分に存在する可能性がある上に，偶発的かつランダムに張られる辺や既存の辺からある規則に従って張られるグラフ全体にわたる長さスケールの辺も発生する．このことから，一般的に両方のメカニズムが必要であることが推察できる．事実，現実のグラフは間違いなくこの一般的な構成手法よりもはるかに複雑であり，複数の長さスケールやまだ考え出されていない未知の構成手法に従っているかもしれない．それでも，この**遷移可能な**グラフの定式化を始めてみよう．

$$L_t = L_{\mathrm{M}}(n_{\mathrm{local}}(\xi), k_{\mathrm{local}}(\phi_g)) \\ + L_{\mathrm{M}}(n_{\mathrm{global}}(\xi), k_{\mathrm{global}}(\phi_g))\bigl[L_{\mathrm{M}}(n_{\mathrm{local}}(\xi), k_{\mathrm{local}}(\phi_g)) + 1\bigr] \quad (4.24)$$

となり，

$$\gamma_t = \frac{k_{\mathrm{local}}(k_{\mathrm{cluster}} - 1)}{k(k-1)} \quad (4.25)$$

となる．ここで，

$$\begin{aligned} k_{\mathrm{local}} &= (1-\phi_g)k \\ n_{\mathrm{local}} &= 2\xi + 1 \\ k_{\mathrm{global}} &= (2\xi+1)k\phi_g \\ n_{\mathrm{global}} &= \frac{n}{2\xi+1} \\ k_{\mathrm{cluster}} &= (1-\phi_g)\left[\frac{3}{8}\frac{k^2}{\xi^2}(\xi-1)+1\right] \end{aligned} \quad (4.26)$$

であり，ϕ_g はグラフ全体における**大域的辺**の数の割合を示すパラメータである．大域的辺に関しては次のことが直感的に推察できる——これがなければ，$d(i,j)$（$O(L(G))$ のオーダ）の距離で分離されている 2 頂点が連結されることがない．この新しい定義が必要となる理由は，これまでのショートカットに関する議論を思い出してもわかるように，ショートカットの考え方には空間グラフに適用できるほどの十分な汎用性がないことが証明されたからである．空間グラフでは，短いパス長の特性が認められるまでに，関係グラフよりもはるかに多くのショートカットを必要とする．なぜなら，空間グラフでのショートカットはレンジが狭いため，同じ**空間近傍**内の頂点間を連結することしかできないからである．理想的

な定義は狭いレンジでのショートカットと，$O(L(G))$ のオーダとなるショートカットとを区別することであろう．しかし，残念ながらこの理想的な定義はやや適切さを欠いている．局所的または大域的のどちらの距離の尺度にせよ，尺度はショートカット自身によって連続的に変化してしまうからである．それでも，次に示す定義は十分ではないものの，これから先の議論において筋の良い定式化につながる．

【定義 4.4.1】 頂点 v の空間的近傍 $\Gamma_\xi(v)$ は「d 空間（d-space）」における頂点 v から半径 ξ 内にある頂点の集合である．

【定義 4.4.2】 $\Gamma_\xi(v)$ の**直径**である $D(\Gamma_\xi(v))$ は，同一の空間的近傍内のあらゆる二つの頂点間の距離における最長のパス長の期待値である．

【定義 4.4.3】 **大域的な辺**とは，レンジ $r(u,v) > D(\Gamma_\xi(v))$ となるような辺 (u,v) のことである．

　つまり，大域的な辺とは異なる空間的近傍に属する二つの頂点を連結する辺ということであり，この二つの頂点はグラフ全体としての距離の尺度で隔離されているということである．このように ξ が小さな値のときは，空間グラフではこれまでに定義したショートカットが見られるが，大域的な辺は存在しない．これに対し，関係グラフではほとんどのショートカットは大域的な辺でもある．この定義の重大な問題は，ξ と ϕ_g がともに大きなときにおいて，両方の長さスケールが同一となってしまうことである．ここでは，**すべての辺が $r = O(L(G))$ のオーダで，そして同時に $r > D(\Gamma_\xi(v))$ となる辺がまったく存在しない状況**となり，局所的**かつ**大域的な辺となる．この板ばさみ状態を解くことはできず，この状況に対する何らかの結論が出されることはないと思われる．

　空間グラフ対関係グラフに関する別の種類のモデルについては，もしも**無限の分散**をもつような確率分布を仮定するならば考えることができる．空間グラフの構成法に基づいたグラフを用意するのであるが，一様分布や正規分布に従った頂点の配置ではなく，**コーシー分布**に従った頂点の配置とするのである．ξ に関し

てコーシー分布を考えると，二つの頂点間が連結される確率は次の式で与えることができる．

$$P(i,j) = \frac{\xi}{\pi(\xi^2 + x_{i,j}^2)}$$

ここで，この分布が正規分布のような指数関数ではなく，代数関数的に減衰するところに注意しよう．この緩やかに減衰する特徴が無限の分散を生み出し，(上記の中間グラフの定義から) 生成される辺の**ほとんど**が ξ に基づく距離の尺度によるものとなるものの，$L(G)$ のオーダとなるような辺が常に**いくらか**発生しうることになる．推察されるとおり，このような分布からスモールワールドグラフが生まれることが予想でき，図 4.21 はまさに何が起こるかを正確に示している．しかし，**コーシーグラフ**とこれまで考えてきたすべてのモデルとの間には重要な違いが存在する．つまり，コーシーグラフではショートカットが必ず存在するということである．よって，1 次元格子モデルの極限は (近似でさえ) コーシーグラフでは達成できず，**すべてのコーシーグラフは** ξ **の値にかかわらず**

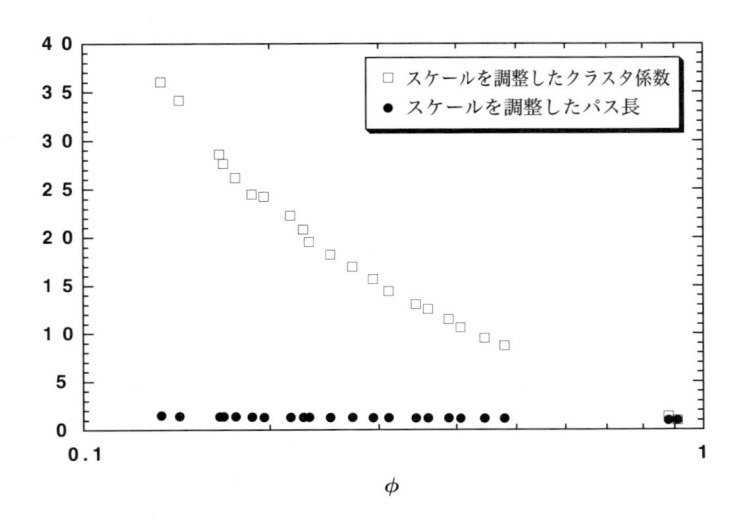

図 4.21 コーシー分布における空間グラフでの $L(\xi)$ と $\gamma(\xi)$ との比較 ($n = 1000$, $k = 10$)．なお，L と γ はそれぞれのランダム限界値で再スケール化されている．

小さなネットワークになる．別の言い方をすると，図 4.21 に示されるグラフは図 3.22（p.79）の左部分を除いた部分と類似している．このことから，図 4.21 の $L(\xi)$ と $\gamma(\xi)$ は 1 次元格子の極限での値ではなく，$\xi = n/2$ というランダム極限においてスケールする．それでも，さまざまな ξ の値に対して，コーシー分布によるグラフはスモールワールドとなる．この観測結果は，グラフがスモールワールドとなるのに必要なこととして，まず各頂点がランダムに辺を張る場合よりも高い確率で三角形を作りやすいことが重要であることを示している．この好ましい結果が，コーシーグラフに伴う空間的な頂点の隣接関係からもたらされるのか，それとも α, β グラフのようなあらかじめ存在する頂点間の関係からもたらされるのかは些細なことである．次に重要なことは，$O(n)$ のオーダであるような辺がいくらか存在することである．

これが正しいとすると，スモールワールド現象は，1 次元において関係グラフモデルやコーシーグラフモデルに基づいてグラフを構成しなくても，任意の次元 d における広い空間的範囲をもつ空間グラフにおいて，以下の頂点の分布が保たれていれば，きわめて自然に形成されるのかもしれない．

$$P(i,j) = \frac{\xi}{\pi(\xi^a + x_{i,j}^a)}$$

パラメータ a, d と，スモールワールド現象との関係に伴うスモールワールドグラフの一般的かつ正確な特徴付けは，興味深い未解決問題である．

4.5 まとめ

1. **スモールワールドグラフ**をモデルに依存しない形で再定義した．ここではグラフ構造の知識は不要であり，事実，いかなるグラフ構造に関する知識も不要であった．グラフがスモールワールドであるかどうかを決定するのに必要なものは，そのグラフの頂点数 n と次数 k がすべてである．このことは，グラフを構成するアルゴリズムを暗に必要とした第 3 章での結果よりも強い主張である．
2. 穴居人グラフとムーアグラフの特徴をもとに，解析的なモデルについて考

察した．そして，ここでのモデルは，空間グラフと関係グラフに関して第3章で観察された次の特徴を予測した．
 (a) L と γ について，秩序的な極限とランダム的な極限に対する値
 (b) 両極限の橋渡しをする L と γ に関する関数形
 (c) それぞれ ϕ と ξ という二つのパラメータによる関数で表現される，n と k に関する長さスケールの特性

3. 結論として，なぜ関係グラフだけがスモールワールドグラフになれるのかを含み，関係グラフと空間グラフの定性的な違いを明らかにした．しかしながら，この結論は空間グラフを定義する確率分布において，特に有限のカットオフが存在するときの仮定であった．無限の分散をもつコーシーグラフのようにこのような分布をもたない場合においては，空間グラフであってもスモールワールドグラフとなることがあるものの，一般的な状況においては未解決のままである．

第5章

「結局,世界は狭い」
——三つの現実のグラフ——

　今にしてみるとケビン・ベーコンは,その名前がスモールワールド現象と関連する初めての人物ではなかった.この名声はいみじくも,偉大な 20 世紀の数学者であり確率的グラフ理論の共同創立者である,Paul Erdös に与えられるものである.Erdös は驚くべき数学者であると同時に健筆家であり,よく知られているように風変わりな人柄で,その生涯において(そして死去した後でも)著者および共著者として 1,400 本以上の論文を発表した.そしてある人物の**エルデシュ数**(Erdös Number)$E(v)$ とは,当然のことながらその人が共著者たちを介してどの程度 Erdös に近いかを表す尺度である.エルデシュ数 1 とは,Erdös とともに直接論文を出版した人を表し(472 人がこの栄誉に浴している),エルデシュ数 2 とは,直接彼と論文を発表していないが,Erdös と論文を出版した人物と一緒に論文を発表した人を表す.

　この論法を続けると,現在**協調グラフ**として知られるものを構築することができる.このグラフでは,頂点は(どんな分野でも構わず)論文を発表している研究者であり,辺は共著関係を表す.この興味をそそるグラフの構築は,最近ではグラフ理論家から注目を浴びる題材となっているが[*1],そのサイズが圧倒的に大きいために,そのほんの一部分が精密に記されただけで,残りは解析されずに手付かずである.当然のことながら,この一部分は常に,Erdös の局所的な周辺から選ばれている(詳細は Grossman and Ion 1995).ウェブ上で利用可能なデー

タを用いて $\gamma_{erdös}$ を計算することができる[*2]．Erdös の近傍には 492 人の著者がいて，各々は $\Gamma_{erdös}$ の他のメンバーと平均 5.76 人で連結されている．それゆえ，$\gamma_{erdös} = 5.76 \cdot 492/492(492-1) \approx 0.012$ となる．この値はそれほど大きくないように見えるかもしれないが，以下の事実を心に留めておくべきである．まず最初に，Erdös には数学の歴史上他の誰よりもはるかに多くの共著者 ($k_{erdös}$) がいる．二つ目に，この値は，ランダムグラフで見られる値，$\gamma \approx k/n$ よりもずっと大きい．仮にすべての人が $k = k_{erdös}$ をもち，すべての科学の歴史上（たぶん大変少なく見積もって）例えば $n = 100{,}000$ 人の論文の著者がいたとしても，$\gamma_{random} = 0.00492$ であり，これはすでに $\gamma_{erdös}$ よりも相当小さい．

（明らかにまったく典型的ではない）この例を考えてみると，協調グラフは高度にクラスタ化されていると結論付けられるかもしれない．また，エルデシュ・コンポーネント（有限のエルデシュ数をもつすべての著者のグラフ）は，数学，物理学，社会科学のほとんどを包含しているだけではなく，その固有パス長は非常に小さい（Grossman and Ion 1995）とも考えられる．それゆえ，Erdös の世界がまさにスモールワールドであると推測するかもしれない．

しかしながら，われわれは単に推測しているだけなのかもしれない．そして，完全な協調グラフの広範囲の評価を行うために必要とされるであろう，本当に莫大な量の収集データを考えてみると，この推測はおそらく推測のまましばらくの間そのまま残されそうである．つまり，理想的なものは協調グラフのように実世界のはっきりしているつながりを表し，社会的もしくは科学的関心があるが完全によく知られていて，綿密に記されたグラフ（または複数のグラフ）である．とりわけ，きわめて大きく疎である（が，まだ連結されている）グラフを考えてみると，グラフについて何か興味深いことを述べるためには，上記のような要求を満たすことが難しいように見えるかもしれない．例えば，典型的な社会ネットワークは大きく十分疎であるが，社会ネットワークのつながりは，よく知られているように把握するのが困難であり，しばしばその範囲を定義するのが困難である（例えばニューヨークシティの友人関係ネットワークを把握することを想像してみれば明らかである）．その対極として，マカクザルの視覚野のさまざまな領

域にグラフ表現が存在するが（Felleman and Van Essen 1991），このグラフでは辺は明確で既知である．しかし，この例では $n = 32$ および $k = 12$ であり，任意の連結されたトポロジがほぼ同じ固有長とクラスタリングをもつかもしれないが，あまり多くのことを言うことはできない．

それでもなお，パラメータ (n, k) の観点，および要求を満たすいくつかの興味深い性質を示すネットワークの性質の観点の両方から，三つの非常に異なったグラフを考えることが可能である．

1. ケビン・ベーコングラフ——協調グラフのハリウッド版であり，そのつながりは二人の俳優が一緒の映画に出たことがあることを意味している．
2. 西部州送電グラフ——その名のとおり，ロッキー山脈以西のすべての州に電源を供給している，発電所と高電圧線の地図である．
3. C. エレガンスグラフ——有名で数多くの研究がなされている線虫 "Caenorhabditis elegans" の神経結合を表している．

これらの題材のそれぞれで，適切なグラフの完全な隣接リストが利用可能であり，すべての統計的な性質を直接測定することが可能である．この章では，（各々の分野のすべての専門家に弁解しつつ）ここで考えている各システムについて議論し，その統計的な性質を第 3 章で導入した方法を用いて解析し，結果を第 4 章で述べた各々のグラフの特性を生み出す理論的モデルの予測と比較する．ここでの一般的な問題は以下の二つである．スモールワールドグラフは実際に存在するのか？ そして，第 3 章，第 4 章で展開されたモデルは，実際のグラフのもつ統計量を適切に特徴付けることができるのか？ 別の言い方をすれば，前の章の現象とメカニズムは単に理論的構築による人為的な結果であるのか？，または，モデルは実世界で観測されうる現象を予測したり理解するのに本当に役立つのか？ ということである．

第5章 「結局，世界は狭い」——三つの現実のグラフ——

5.1 ベーコンの作成

映画の夜明け時代，音声の導入前まで遡ると，映画産業はこれまでに約 15 万本の映画を送り出し，地球上の各映画制作国から合計 30 万人以上の俳役[*3]を生み出している[*4]．これらのすべての情報は，単一の検索可能なデータベースであるインターネット映画データベース（IMDb）に置かれており，ウェブブラウザと暇のある人なら誰でも www.us.imdb.com から手軽に利用できる．この情報からどうやってグラフを作るかを理解するのは簡単である．すべての俳優が頂点で，同じ映画における二人の俳優の共演関係が辺となる（複数の共演は一つの辺として扱う）．その結果が，いわゆる**ケビン・ベーコングラフ**（KBG）と呼ばれるものである[*5]．これは，数学の重要な問題に対して，どこか風変わりな（奇抜でさえある）題材のように見えるかもしれないが，以下のことを考えてみてほしい．

1. KBG のその内容は明確である．すなわち，グラフは映画における俳優のみから構成され，すべての俳優はわかっている．つまり，誰が含まれて誰が含まれないかというところに曖昧さがない．

2. グラフのすべての辺もまた明確であり（二人の俳優がある映画に一緒に出演したか，しなかったか）既知である．

3. データベース中のすべての俳優の約 90% は，約 11 万本の映画における約 22 万 5 千の俳優からなる単一の**連結成分**に含まれる（1997 年 4 月時点）．つまり，KBG としてこの成分を扱えば十分であり，ここでは単に連結グラフのみを考慮していることを念頭に置いておけばよい．

4. 一つの連結成分は十分大きく（$n = 225226$）疎であり（$k \approx 61$），構造的な特性に依存して，数桁のオーダに広がる固有長を示す可能性がある．同様に，クラスタ係数も潜在的にほぼ 1 とほぼ 0 の間の任意の値をとりうる．それゆえ，第 3 章，第 4 章のモデルが適切か，もしくは望みなく間違っているかを試す明白なテストとなる．

5. **それほど規模が大きくないため**，（能力のある）計算機にデータを格納し

て処理することが可能である．とりわけ，n が一桁大きくなってしまうと，一度にすべてをメモリに載せ[*6]，任意の妥当な時間で固有長を計算することが可能な計算機を見つけ出すことさえも困難となる．

それゆえ，KBG は決して他愛のないものではなく，実際に上で述べた目的のためには，理想的なグラフに近いものとなっていることがわかる．さらに，KBG は，真面目だがはるかに利用しにくい協調グラフ[訳注1]とほぼ同じである．つまりグラフは，協調が単に「論文を一緒に出す」ではなく「映画で共演する」ことを意味するように再定義されたものである[*7]．さて，これで KBG が正当化されたので，今まで見てきた統計量を計算することが可能となった．

5.1.1 グラフの観察

しかしながら，計算を始める前に考え直してみると，明らかなグラフの構造的な特徴が存在する．辺の判断基準が二人の俳優がある映画で共演したことであるため，各映画は，その映画の各出演メンバーが他の出演メンバーと隣接する完全結合の部分グラフとなる．**グラフのこの性質は，ほぼ完全にショートカットの可能性が取り去られているという重要な結果を意味している**．事実，ショートカットが起きうる唯一の状況は，二人のみのキャストからなる映画が存在する場合だけである．確かに，深い映画の歴史の奥には，このような状況が実際に起きることが可能であるかもしれないが，任意のスモールワールドの性質に関与するそのような例外的な状況を期待することはかなり難しい．幸いにも，この万一の事態は**縮約**の最初の議論で予想されており，（映画のネットワークは）まさにここで要求される構成法であることがわかった．すなわち個々の俳優たちは，個々の映画における共演を通じて，他者を本質的に異なる**俳優の集団**へと近付けている．複数の映画で働いたすべての役者がある範囲への縮約を引き起こすが（非常に規則的な大きな世界のトポロジでさえ生じることを思い出そう），少数派の役者はこの意味で助けとなっている．これらの役者は，**要**とも呼べるかもしれない．

[訳注1]．Erdös の共著者グラフのこと．

163

第5章 「結局，世界は狭い」——三つの現実のグラフ——

要の一つのタイプの例（**時間的要**）は，エディ・アルバートである．彼は有名な「グリーンエイカーズ」の出演者で，80本の映画に出演し，60年のキャリアを誇る．彼は，ハンフリー・ボガード，マーロン・ブランド，リチャード・バートン，ジョン・トラボルタ，そして（もちろん）ケビン・ベーコンのような，有名俳優たちとリンクしている[*8]．もう1種類の要（**文化的要**）は，異なる国々で作られた映画に広がるものである．明らかな例は，ブルース・リーである．彼は，チャック・ノリスと共演した「死亡遊技」と「燃えよドラゴン」のような古典的なものを通じて，中国演劇業界とハリウッド（つまり残りの世界すべてと）を結び付けている．最後に，異なる種類の映画に広がる**ジャンル的な要**がある——コメディやサスペンス（「赤ちゃん泥棒」と「キス・オブ・デス」のニコラス・ケイジ），アクションと演劇（「リーサルウェポン」と「ハムレット」のメル・ギブソン），さらには，歴史ものとテクノワール（「愛は霧のかなたに」と「エイリアン」シリーズのシガニー・ウィーバー）．これらの存在にもかかわらず，ほとんどの俳優はたかだか共演者の共演者とのみ共演している．つまり，ネットワークは非常に局所的にクラスタ化されており，個々のうちの少数の割合が，全員を近付けるようなほとんどの仕事をこなしていることを意味している．

では，これを確かめてみよう．第3章で想像上のグラフに用いたのと同じ手順を踏むと，表5.1に示すKBGに関する統計量が計算される．これらを求めるために，Lを正確に計算し[*9]，γ, ϕ, ψ は1,000回のランダムサンプルで頂点をとり，それぞれに対して頂点の隣接頂点における適切な統計量を計算することで近似値を求めた．

表5.1 計算されたKBGの統計量．

	値
n	225,226
k	61
L	3.65
γ	0.79 ± 0.02
ϕ	$0.0002 \pm 6 \times 10^{-6}$
ψ	0.166 ± 0.005

予想どおり，γ は大きく，ϕ は無視でき，ψ は小さいが有意となった．また，最も重要な点である L は小さい値となった．すなわち，等価の穴居人グラフ（$L_{\text{caveman}} \approx 1800$）と比較して小さく，ムーアグラフによる近似のように等価のランダムグラフ（$L_{\text{random}} \approx 3$）とほぼ同程度に小さい．それゆえ，KBG は等価のランダムグラフとほぼ同じ長さをもち，大きなオーダでクラスタ化されている（ランダムグラフは $\gamma_{\text{random}} \approx k/n = 0.00027$）**スモールワールドグラフ**であると結論付けてもおそらく問題ない．

5.1.2 比較

スモールワールドグラフが実際に（少なくとも一つは）存在するという，おおまかな主張が満たされたので，次の問題は，第 4 章で提案した**メカニズム**がこれらの性質を説明しうるのかどうかを決定することである．すなわち，データが理論曲線にフィットするかということである．この疑問に答える前に，モデルで暗黙的になされている仮定を考えることで，そのような比較が成功する見込みがどの程度ないのかを指摘することは重要である．たぶん，明らかに最も誤っている仮定は，すべての頂点が同じ次数 k をもつというものである．KBG では次数は $1 \leq k \lesssim 3000$ の範囲にある．とは言うものの，以下の比較を行ってみよう．パラメータ $n = 225226$，$k = 61$ に対して，第 4 章で示した関係グラフモデルを用いて $L(\psi)$（および $\gamma(\psi)$）の曲線を生成する [*10]．そして，同一のグラフに，表 5.1 からとった $L(\psi_{\text{KBG}})$ と $\gamma(\psi_{\text{KBG}})$ の 2 点をプロットする．この場合，単一の自由なパラメータのみが存在することに注意が必要である．バンドルサイズ b は，映画の平均キャストメンバー数にほぼ相当する．この数は実際のグラフでは知られていないが（平均的な値は多少の努力で計算されるかもしれないけれども），幸いにもモデルは b のオーダと同程度の変化に対してあまり敏感ではない．それゆえ，正確な値はたいして問題とはならない（ここでは $b = 10$ とする）．しかしながら，これに対して L と γ は，$3 \lesssim L \lesssim 1800$，$0.00027 \lesssim \gamma \lesssim 1$ の間のどこかに，そして ψ は $0 \leq \psi \leq 1$ のどこかに収まる．事実上，この比較は**自由なパラメータを一つも含んでいない**とともに，$L(\psi_{\text{KBG}})$ と $\gamma(\psi_{\text{KBG}})$ がそれぞれ理論的な曲線

の近くに位置するという事実はまさに注目に値する（図 5.1，図 5.2 を参照）．

より注目に値することは，関係グラフモデルの予測ほど実際のデータポイントに近いような，**考えられる他のもっともらしい説明がない**という点である．表 5.2 に示したように，穴居人グラフモデルとランダムグラフの近似は，統計量（L もしくは γ）のうちの一つに関して大きくはずれる結果となり，関係グラフモデルよりも悪い近似となる．

最後の比較は，考慮に入れているもう一つのクラスである空間グラフである．空間グラフは，連結が生じそうな特徴的な空間スケール（ξ）をもつシステムを前提としているため，このモデルが，関係グラフと同程度にデータを十分うまくなぞらえると期待していないかもしれない．KBG に対してこのモデルが正しいと考えるもっともらしい理由は存在しないが，これを確かめるただ一つの方法は，モデルが任意の ξ に対して適切な予測を与えないことを示すことである．グラフから実際に求められた ψ によって行われる関係グラフモデルのテストに比べて，これが大変弱いテストであることに注意が必要である．グラフは明示的な

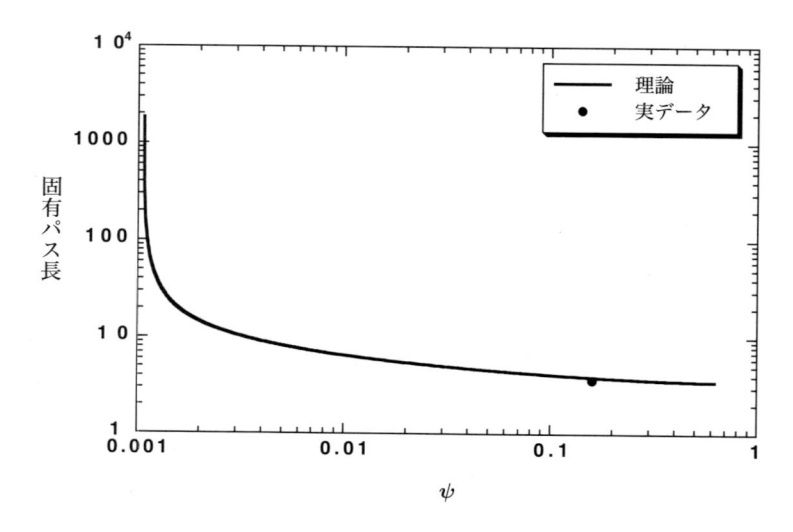

図 5.1　KBG のパラメータ（$n = 225226$, $k = 61$）による，ψ と $L(\psi)$ の理論予測．実際の値 $L(\psi_{\mathrm{KBG}})$ もプロットされている．

5.1 ベーコンの作成

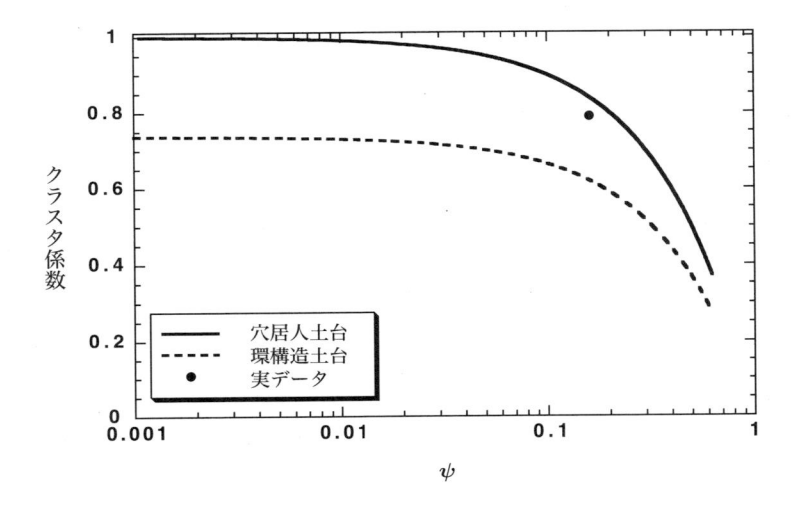

図 5.2 KBG のパラメータ ($n = 225226$, $k = 61$) による，ψ と $\gamma(\psi)$ の理論予測．実際の $\gamma(\psi_{\text{KBG}})$ もプロットされている．比較のため，連結穴居人および環構造土台による予測も示す．

表 5.2 KBG の統計量と，対応する連結穴居人およびランダムグラフモデルによる予測統計量との比較．

	KBG	関係グラフ（$\psi = 0.166$）	穴居人	ランダム
L	3.65	3.9	1,817	2.99
γ	0.79	0.61–0.84	0.999	0.00027

空間情報を含んでいないので，特徴的な空間スケールは辺の集合によって暗黙的に表現されざるをえず，それゆえモデルは ξ の特定の値に関してテスト不能となる．この理由から，肯定的な結果に対して確信をもつことは困難である．仮にモデルが ξ のある値にフィットしたとしても，それは，モデルが現象の良い説明となっていることを必ずしも意味していない．しかしながら，**否定的な結果に対しては確証がもてる**．もし，L と γ の値が，いかなる ξ に対しても満足されなければ，空間モデルは間違いなく役に立たないことになる．

第5章 「結局，世界は狭い」——三つの現実のグラフ——

　図5.3は，1次元の一様分布空間グラフモデルがまさしく否定的な結果になっていることを示している．ここでLはγの関数としてプロットされ，両者はξによって媒介変数表示されている．実際の(γ_{KBG}, L_{KBG}) 値と比較してみると，ξのとりうる直線の近くに載ることはないことは明らかである．さらに，空間モデルの次元の増加はγの減少を招くので，比較は単に次元を増やすことでは改善しない．それゆえ，データに満足にフィットするようなプロットを生成するただ一つのモデルは，関係グラフモデルである．この事実は驚くべきことであるかもしれないし，そうではないかもしれない．それは，読者の直感次第である．明らかに，モデルはまさにこの種のシステムを模倣するために作られており，ある面では，モデルがまさにそうなっているということは，それほど驚くべきことではない．しかし，他の見方をすれば，扱いやすいモデルを導くために，途中で多くの大胆な仮定がなされているので，**任意の**実システムの統計量と非常に良く適合していることには**驚きである**．

　ところで，興味ある人向けに述べておくと，今までのすべての主張をよそに，

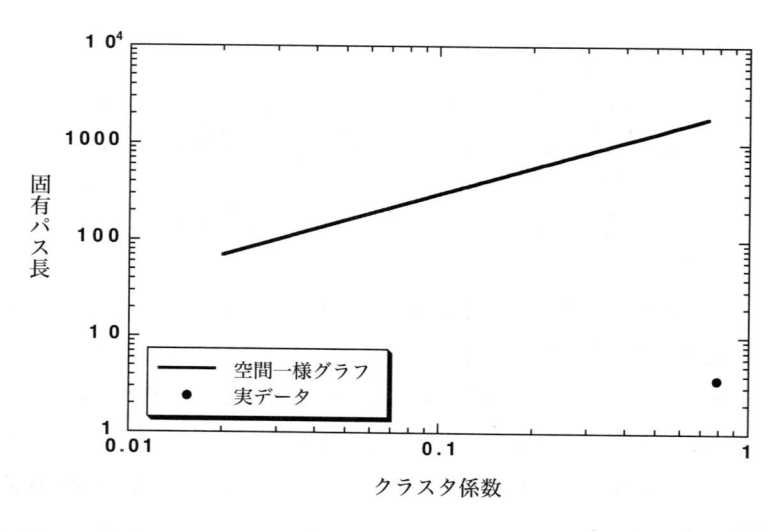

図5.3　ξで媒介変数表示された$\gamma(\xi)$と$L(\xi)$のプロット．どのようなξも計算されたKBGの統計量（L_{KBG}, γ_{KBG}）を満たさない．

ケビン・ベーコンはハリウッド世界の中心では**なく**，ロッド・スタイガーこそがそうなのである．事実，データベース上では平均以上のリンク数をもつ俳優の一人であるけれども，ケビン・ベーコンは地味な俳優である（全時代の偉大な俳優リストの 669 番目にすぎない）[*11]．ケビン・ベーコンゲーム自身の斬新さは，そもそも目立った働きをしていないというケビン・ベーコンのイメージから来ているので，これは二重の意味で皮肉である．つまり，彼がどういうわけかすべての人の中心にいることが驚きなのである．しかしある意味では，ベーコンの置かれている曖昧な立場もまた主要なポイントとなっている．スモールワールドでは，誰もが他の人々の近くにいることから，**誰もが**中心にいるように見えるのである．これを理解する一つの方法は，ケビン・ベーコンの分布数列をプロットすることである．分布数列とは，ある映画での共演を 1 次と数えた場合（これは「ベーコン数」として知られている）の各々の次数の分離で，ベーコンからたどり着ける俳優の数であることを思い出そう．

図 5.4 はベーコンの分布数列を**実際の中心**（スタイガー）の分布数列と比較し

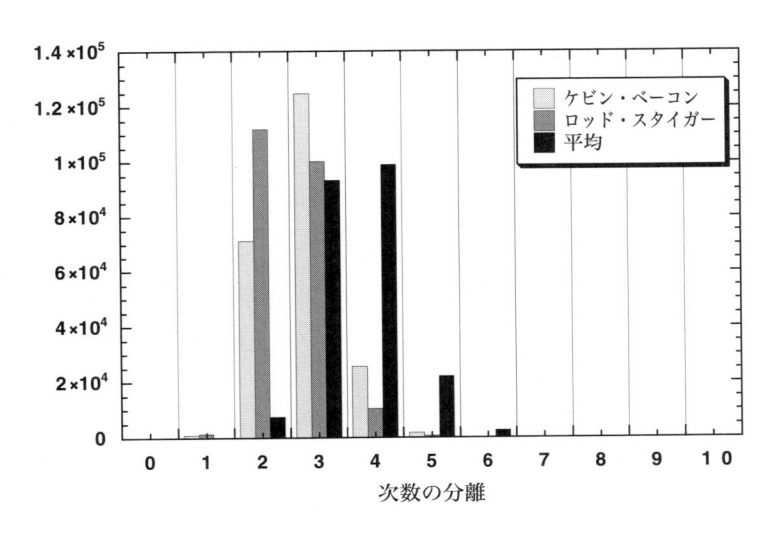

図 5.4　ケビン・ベーコン，ロッド・スタイガー，および KBG のすべての役者の平均の分布数列．

たもので，**平均分布数列**はデータベースのすべての俳優の平均である．このヒストグラムの最も特筆すべき内容は，すべての分布数列がほぼ同じに見える点である．スタイガーは明らかにベーコンよりも優れていて，ベーコンは明らかに平均よりも優れているが，三つのすべての場合で，グラフの大半は4次以内で到達可能であり，逆に3次未満で到達可能なものは存在しない．例えば，連結穴居人グラフのパス長と比較すると，1次の分離の違いは大したことはないが，もし，ほとんどの俳優がケビン・ベーコンに（実測値の3ステップではなく）4ステップでつながっているとすれば，映画マニアにとっては実に驚くべきことであろう．他の言い方をすれば，ケビン・ベーコンゲームの発明者たちは，実質的には**誰を**選んでも，同様の驚くべき「世界の中心」の現象を発見したはずである．幸運がすべての違いを生む業界において，ケビン・ベーコンの新しく打ち立てられた（悪い意味での）知名度は，彼の陰で苦しむ多数の他の俳優たちに属するものなのかもしれないという見方は，おそらく適切である．彼らもまた「ライバルになりえた」のである．

5.2 ネットワークのパワー

関係グラフモデルによって予想された性質をもつ実際のスモールワールドネットワークが，少なくとも一つ存在することは励みになる．しかし，（最初の動機に反して）モデルは，それが適用されるネットワークのタイプについては何も仮定していないため，スモールワールド現象はおそらく他の種類のネットワークでも現れるはずである．(1) 協調ネットワークの類とは完全に異なり，(2) 特有の科学的関心の対象となるネットワークの一つのクラスは，電力網である．

5.2.1 システムの観察

超高電圧（EHV）および極超高電圧（UHV）送電線に関する電力研究所標準リファレンス（General Electric Company 1975）によると，1975年のアメリカ合衆国での使用電力量は $1,638 \times 10^9$ kWh（キロワット時），もしくは一人当たり 8,000 kWh であった．1990年までに必要な全電力量は，1975年のレベルの3倍

以上になると予想されていた．この膨大な電力必要量は，発電所，変電所，数万マイルにおよぶ高圧送電線からなる，国内規模のネットワークによって実現されていた[*12]．その結果，このネットワークの構造的な完全性，安全性，効率は非常に重要であり，今後もその重要性は失われないだろう．グラフ理論は，電力ネットワークの研究において長年適切で有用なツールであり（Lin 1982; Chung 1986; Chowdhury 1989; Erhard et al. 1992），電力ネットワークはしばしばグラフの実生活における応用例として使われてきた（例えば Bollobás 1979 の第 2 章を参照）．それゆえ，アメリカ合衆国の送電網，もしくは単一の連結グラフとなるその一部分について考え，その構造的な特性を測定することはごく自然なことである．この例における主要な障害は，巨大ネットワークにありがちな，必要なデータを必要なグラフフォーマットで手に入れることである．幸いにも，この必要条件は，ロッキー山脈以西の州の電力送電網を用いることで満たされる（図 5.5 を参照）．このデータから**西部州送電グラフ**（WSPG）[*13]を生成するために，以下の仮定（電力エンジニアの観点からするととんでもなく見えるかもしれないが）が必要となる．

1. すべての送電線は両方向であると仮定される．それゆえ，得られるグラフは無向となる．
2. ネットワークのノード（実際には発電所，変圧器，変電所など）は，違いも特徴もない頂点として扱われる．
3. すべての送電線は違いがない（すなわち重みなし）と仮定し，電圧が大きく変化する（345 から 1,500kv まで）ことや，それぞれの送電線は大きく異なる送電容量，電気抵抗，物理的な構造をもつといった重要な事実は無視する．
4. 送電ネットワークのみを考える．つまり，送電網から個々の住宅，オフィス，工場などへ電力を分配するのに必要な，（より巨大な）関連したネットワーク全体のことは考えない．

これらの仮定は，工学的，動的な性質の点では，得られたグラフの有用性を制

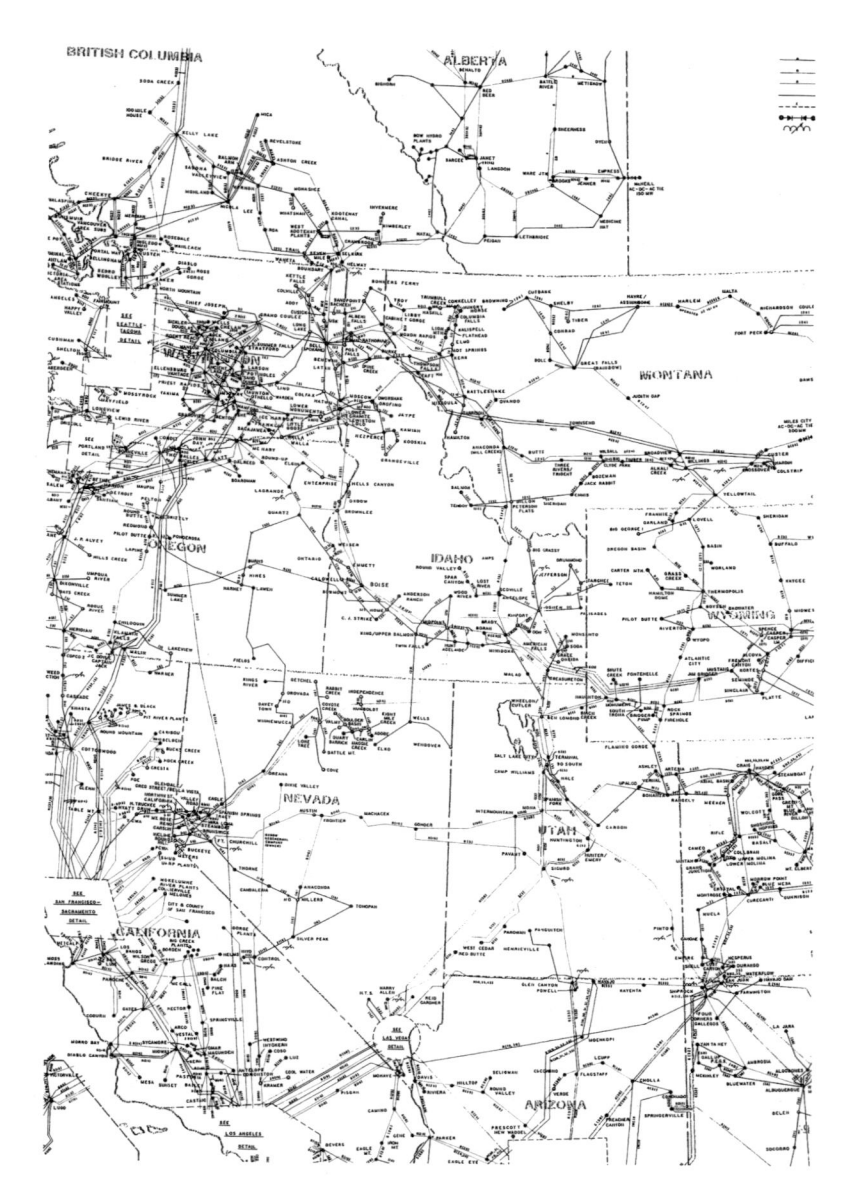

第5章 「結局，世界は狭い」——三つの現実のグラフ——

図 5.5 西部州電力送電網．ドット（頂点）が発電所と変電所を，線（辺）が高圧電力送電線を表している．

限するかもしれないし，そのような測定に関する大きな欠点となるかもしれない．しかし，動的な性質はこの例題の一番の関心事ではない．関心があるのは，非常に一般的な問題を表している，ネットワークの純粋なトポロジカルな特性である．つまり，大きく異なる種類のシステムが同じ構造的な性質をもつのか？ということである．この観点からすると，上記の仮定は非常に妥当なものである．というのは，これらの仮定が明確であり完全に理解されていることに加えて，ケビン・ベーコングラフに適用されたものと同じ枠組みを用いて解析することが可能なグラフを導くからである．送電網グラフは同様に大きく（$n = 4941$），そして疎である（$k = 2.67$）．事実，非常に疎であり，これは $k \gg 1$ となる仮定を破る欠陥となるため，連結性に関する問題や，異なるグラフのトポロジを識別する際に問題を引き起こすと予想する読者もいるかもしれない．

5.2.2 比較

グラフが疎であることが問題となるということがわかったが，それでもいくつかの有用な観察が可能である．明らかに ϕ と ψ の両者は，スモールワールドグラフとしてこれまでに考えた値に比べると大きな値となる（表5.3を参照）．また，前の結果と比較すると，γ は小さく，L は大きく見える[*14]．それでもネットワークは連結されており，等価なランダムグラフと比較して，L は 1.5 倍程度しか大きくならないが，γ_{WSPG} は約 160 倍大きい．それゆえ，WSPG は結局のところスモールワールドの性質を表しているのである[*15]．ϕ が測定値と同じ大

表 5.3　計算された WSPG の統計量．

	値
n	4,941
k	2.67
L	18.7
γ	0.08
ϕ	0.79
ψ	0.80

きさになる前に長さとクラスタリングの近似が破綻してしまうため，データと関係グラフモデルとの間の比較において重大な問題が生じる．この破綻は，局所的な長さスケール（L_{local}）に関するムーアグラフの近似が，$k_{\text{local}}(\phi) < 2$ のときに発散するために生じる．すなわち図 5.6, 図 5.7 の曲線は，それぞれのデータ点までずっと伸びることはない．にもかかわらず，データに曲線をフィットし，大きな ϕ に関して外挿することで，関係モデルの固有パス長の予測は非常に正しい方向に向かっている（図 5.6）．残念ながら，クラスタ係数の近似はうまくいかず，曲線の外挿でさえも対応するデータ点に近付かない（図 5.7）．この問題にもかかわらず，表 5.4 は少なくとも関係モデルが他のモデルと比べて同程度であることを示している．ケビン・ベーコングラフと違って，ϕ と ψ のどちらかが実際に意味をなすような駆動パラメータとして用いられるかどうかはあまり問題にならない．というのは，KBG で映画がそのまま俳優の完全連結部分グラフを与えたのと同じような，送電網の頂点の自然なグループ化が存在しないからである．

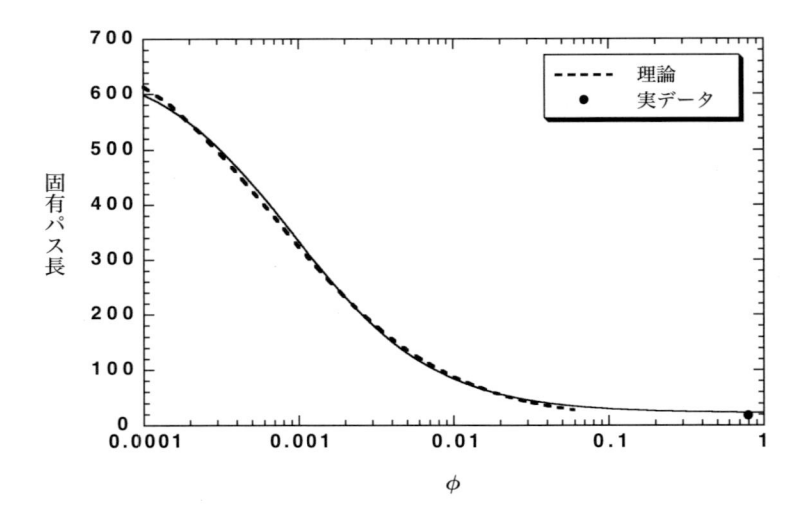

図 5.6 WSPG のパラメータ（$n = 4941$, $k = 2.67$）による，ϕ と $L(\phi)$ の理論予測および実際の値 $L(\psi_{\text{KBG}})$. 近似は，$\phi < (\phi)_{\text{WSPG}}$ で切れているため，曲線は，予測データでフィットされ $\phi \approx 1$ に外挿されたものである．

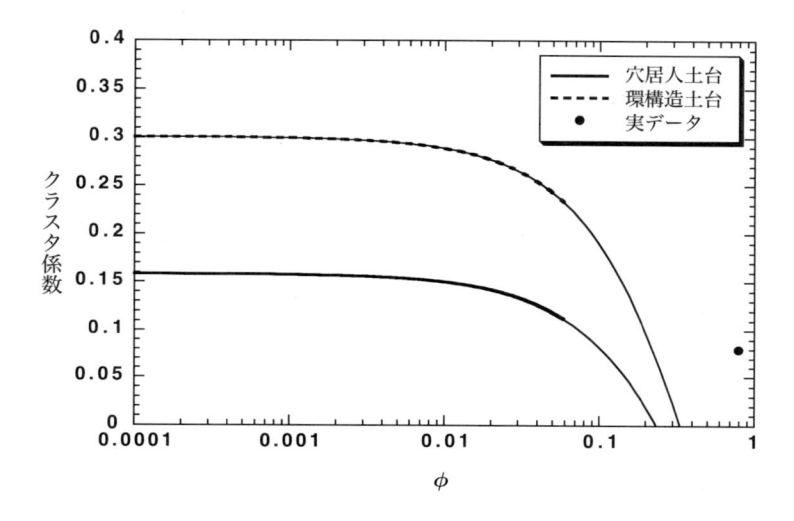

図 5.7 大きな ϕ で外挿された穴居人および環構造土台 ($n = 4941$, $k = 2.67$) の ϕ と $\gamma(\phi)$ の理論予測. 明らかにどちらの予測も実際の γ_WSPG とマッチしない.

表 5.4 WSPG において計算された統計量と種々のモデルで予想された統計量の比較.

	WSPG	関係グラフ	穴居人	1次元格子	ランダム
L	18.7	22	674	926	12.4
γ	0.08	—	0.65	0.3	0.0005

それゆえ,ショートカットと縮約が多かれ少なかれ密接に関係し合っていると予想する人がいるかもしれない.

最後は空間グラフとの比較である.今一度,データからどの ξ が自然な長さスケールであるかを知る方法が存在しないことに注意しよう.それゆえ,唯一決定されるのは,**任意の** ξ が L と γ の両方の統計量を満たすことが可能であるかどうかである.この場合,グラフが表現する実際のシステムが事実上2次元空間に存在するため,**1次元もしくは2次元**の空間モデルのどちらかで適切な ξ を探す

ことで，探索条件を広げることのみが適切なようである．この追加された柔軟性にもかかわらず，図5.8は（2次元モデルは明らかに実際の点に近付くけれども）そのようなξの値が存在しないことを示しており，関係モデルが優れたフィットを与えていることを表している．この結果は本当に**驚くべきものである**．物理的な距離が明らかに役割を果たしているという構造において，送電網のような実際のシステムが，適切な次元（この場合は2次元）の空間モデルによって最も正しく記述されるだろうと予想した人がいたかもしれない．もちろん空間モデルは，現実とはまったく異なる均一で同種の頂点の分布を仮定しているのが欠点である．そして，空間モデルの欠点の**主要な**原因は，時折現れる大域的な辺を認めることができないことにあるようである．そのような辺は（図5.5に見られるようなすべての州に広げられた送電線の形状において）WSPG上に実際に存在し，これらはグラフの連結だけではなく，スモールワールド性に関しても明らかに役割を担っている．

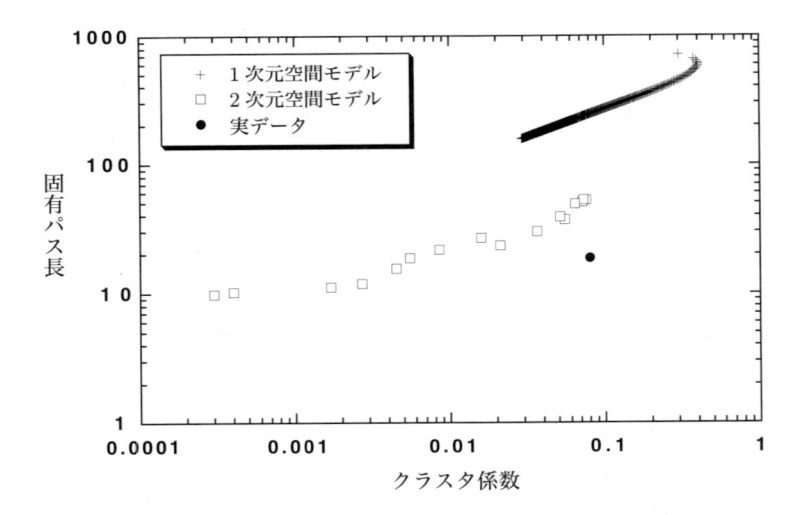

図5.8 WSPGにおける$\gamma(\xi)$と$L(\xi)$の媒介変数表示によるプロット．1次元データは解析的な一様分布空間グラフモデル，2次元データは数値計算によるもの．両方のデータセットはすべてのξに対する(γ, L)を表す．計算されたWSPGの実際の値も同様にプロットされている．

5.3 線虫の視点

生物学的研究の歴史上，時折，特殊で集中的な研究の価値があるとして，ある生物が科学者たちから注目を浴びる．これらのモデル生物は生きた実験室であり，そこでは理論テストがなされたり，生物自身よりもずっと一般的で重要な状況において適用されうるような知見や発想が生み出されたりしている．遺伝学で有名なショウジョウバエ（Drosophila）がそうであり，行動科学ではチンパンジー，がん研究ではネズミがそうである．しかし，他のすべてよりもよく知られた生物がいる．それは，"Caenorhabditis elegans" もしくは（短く）**C. エレガンス**（図 5.9 を参照）と呼ばれる小さな虫で，ウェブサイトが運営されるほど十分有名な生物である[*16]．Sydney Brenner が，C. エレガンスは生物学のベンチマークに適した選択であると英国医学研究協会に認めさせて以来，30 年以上にわたって，数千の科学者たちが世界中で一つの生物についての完全な知識を探し出すために，無数のこれらのミリメートル長の，薄い，自由生活性の土壌に住む線虫を観察し，解剖し，分解し，根掘り葉掘り問いただしてきた．そして大きな進展の末，959 の細胞のそれぞれが発生の各々の段階に対応付けられた（Wade 1997）．おそらく，さらなる偉大な成功は，1998 年末にその完全なゲノムの配列が決定されたことである．細胞死，軸索誘導，細胞情報伝達などの難解な細胞の機能は，線虫生物学者によって初めて発見され，その発見以来，線虫だけに限ら

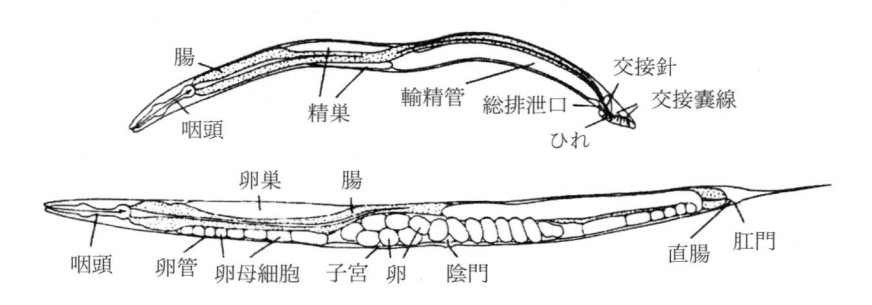

図 5.9 C. エレガンスの線画．上は雄の線虫であり，下は雌雄同体のものである．

第5章 「結局，世界は狭い」——三つの現実のグラフ——

ず人間に関しても重要な結果をもたらしている．最終的に，C. エレガンスは比較的少ない神経網（最も一般的な雌雄同体の種では，たった 302 のニューロン）をもつことが判明し，苦心の末，各々のニューロンだけではなくニューロン間のほぼすべての結合が記録されている（White et al. 1986）．ここでわれわれに関係するのは，この最後の研究業績である．

5.3.1 システムの観察

上で述べたように，C. エレガンスの神経ネットワークは，たった 302 の少数のニューロンから構成されている．しかし，この数を馬鹿にはできない．線虫は，並外れたさまざまな亜種および物理的な特性をもち，9 の神経節に分けられる 118 の異なるクラスから構成されている．神経節は二つの一般的なユニットのうちの一つに順々に配置されている．二つのユニットとは，咽頭の 20 の細胞からなる神経環，および腹部神経索，背部神経索，そして四つの副側部突起から構成される残りのニューロフィルである（図 5.10 を参照）．

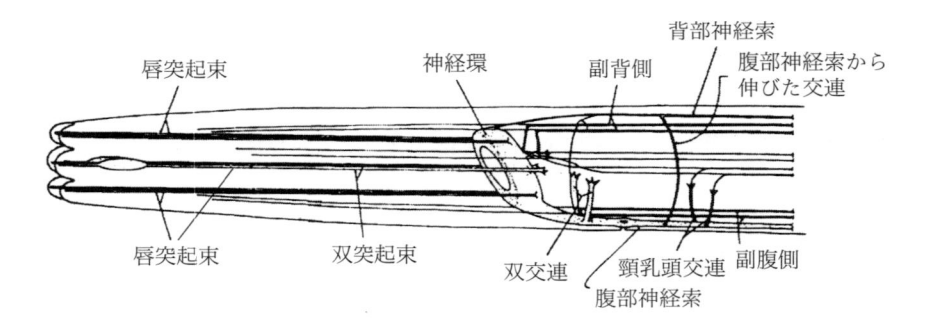

図 5.10 C. エレガンス神経システムの二つの一般的なユニット．咽頭にある 20 の細胞からなる神経環は，線虫のニューロフィルの中心の領域である．もう一つのユニットは，残りのニューロフィルから構成される：腹部神経索（神経環から生じるメインの突起束状構造），背部神経索（腹部神経索から出て交連を経由して背部神経索に入る運動ニューロンの軸策），および，神経環から前方および後方におよぶ四つの副側部突起．Achacoso and Yamamoto (1992) からの転載．

完全な結合パターンは，神経環の 20 の咽頭細胞を除くすべてについて知られているが，実際の話はまたもやそれほど単純ではない．二つのクラスの接続——シナプス接続，ギャップ結合接続（ニューロン本体と突起を直接つなぐ）——が存在するだけではなく，シナプス結合はそれ自身，前シナプス性もしくは後シナプス性（入りと出の**有向辺**に対応する）のものにさらに分類される．二つのニューロン間の多数の結合（逆向きのシナプス同士の場合や，時にはシナプスとギャップ結合の場合もある）が，決して常にではないのだが頻繁に存在し，それによりニューロンごとの結合数は大きな分散をもつ．これらのすべての要因は，これまで導入してきた単純化した技術では，C. エレガンス神経ネットワークをうまく扱えないことを示唆している．少なくとも**生物学的**に意味のある解析を探しているのであれば，この見方はたぶん正しい．とりわけ，現在のところ有効であるスモールワールドの枠組みを活用するには，次のような処理が必要であろう．

1. 神経環の 20 の咽頭細胞を完全に無視する（Achacoso and Yamamoto 1992 によれば，細胞の接続性は，まだ十分に特徴付けられていない）．
2. 残りの 282 のニューロンのすべての特性を無視する．これによりすべてを同一に扱うことができる．
3. シナプス間接続とギャップ結合間の接続を区別できない辺とする．
4. 辺の多重性を無視する．つまり，頂点が隣り合うかどうかのみを考える．
5. すべての辺を無向として扱う．

これらのうちで，最後の項目が生物学者たちの反感を買っている．というのは，ニューロンの計りしれない重要性はメッセージの伝達にあるからである．それゆえ，シナプスが一方向のみにしかメッセージを送信できないという事実を無視することは，ネットワークの非常に重要な点を誤解し，事実を誤って伝えるものとなる．この本質的な異論を認めはするが，この点を以下のように擁護することが可能である．

1. この解析は，生物学的機能に関する結論を導こうとしているのではない．これは，ケビン・ベーコングラフが社会学的機能に関して，さらに西部州送電グラフが電気的な機能に関して，何らかの結論を導こうとしていなかったのと同じである．むしろここでの関心事は，可能な限り最も広い意味で，ネットワークがどのように接続されているかに関する純粋な調査である．機能的な応用はこの調査から導き出されるかもしれないが，それらは本質的に付加的な特色や詳細で溢れたシステム自身において議論しなければならない．しかしながら，統一的な性質がそのような大いに異なるネットワーク間で仮にも明らかになるのであれば，それは必然的に高度に抽象化されたものであるに違いない．

2. 結局のところ，無向辺としてニューロンを取り扱うことに**何らかの**生物学的正当性が存在するかもしれない．特に，軸索は電気信号の伝達だけではなく，代謝や他の細胞プロセスに本質的に必要不可欠な輸送を担っている．この軸索輸送は，**キネシン**と呼ばれる「足」を経由して細胞内の経路を結び付ける輸送細胞の機能として生じていると考えられる．この機能は，軸索の微小管に沿って**両方向に**輸送を行う効果がある（輸送支援しているよう見える）(Edelstein-Keshet 1988, p.461)．それゆえ，神経ネットワークの電気的機能を理解するには，間違いなくニューロンを有向であるものとして扱う必要があるけれども，ニューロンシステムの**完全な**機能においては，ある目的では有向，そして他の場合には無向というようにニューロンを考える必要があるのかもしれない．

それを正当化するかしないかはともかく，コンピュータで扱えるフォーマットになった利用可能な公開データ（Achacoso and Yamamoto 1992）を用いて，今までと同様の手法で **C. エレガンスグラフ**（CeG）の統計量の計算を進めていく．表 5.5 に計算結果を掲載する．

表 5.5 計算された CeG の統計量.

	計算値
n	282
k	14
L	2.65
γ	0.28
ϕ	0.07
ψ	0.16

5.3.2 比較

前の二つの例と同じように，もしグラフが前に述べられた単純なモデルの一つと一致すれば，CeG の実際に計算された統計量は，モデルがとるであろう値と比較することが可能となる．しかし，このグラフから読み取れるメッセージは複雑である．一方では，表 5.5 にあるように固有パス長がランダムグラフの固有パス長とほぼ同じであるが，クラスタ係数が大きなオーダをもつという意味で，CeG グラフがスモールワールドグラフであることを表している．また一方では，関係グラフモデルは測定された ϕ の値に対して，グラフのどちらの統計量をも正確に予測していない．とりわけ図 5.11，図 5.12 では，関係グラフモデルで予測された L と（特に）γ が，CeG の実測値よりも大きくなる．事実，ランダムグラフモデルおよび関係モデルは他のもろもろのグラフよりかなり良い結果となるが，ランダムグラフモデルは関係モデルと比較して特に良くも悪くもない結果となっている（表 5.6 を参照）．この結果は，CeG における関係モデルの妥当性に疑いを投げかけるものである．というのは，この例がモデルのもともとの目的とどれだけかけ離れているかを考えると，驚くに値しないからである．とりわけ，関係グラフモデルにおける「ランダムに張り替えられた辺が等確率でグラフのどこからか選ばれた頂点に接続される」という仮定に疑問をもつかもしれない．この神経ネットワークに固有な空間的な性質は，そのような接続と相反しており，それゆえある種の空間モデルが，グラフのより優れた記述を与えるのではないか

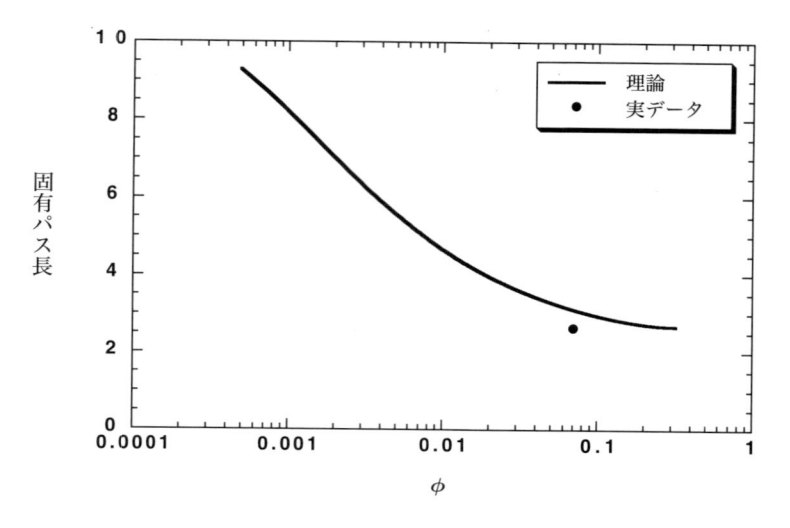

第 5 章 「結局，世界は狭い」——三つの現実のグラフ——

図 5.11 CeG のパラメータ ($n = 282$, $k = 14$) による，ϕ と $L(\phi)$ の理論予測および実際の値 $L(\phi_{\text{CeG}})$．

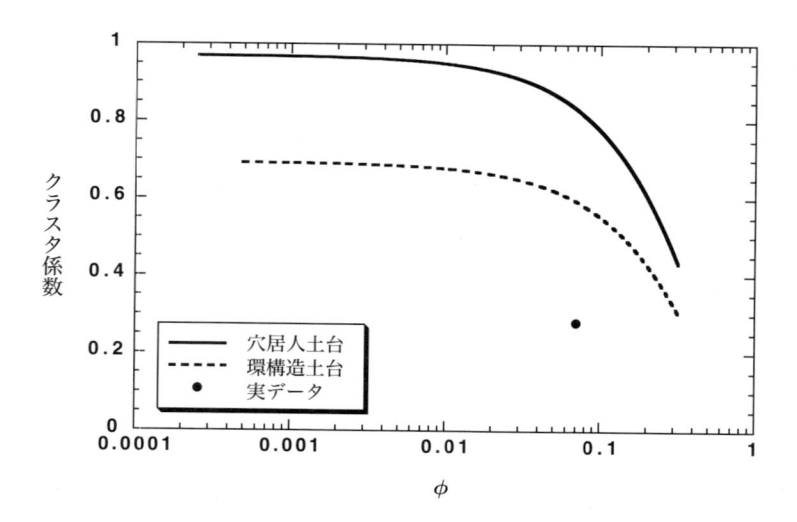

図 5.12 CeG のパラメータ ($n = 282$, $k = 14$) による，ϕ と $\gamma(\phi)$ の理論予測．実際の $\gamma(\phi_{\text{CeG}})$ もプロットされている．KBG と同様に，比較のため，連結穴居人および環構造土台による予測も示す．

5.3 線虫の視点

表 5.6 CeG において計算された統計量と種種のモデルで予想された統計量の比較.

	CeG	関係グラフ	穴居人	1 次元格子	ランダム
L	2.65	3.1	11	10.5	2.25
γ	0.28	0.59–0.83	0.98	0.69	0.050

と期待するかもしれない.

いくぶん驚くべきこととして，これは少なくとも，第 2 章で提案された，単純化された 1 次元の空間モデルに対するものとは異なるように見える [*17]. これは，提案されているモデルが——ランダムでもレギュラーでも関係でも空間でも——C. エレガンスネットワークの最も単純なトポロジの性質さえとらえられ**なさそ**うであるという喜ばしくない結果をもたらす. 図 5.13 は，ϕ が任意の値をとる場合，実際のグラフの L および γ 統計量を満たしうることを表している. すなわち，ϕ が実際に測定された値よりもかなり大きければ，関係グラフモデルは観

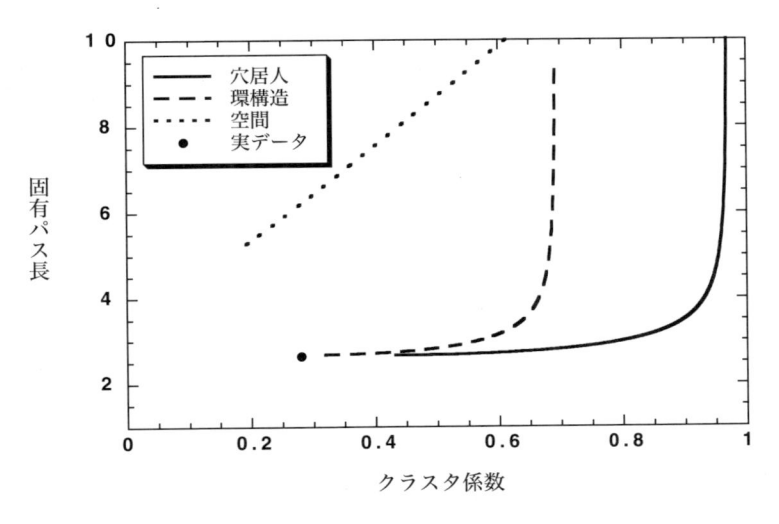

図 5.13 C. エレガンスのパラメータをもつ関係グラフおよび一様分布空間グラフモデルによる，$\gamma(\xi)$ と $L(\xi)$ の媒介変数プロット.

測された C. エレガンスの長さおよびクラスタリング特性を説明できるかもしれない．モデルが失敗した第一の原因は，CeG グラフが実際には満たしていない判定基準である，大きな n に対する仮定に現れている（今までのところ考えられる最小のグラフは $n = 1000$, $k = 10$ であった）．それでもなお心強いことは，データ点 (γ_{CeG}, L_{CeG}) が関係グラフモデルによって定義される曲線の**どこかに**位置するということである．これは，この種のモデル（時には非常に長い範囲の辺をもつ）が少なくとも正しい方向に向かっており，より大きな神経ネットワークでもうまくいく可能性を示している．

5.4 他のシステム

今までに検討した三つのシステムは，一つにはその固有のおもしろさゆえに，もう一つにはスモールワールドグラフとして考慮する際に必要な条件を（範囲を変えることで）満たしているから選ばれたのだが，それらがグラフの隣接行列として簡単に計算機に投入可能であるようなフォーマットで利用できた点も大きかった．以下に挙げるものは，グラフの定義がきちんと述べられていて，同様に興味深い性質を有すると予想されるが，今のところグラフ化されていないグラフの希望リストである．これらを列挙する理由は，誰か他の人がこれらの研究をするように駆り立てられ，その結果をわれわれに伝えてくれるだろうからである．

1. **協調グラフ**——この章のはじめに定義したように，明らかに非常に多くの人々が興味をもち，スモールワールドグラフであると広く信じている．
2. **科学文献の引用関係**——頂点を科学論文，**有向辺**を他の論文への引用と定義する．ほとんどの論文の参考文献リストは論文誌のかなり小さな部分集合であり，それらの論文の多くはリストの他のものを引用したり，リストの他のものから引用されたりしているであろう．しかしながら，多くの分野の人たちによる共著論文であったり，多くの分野で使われるアイデアの提案論文（もしくはその両方）も時折現れる．科学的アイデアの発展を表すであろうそのようなグラフは，スモールワールドの特性をもつとも考え

られるし、そうではないかもしれない．しかし、そのような特性をもちそうである．

3. **単語の関連性**——各々の単語を頂点とし、二つの単語が互いに「関係」していれば頂点同士を辺でつなぐ（例えば「弓と矢」「弓とリボン」「弓と髪」「弓と船」「弓と切りくず」）と定義する．辺の他の定義は、「のように聞こえる」「のように見える」や「意味を共有する」というものであるかもしれない．そのようなグラフを作ると、言語の働きや、本質的に異なる概念の塊が急に連続して会話の流れや思考の連鎖に現れる方法に関する、興奮するような洞察が得られるかもしれない．

4. **組織のネットワーク**——個々人が頂点であり、辺は仕事上や個人的な関係を表す．そのようなネットワークの構造は、組織を巡る情報の流れのモデル化や、協調の創発や維持に関して有用である（手始めとして第8章を参照）．

5. **World-Wide Web リンク**——各々のウェブページを頂点、（他のページへの）ホットリンクを辺と定義する．数百万のページと対応するグラフの明らかなまばらさにもかかわらず、ほとんどのウェブページは他のたいていのページに、$O(10)$ のリンクで到着可能であると著者は確信している．

さらに、固有パス長、クラスタリング、ショートカットや有向もしくは重み付きグラフへの適用を妨げる他の統計量の定義に関しては何もない．それゆえ、ひとたび適切な理論的モデルが完成すれば、この章ですでに考えたグラフでさえおそらく再び取り上げられ、さらに詳細に解析されるべきものとなろう．

5.5　まとめ

この章の結果がどのように解釈されるべきかということを正確に述べるのは難しいが、楽観的な評価はいくつかの注目すべき刺激的な推測を導く．n が3桁のオーダにわたり、社会学から生物学、工学に至る科学に関する三つの実際の（多少端折られているものの）グラフが観察された．どのケースでも実際の固有パス

長とクラスタ係数が測定され，すべての対立する説明モデルの予測値との比較がなされた．まとめると，この章の最初に出された二つの疑問に対して，以下の二つの主張がなされる．

1. 各々のグラフは，同サイズのグラフがもちうる最小の長さ（ランダムグラフの場合）に匹敵する固有パス長をもつが，クラスタ係数は等価のランダムグラフがもつと期待される値よりもはるかに大きな値となる．それゆえ，考えてきたこれらのグラフは**スモールワールドグラフ**である．この結果は，スモールワールド性が理論的な構築物の興味深い結果ではなくて，部分的に秩序立っていて部分的にランダムな現実のネットワークにおいて実際に存在するものであることを意味している．
2. ケビン・ベーコングラフ，西部州送電グラフにおいて提案されたモデルのうちで，関係グラフモデルが最も観測データにフィットするものとなった．C. エレガンスグラフでは，すべてのモデルがあまり適さない結果となった．C. エレガンスグラフが関係グラフモデルの抽象的な基礎からいかにかけ離れているかを考慮し，信頼に足る統計量をもたらすほどには n が大きくないことを考えてみれば，これはさほど驚くことではない．しかし，ϕ が（とりわけ小さな n で）大雑把な統計量であると認めれば，（例えば空間モデルとは対照的に）この種のモデルが，それでもなお，より大規模な神経ネットワークの構造を理解する上で有効であるかもしれない．

問題となっているシステムに課したすべての仮定を考えてみると，これらの発見を実際のシステムの**機能的な**性質と関係付けることは非現実的であろう．さらに，問題となる三つのグラフのうちの二つは，そのモデルが基本としている，$n \gg k \gg 1$ という必要条件を厳密には満たしていない．それゆえ，得られた統計量は，際立った主張を真に正当化するほど，十分に信頼できるものではない．それにもかかわらず，**何か興味深いことが起こっているように見える**のである．つながりの定性的な整理の観点では，これらのシステムを一緒に結び付ける共通のテーマが**現れている**のであり，その因果関係にかかわらず，それ自身が注目に値

するものなのである．

　われわれの耳に鳴り響く「それで？」という質問とともに，完全に構造的な現象をもつネットワークに関する動的な結果を検討するのに，いまや適した段階となった．

第 II 部

ネットワークのダイナミクス

第6章

構造化された集団での感染性疾患の拡散

　第I部でのテーマはネットワーク構造を理解することであった——独特かつ興味深い特徴をもつさまざまなグラフのモデルを用いて，いかにしてすべての種類のネットワークを記述するのか，そしてどのようなメカニズムが興味深い特徴を生み出すのだろうか？　特に，格子状に秩序化されたグラフとランダムグラフとの間を橋渡しする，ランダムな辺の張り替えによって生成されるグラフのモデルに注目してきた．これに対してこれからのいくつかの章では，第1章で挙げた二つ目の疑問である，**これらはすべて本当に重要なのか？** について考えることにしよう．つまり，動的な要素群で構成される巨大なシステムが，何らかのグラフ形式で表現される形で連結される場合，そのグラフにおけるランダムな辺の張り替えは，システムの**動的な特徴**に関して何らかの影響を及ぼすのだろうか？　答えは明らかではない．第I部全体を思い出してみると，グラフとグラフとの比較は常に同一の平均次数 k という条件で行ってきた．よって，ランダムな辺の張り替えについての，1次元の最近傍 ($k=2$) グラフと $k=n-1$ のような完全結合グラフとの比較は不可能であった．この場合，対応する動的システムの振る舞いの違いは驚くべきものではないであろう．なぜなら，完全結合グラフの個々の要素は，他方のグラフの要素に比べてはるかに多くの情報を利用できることが明白だからである．ここで，さらに次のことを思い出してみよう——グラフ構造においてグラフ構造の統計量に対する多くの最も劇的な変化が，少量の割合の辺の張

り替えにだけ発生した．よって構造の違いは，格子状グラフとランダムグラフとの違いよりもはるかにわずかなものであり，事実ビッグワールドとスモールワールドの違いは，局所レベルでは特定できないかもしれないことがわかった．これと同様のことは，ダイナミクスについても言えるのだろうか？ つまり，動的な分散システムのネットワーク構造における小さな変更が，対応する大域的なダイナミクスに対する変化をもたらすことができるのであろうか？ 第II部では，主にこの疑問について考える．

ここでの手法は，第I部で使用したものとほとんど同じである．多くの動的なシステムを表現する簡潔なモデルを導入し，個々のモデルはグラフ空間に存在 (live) する．別の言い方をすると，グラフの各頂点がそれぞれ内的な動的性を有する要素に置き換えられ，辺がそれら要素間の結合関係に置き換えられるということである．よって，そのグラフは第I部での一つまたは複数のモデルに手を加えることで得ることができ，これによってモデルの動的性を，すでに明らかとなっている構造的パラメータの関数として評価することができる．ここでの実験では，特に次の二つの関連する疑問を解明する必要がある．

1. システムの動的な特徴は，**連結されたグラフ**の構造的な特徴にどのように依存するのか？ 特に，
   (a) システムのアトラクタは変化するのか？
   (b) 変化しないとすると，アトラクタが形成されるまでの特徴遷移時間は変化するのか？
2. どちらかの依存関係が存在するとした場合，構造とダイナミクス間の機能的な関係を理解することは可能なのだろうか？

項目2は，明らかに野心的なものである．簡潔なモデルのみを対象とする本書において，この疑問は確かに野心的であるが，おそらくこのようなモデルにおいて，最も単純かつネットワークとしてもきわめて適当であるものが，病気の拡散（蔓延）モデルである．

6.1 病気の拡散についての概要

通常,**拡散問題**が意味することは,システムにおける特定の場所または場所の集合において,システム外からの何らかの働きかけによって引き起こされる,媒介や集団を介して伝播される**影響**の時空間的な記述である.いかなる影響も拡散する——集団における病気から森林火災,金属棒の熱,そして心筋での電気的な励起のレベルまで.中でも本章では**病気の拡散**を取り上げることにするが,病気の拡散は他の影響のたとえとしても頻繁に利用される(ファッション,うわさ,犯罪などの影響の拡散など.詳しくは Gladwell の文献を参照).

古典的な数学的手法による病気の拡散モデルでは,集団の構造は考慮されず,集団を連続的な媒介の中に空間的に分布するものとしてとらえてきた.この最初の集団のモデルでは,集団は全体の集団(母集団)を構成するいくつかの部分集団から構成され(感染の疑いのある集団,感染した集団,排除される集団),それぞれの集団の数と大きさ,そして相互作用の度合いが感染の進行度を決定した.グラフ理論の用語では母集団がグラフであり,頂点は部分集団の種類によって区別される.連結関係はランダムであり,母集団の中で各部分集団はその大きさに比例して他の部分集団と相互作用する.このモデルは,異なる部分集団群が十分に混在する母集団における病気感染のモデル化や,人の免疫システムにおける病気感染のモデル化においても効果的に利用され,部分集団間の関係よりも感染の伝播に関する詳細なダイナミクスが注目された.二つ目の古典的な手法では部分集団に対する空間的な依存関係が導入され,これはいわゆる反応拡散方程式として表されるが,進行波や螺旋進行波が解として取り上げられた.この研究では,安定した平衡状態と,解を得るための解析のしやすさに関する問題に関心が置かれた.

最近になって第三の手法が提案された.この手法では,集団は本質的に分離されており,空間的かつ社会的に高度に構造化されているという事実を重要視している.Kareiva (1990) は集団のダイナミクスに関する多くのモデルについて検討し(飛石モデルと呼んだ),May らはさまざまな種類の寄生宿主問題を,均質で

離散的な区画で構成される2次元格子モデルを用いて解析した．二人は，部分集団同士が共存するための空間的構造と，部分集団間においてそれぞれに属する要素が部分集団間を移動する度合いが，集団全体の大きさ，部分集団が寄生される度合い，そして感染する度合いに大きな影響を及ぼすことを解明した．この手法はHessによって利用され，ウイルスの伝染モデルに関して，部分集団間の結合トポロジとして環構造や星型構造など，さまざまな簡潔な構造に対する比較が行われた．また，SattenspielとSimonらは病気の感染に関して，集団全体における部分集団間の連結関係が変化する状況に対する詳細な解析を行った．Longiniは病気感染の拡散モデル化を検討するにあたり，実際の航空路線を世界中の巨大都市間を連結するグラフとして利用するに至った．そして適切なパラメータを求めるため，香港で発生し，52の巨大都市に蔓延してしまった1968年のインフルエンザ大流行に関する現存する実データと彼の結果との比較検討を行った．

しかしどれ一つとして，集団における病気拡散問題を集団構造の**関数**としてとらえる手法が存在しない．最も近い手法が飛石モデルであるが，集団のサイズが小さく，また各集団内での要素間の連結がランダムのみという設定であった．SattenspielとSimonのモデル，そしてHessのモデルにおいても部分集団間に異なる結合様式が考えられているが，結合の極端な形態としてはランダム結合と環結合のみが考慮されただけである．さらに，彼らはいろいろな形態のモデルを比較する際，頂点の次数を一定にする必要性を認識していなかった．社会システムにおける連結の形態を知ることは一般的には困難であるので，極端なモデルとして，連結数が少なく，かつ明確な連結形態を考慮することはきわめて自然なことである．しかし，連結形態が**わからないからこそ**，どのような連結形態の特徴が感染メカニズムとして強い影響力をもつかを知るために，可能な限りさまざまな連結形態を調査することが重要なのである．

この方針におけるいくつかの研究が，近年，KretzschmarとMorrisらによって行われ，集団において**複数人の**パートナーとの性的関係をもつ割合が増加することで，集団全体における性感染症の拡散が劇的に増加することを明らかにした（ここでは次数kは$k=1$に固定されている）．彼らは1パラメータ族のネット

ワークでの動的性をあえて考慮したのであるが，この点は本書の考え方ときわめて異なる．彼らの主張では，病気の拡散を促進させる要因となる構造的なメカニズムは，同時に複数人と関係しないという制約を緩めることで多くの連結をもつ要素が出現するというものである．これに対し，本書で考えるすべてのグラフは次数 $k \gg 1$ であり，観察できるいかなる変化も，連結の度合いではなく連結の構造におけるほんのわずかな変化からもたらされるはずである．

6.2 分析と結果

6.2.1 問題の設定

ネットワーク構造の重要性を強調するためにも，十分な考慮のもとに単純化されたモデルを使用する．まず Murray による適切な分類を紹介する．集団におけるいかなるメンバーであっても，3種類のいずれかに属する——**未感染者**，**感染者**，**回復者**．未感染者は，病気の感染からは安全な場所に存在する．感染者は感染しているとともに，**直接**接触する他のメンバーに感染させる可能性がある．回復者は集団から削除されるが，一定時間後に未感染者として復帰する場合と，免疫ができて感染しなくなるか，もしくは死亡により以降集団のメンバーとしては復帰できない場合とに分けられる．三つの分類の全体における割合は時刻の関数として変化し，それぞれ S, I, R と表記する．なお，常に $S(t) + I(t) + R(t) = 1$ である．さらに，特徴的時間である τ_I と τ_R を，それぞれ病気の感染状態ならびに削除状態の持続時間として定義する（無次元の時間の単位とする）．最後に**感染率**を $0 \leq \rho \leq 1$ として表記し，感染者が未感染者に実際に感染させる確率とする．

（いくつかの外的要因からもたらされると思われる）病気が集団内のランダムに選ばれるメンバーに感染する際，この簡単な定式化によって本質的な二つのダイナミクスが生み出される．二つのダイナミクスの1番目は，$\tau_R = \infty$ におけるダイナミクスである．別の言い方をすると，**永久に排除される**ダイナミクスであり，致命的かつ非常に感染性の強い病気の拡散に類似するものである．二つ目は，$\tau_R < t_{\max}$（シミュレーションを実行する時間）におけるダイナミクスであ

り，（想定する限りにおいて十分に長い間）**一時的に排除されるダイナミクス**ということになる．これには，興奮しやすいメディアのダイナミクスや，長い年月という時間の尺度でのインフルエンザウイルスのダイナミクスが該当する．

6.2.2 永久排除ダイナミクス

上記の一般的問題は三つのパラメータ τ_I, τ_R, ρ に依存する．しかし，永続に排除されるダイナミクスにおいては τ_R はすぐに不要となり，残された二つのパラメータに依存することがダイナミクスの局所的な解析によって明らかとなる．

頂点 v によって直接感染させられる可能性のある頂点数の期待値を単純に計算すると，次のようになる．

$$E(感染させられる頂点数) = k\left[1 - (1-\rho)^{\tau_I}\right]$$

なお，グラフの平均次数を $k \gg 1$ とする．ここで ρ を ρ'，τ_I を τ_I' とする変数変換

$$k\left[1 - (1-\rho')^{\tau_I'}\right] = k\left[1 - (1-\rho)^{\tau_I}\right] \tag{6.1}$$

を行う．そして $\tau_I' = 1$ とすると，式 (6.1) は次のようになる．

$$\rho' = 1 - (1-\rho)^{\tau_I} \tag{6.2}$$

よって，いかなる ρ と τ_I を考えても，ρ' は式 (6.2) に従って $\tau_I' = 1$ に対応する値が定まる．これはきわめて局所的な解析に基づいているため，集団頂点のどのようなトポロジにおいても当てはまるものである．図 6.1 は $S(t_{\max})$ の $\tau_I' = 1$ と $\tau_I = 10$ との比較を，それぞれ 1 次元格子グラフとランダムグラフにおいて行ったものであり，$\rho(\tau_I = 10)$ は式 (6.2) に従ってスケールを変換した．この結果，$\tau_I = 1$ という特別な状況のみを考慮すればよく，この場合，ρ がこの問題における唯一のパラメータとなる．

まず自然に考えられる状況は，集団がランダムに混在する状況において，一人の感染者から病気が拡散することである．これは，第 I 部での β モデルにおける $\beta = 1$，または一様な空間モデルにおける $\xi = O(n)$ であることと等しい．$\tau_I = 1$,

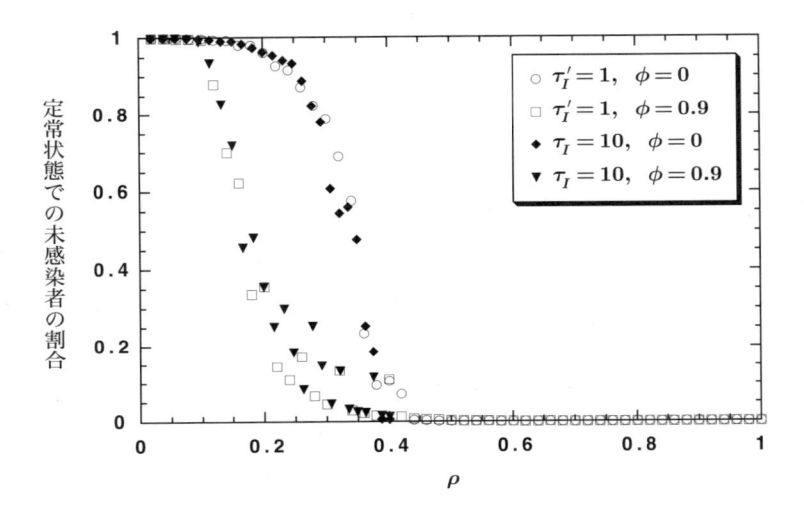

図 6.1 二つの τ_I（$\tau_I' = 1$ と $\tau_I = 10$）における $S(t_{\max})$ と ρ（$\tau_R = \infty$）の比較．スケールを変換した ρ において両者は合致している．

$\tau_R = \infty$ において，集団の各要素が各時間ステップで感染する可能性と，別の各時間ステップで感染する可能性は独立である（ランダムに混在している状況であるから）と仮定すると，時刻 $t > t_0$ において集団内で感染する要素数の期待値は，次のように表現される．

$$\begin{aligned} I(t) &= I(t_0) + I_{\text{new}}(t_0+1) + I_{\text{new}}(t_0+2) + \cdots + I_{\text{new}}(t) \\ &= \rho \cdot k + [\rho \cdot k \cdot \rho(k-1)] + [\rho \cdot k \cdot \rho(k-1) \cdot \rho(k-1)] \\ &\quad + \cdots + \rho^t \cdot k(k-1)^{t-1} \\ &= \frac{k}{k-1}\left[\frac{(\rho(k-1))^{t-1} - 1}{\rho(k-1) - 1} - 1\right] \end{aligned} \quad (6.3)$$

ただし，この表現は $\rho(k-1) \neq 1$ のときにのみ成り立つ．$\rho(k-1) < 1$ では t が増加すると $I(t) \to 0$ となり，$\rho(k-1) > 1$ では $I(t)$ は指数関数的に増加する．$\rho(k-1) = 1$ でも $I(t)$ は増加するものの，線形増加となる．よって，病気拡散における**転換点**（tipping point）は $\rho(k-1) = 1$ のときであり，ρ の値がこれよりも大きくなると，集団における感染の可能性のあるメンバーに対する感染の可能性

が指数関数的に増大する．この条件は，感染者の転換点に対する重要な値，すなわち次に示す転換点を定義するものである．

$$\rho_{\text{tip}} = \frac{1}{k-1} \tag{6.4}$$

実際は，転換点にはいくらか異なる定義が与えられる——転換点 ρ は，初期段階で感染した漸近的に無視できる集団のサイズ（$o(n)$ のオーダで n は無限大の極限に増加する）が集団全体のオーダの規模に成長するときの値とする．このように異なる定義ではあるが，ランダムに混在したシステムにおいてはこの二つの定義は一致し[*1]，図 6.1 から，$k=10$ において ρ_{tip} はおよそ $0.11 = 1/9$ である．

この単純な事例に対する理解度がいくらか深まったところで，次の段階では，この簡潔なモデルを対象として，本章の冒頭で取り上げた二つの疑問に答えるために，トポロジの全体の範囲に対するいくつかの結果を比較してみよう．図 6.2 は，定常状態での未感染者の割合である $S(t_{\max})$ と ρ との関係を，三つの ϕ 値において求めたものである．ここでは $n=1000$, $k=10$ の β グラフを，システム

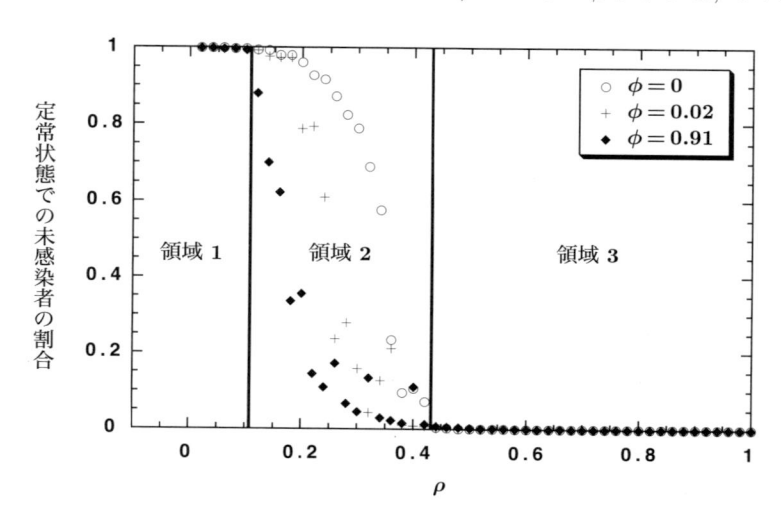

図 6.2 三つの ϕ における永久排除ダイナミクスにおける（$\tau_R = \infty$），$S(t_{\max})$ と ρ との関係（$n=1000$, $k=10$）．それぞれ異なる形状の三つの領域が存在することがわかる．

6.2 分析と結果

内の各領域の関係を決定するために用いた．すると図 6.2 から，明らかに三つの領域が存在することがわかる．

領域 1: $\rho < \rho_{\text{tip}} \approx 0.11$ では，グラフ形態が三つの ϕ 値に対して同一となっている．この範囲では，死亡する前に病気に感染する度合いはたかだか $o(n)$ のオーダである．この領域は，グラフ形態の違いに起因するいかなる変化も発生しない，**自明な定常状態**ととらえることができる．

領域 2: $0.11 \lesssim \rho \lesssim 0.5$ では，異なるグラフ形態がそれぞれ異なる $S(t_{\max})$ を生み出している．

領域 3: $\rho \gtrsim 0.5$ では，三つのグラフ形態は再び一致しているが，この領域は**自明な定常状態ではない**．なぜなら，病気が集団全体に蔓延してしまっているからである．

領域 1 についてはこれ以上指摘すべきことはないものの，領域 2, 3 に関してはいくつかさらに指摘しておく必要がある．領域 2 は混乱状態であり，構造とダイナミクスとの間にどのような関数的関係が存在するのかが不明である．しかし，**いくつかの**重要な関係が存在することは明らかである．図 6.2 において，ρ を固定したときのグラフの断面を見ると，ϕ に対する $S(t_{\max})$ の依存性は，異なる ρ 値に対して敏感に変化している．ρ のいくつかの値におけるこの依存関係は，第 I 部でのクラスタ係数を（図 6.3 を参照），そして別の ρ においては固有パス長を思い出させてくれる（図 6.4 を参照）．そして，それ以外の ρ 値においてはどちらでもない．

図 6.5 からは，本モデルが α 関係グラフや β 関係グラフであるかには依存せず，ϕ が支配的なパラメータであることがわかる．よって，このモデルのさまざまなダイナミクスは，α, β グラフのような関係グラフの違いには影響されず，第 I 部において構造の統計量に対して強い影響を及ぼしていた要因と同じ要因に依存する．

これらの結果は，次の一つの図でまとめることができる．ρ における臨界点

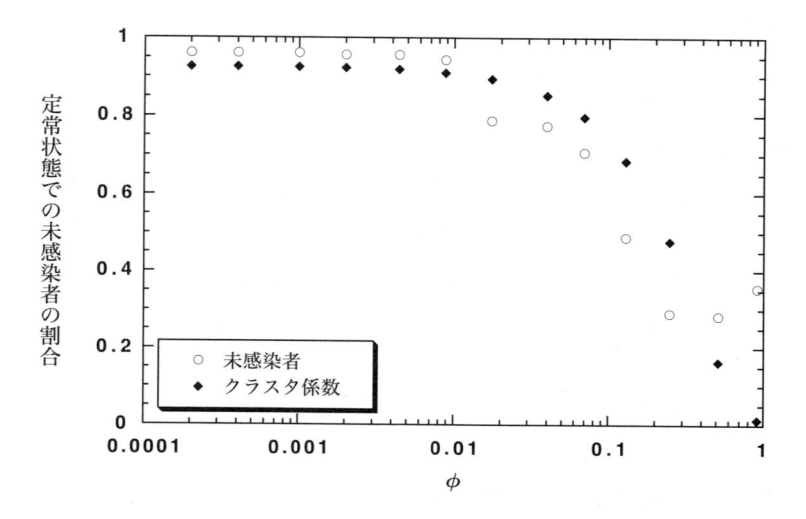

図 6.3 $n = 1000$, $k = 10$ での β グラフにおける $S(t_{\max})$ と ϕ ($\rho = 0.2$ で固定) との関係を, β グラフにおける $\gamma(\phi)$ と比較した結果.

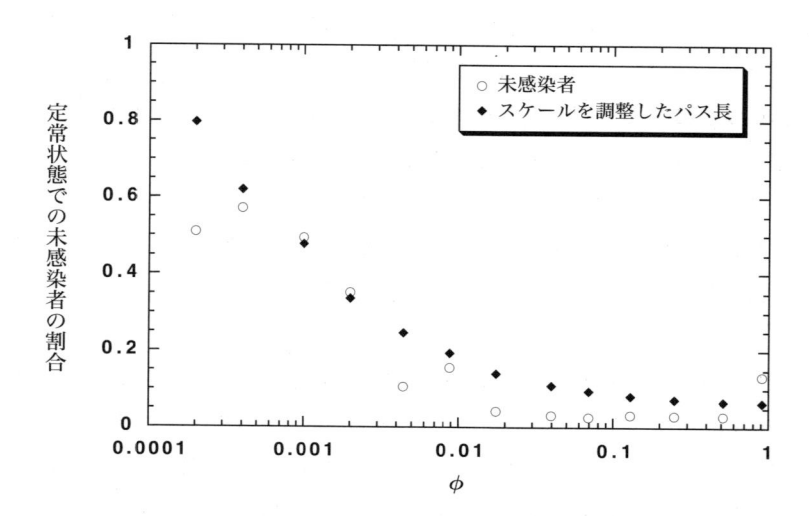

図 6.4 $n = 1000$, $k = 10$ での β グラフにおける $S(t_{\max})$ と ϕ ($\rho = 0.32$ で固定) との関係を, β グラフにおける $L(\phi)$ と比較した結果.

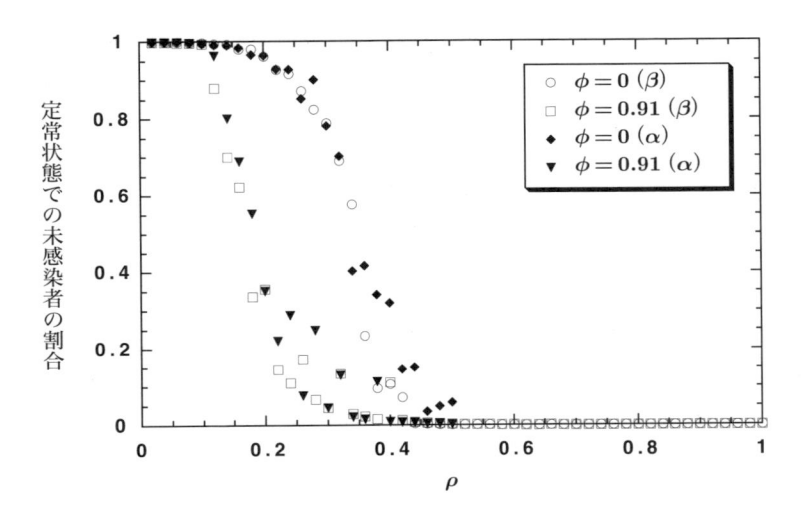

図 6.5 α グラフと β グラフでの $S(t_{\max})$ と ρ ($\tau_R = \infty$) との関係.

ρ_{tip} と ϕ との関係を図 6.6 に示した．いくぶん問題ではあるのだが，ϕ が小さいときは，$S(t_{\max}, \rho; \phi)$ はランダム性が混在するモデルのように，大きい値から小さい値に急激に値が低下するのではなく，蛇行しながら低下する．この問題を避けるため，ρ の **5 割が感染する** ρ_{half} を新たに導入する．これは，**半数の集団が感染してしまうときの ρ** という意味である．これは，ρ_{tip} のように状況の劇的な変化度という尺度に比べると大きな値であると考えられるが，ϕ に対しては明確な依存性を示している．にもかかわらず，構造とダイナミクスとの関係は依然として明らかにはならない．なぜなら，$\rho_{\text{half}}(\phi)$ は第 I 部，または先に述べた $S(t_{\max})$ にあるような，**いかなる**構造の統計的な特徴ともまったく類似していないからである．すべてにおいて単調に減少しており，ϕ が小さな値では ρ_{half} は急激に減少するものの，その傾向は ϕ が増加すると小さくなる．

それにもかかわらず，少なくともこの単純な動的なシステムに対しては，広い意味において上記の二つの疑問に対して，次のように答えることができる．全体のダイナミクスに対するアトラクタは，しばしば連結構造にきわめて敏感に依存

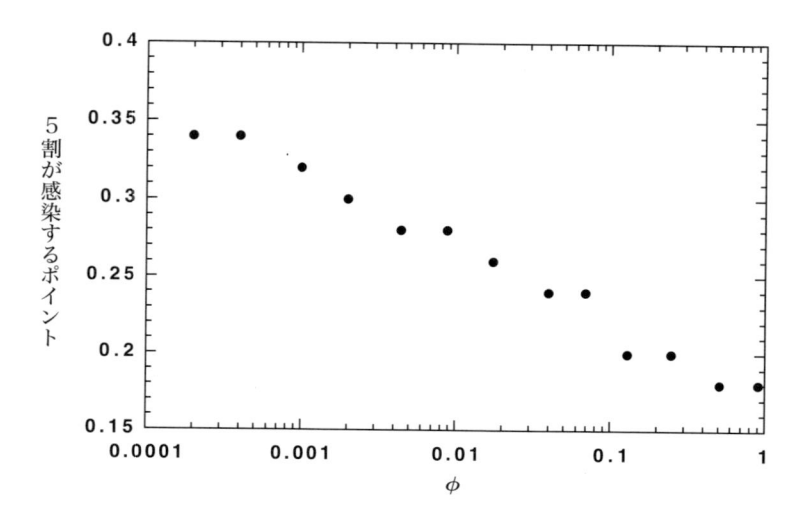

図6.6 β グラフによる連結における永久排除ダイナミクスでの ρ の半減期 (ρ_{half}) と ϕ との関係.

する．これは伝染病学の世界において，**病気の感染における状況が大きく変化するタイミングは，集団の連結関係の形態にきわめて敏感に依存する**ということを意味するものである．特に図6.6は，流行感染病が1次元格子モデルよりもより小さい ρ においても発生しうることを示している．このことは，われわれが社会災害を，通常，集団全体における孤立した部分集団に限定してとらえがちであるけれども，高度にクラスタ化されたスモールワールドグラフにおいては，遠方で感染する病気が実はとても身近なものである，という直感を導いてくれる．ここで，スモールワールドがその効果を発揮するためには，ほんの少しのショートカットがあるだけでよいということが重要なポイントである．なぜなら，ネットワーク構造におけるごく小さな変化は，個人レベルの視点では感知できないからである．

領域3の考察は，いくぶん単純である．なぜなら，病気は集団の連結形態にかかわらず集団全体に感染してしまうからである．唯一の疑問は，そうなるまでにどれくらい時間がかかるかということである．図6.7から，領域3において定常

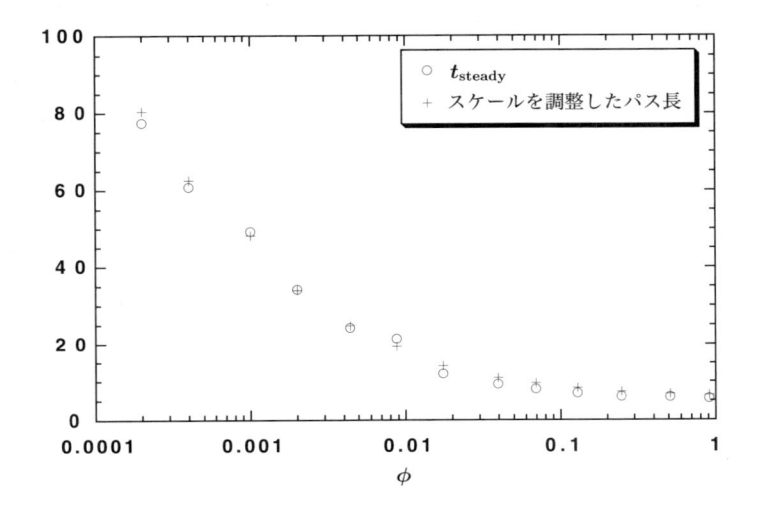

図 6.7　$n = 1000$, $k = 10$ での β グラフにおける，$\rho = 1$ での t_{steady} と ϕ との関係を，2 倍の $L(\phi)$ と比較した結果.

状態に至る時間（t_{steady}）が ϕ の関数として劇的に変化しており，ランダムグラフ上のように病気はスモールワールドグラフ上を 1 次元格子グラフ上よりも迅速な速さで拡散することがわかる．驚く必要はなく，第 2 章で定義した分布数列と拡散過程とが密接に関係しているとすれば，$t_{\text{steady}}(\phi)$ が $L(\phi)$ と似たような関数形をもつことが推察できる．事実，$\rho = 1$ はグラフ理論の用語では，ある頂点から病気が拡散する際の**離心性**としてとらえることができ，頂点 (i) の離心性はグラフの全頂点 (j) において最大となる $d(i,j)$ のことである．いかなる頂点 (i) においても，$d(i,j)$ の最大は少なくとも $d(i,j)$ の**平均**と同程度に長く，グラフの**直径** D はすべての頂点 (i) における最大の離心性を表す距離であることから，t_{steady} は必然的に次の条件となる．

$$L \leq t_{\text{steady}} \leq D$$

多くのグラフにおいて，二つの統計量である L と D には常にある一定の関係があるものの，異なるトポロジでは異なる関係となる．例えば，1 次元格子グラ

フにおいては $D = 2L$ となる一方で，頂点の分布数列が指数関数的に成長するランダムグラフにおいては，ほとんどの頂点同士が直径に近い距離で互いに離れて存在することから，$D < 2L$ となる．よって，すべての考えうる β グラフ（または一様分布空間グラフ）においては，次の関係が成立するに違いない．

$$L \leq t_{\text{steady}} \leq 2L \tag{6.5}$$

t_{steady} はグラフ全体の一部の平均としての近似でしかないものの，図 6.7 はこの結果が正しいことを示している．この場合，同一で自明ではない定常状態にダイナミクスが到達するまでの経過時間は，関係を定義するグラフ構造と相対的に簡潔かつ明確な関連性がある．つまり，より短い固有パス長を有するグラフ構造は，病気のより迅速な蔓延を意味している．実世界での伝染病の蔓延を考えると，蔓延の速度が重要な要因である．

同様の結果は，空間グラフにおいても得ることができる．ただし，モデルの重要なパラメータは ϕ ではなく ξ となる．定性的な新事実はほとんど認められないものの，図 6.8 にあるように，パラメータ空間は三つの領域に分割することがで

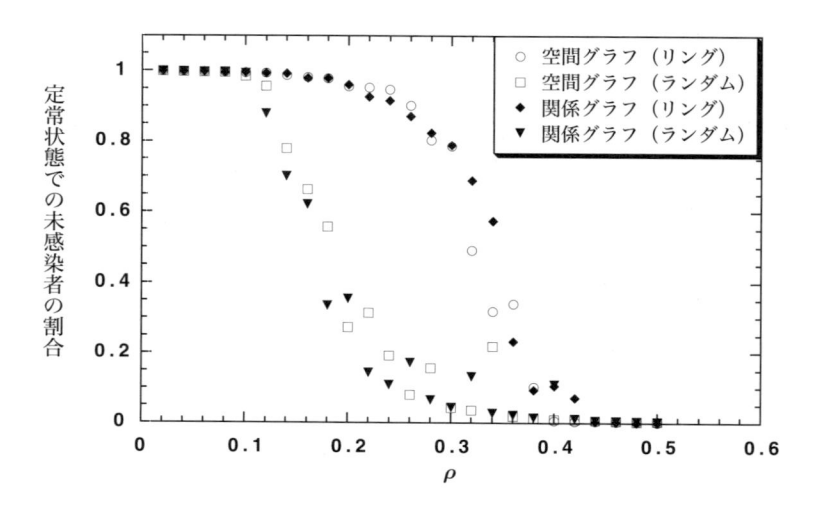

図 6.8 永久に排除されるダイナミクスおける，空間グラフと関係グラフとでの $S(t_{\max})$ の変化の比較．

きる．関係グラフとの大きな違いは，領域 2 において ξ の $S(t_{\max})$ への依存性における変化が，関係グラフに比べるといくらか少ないということである．図 6.9 において，一様な空間グラフでの $S(t_{\max}, \xi; \rho)$ における最も大きな変化は，ξ が小さな値において見られ，漸近値に収束していることである．図 6.10 は，空間グラフが関係グラフと異なり，空間グラフにおける ρ_{half} の関数形が $L(\xi)$ と類似していることを示している．この理由は，おそらく $S(t_{\max})$ と ρ_{tip} が，通常は γ と L の両方に依存しているからであろう．第 3 章，第 4 章で触れたように，関係グラフにおいては γ と L はきわめて異なる関数形であったのに対し，空間グラフでは類似関係にあるということである．しかし，これは驚くべきことではなく，関係グラフにおけるダイナミクスのグラフ構造に対する依存性が，空間グラフに比べてより複雑だからである．

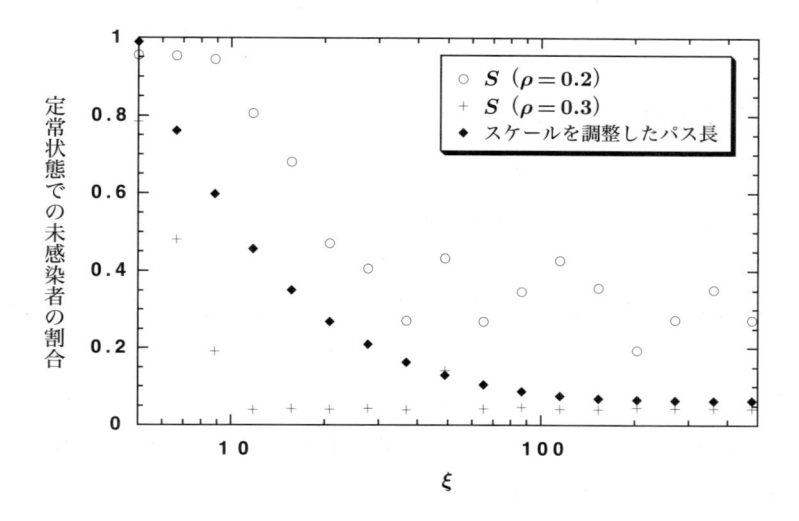

図 6.9 $S(t_{\max})$ と ξ (ρ=0.2, 0.3) の関係を，尺度を合わせた $L(\xi)$ と比較したもの．ここで，$L(\xi)$ は同等な一様分布空間グラフでの値である ($n = 1000$, $k = 10$).

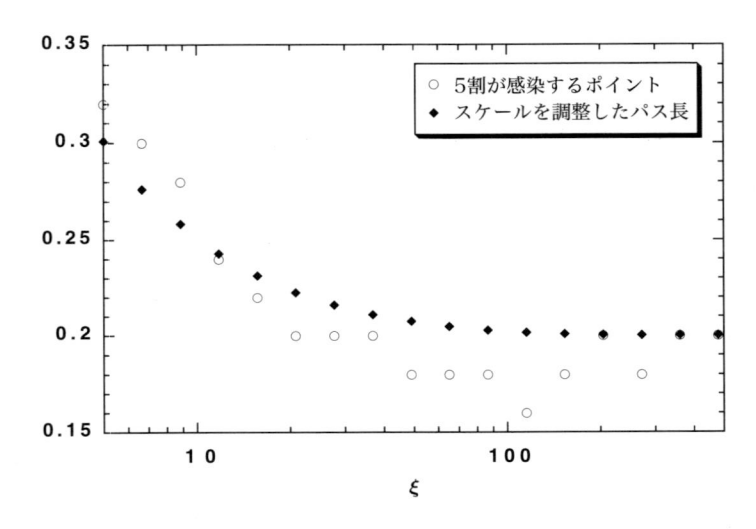

図 6.10 ρ_{half} と ξ との比較を，尺度を合わせた $L(\xi)$ と比較したもの．ここで，$L(\xi)$ は同等な一様空間グラフでの値である（$n = 1000$, $k = 10$）．

6.2.3 一時的排除ダイナミクス

一度 $\tau_R < t_{\max}$ となると，本モデルにおける三つのパラメータはすべて必要となり（ϕ や ξ とともに），対応するダイナミクスの分析は困難な状況となるため，この状況においてはあまり議論することはない．ここでは，これまでに得られた結果の特徴が，より複雑な状況においても成り立つことを明らかにするために，一つのパラメータの組み合わせ（$\tau_I = \tau_R = 1$ と ρ）に関して調査してみよう．一時的排除ダイナミクスでは，病気が消滅する，もしくは集団全体に拡散して定常状態に至る永久排除ダイナミクスのような傾向ではなく，むしろ集団の個々の要素が永続的に三つの病気の状態を遷移する動きとなる．それにもかかわらず，それぞれの全体における割合である $S(t)$, $I(t)$ ならびに $R(t)$ はある漸近値に**収束**し，それぞれの値が収束する過程における変動の揺らぎは $O(1)$ のオーダよりも小さい．よって，個々の漸近的に収束する割合をグラフのトポロジの関数として調査することができ，同じアトラクタに到達した場合はトポロジが特徴的な遷移時間に与える影響について調査することができる．

図 6.11 は，関係グラフにおいては，収束値である $S(t_{\text{asymp}})$ が ϕ にわずかに依存していることを示している．これは，永久排除ダイナミクスと対照的で興味深い．なぜなら，永久排除ダイナミクスにおいては，ϕ は定常状態のダイナミクスを決定するのに重要であるとともに，構造とダイナミクスとの一般的な関係の解明をいっそう複雑にしてしまうからである．それにもかかわらず，ダイナミクスは構造と独立な関係ではないのである．図 6.12 に示すように，特徴的遷移時間は明らかに関係を定義付けるグラフの固有パス長と同じように変化している．おそらく ϕ に関係なく，いかなる ρ にもそれぞれ一つのアトラクタが存在するのかもしれない．ただし，アトラクタへの遷移時間はきわめて簡潔な仕組みで，グラフの構造的な特徴に依存するかもしれない．

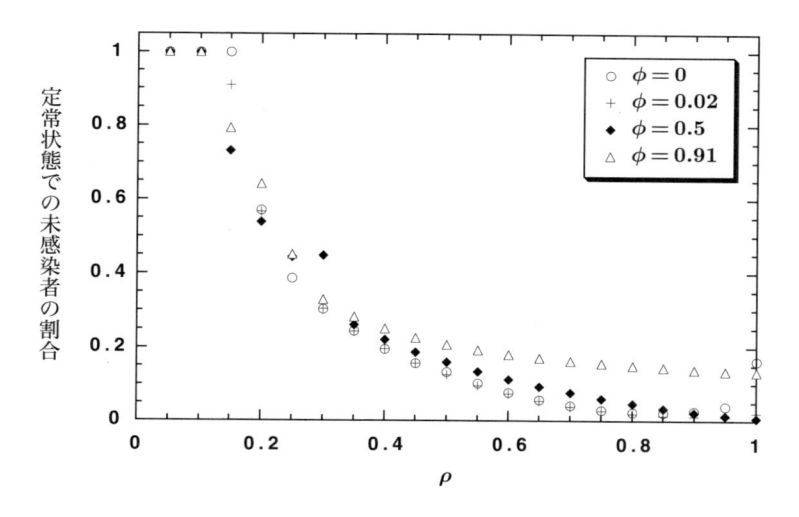

図 6.11 四つの ϕ 値における β グラフでの，一時的排除ダイナミクスにおける S の収束値と ρ との関係．

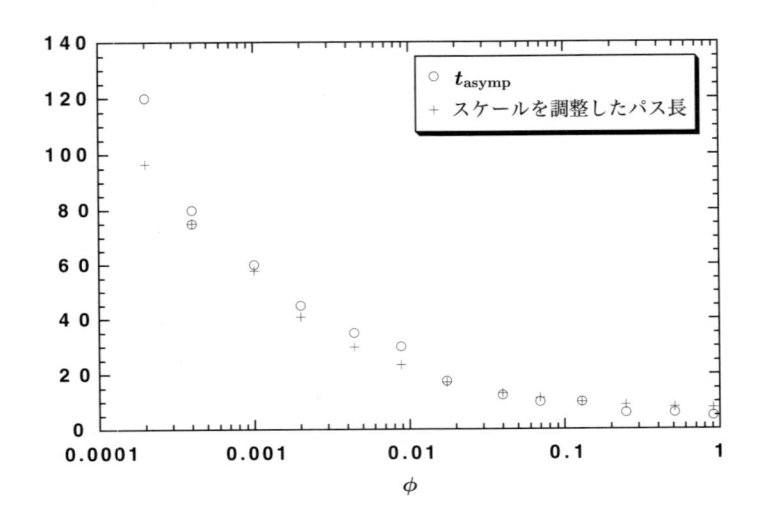

図 6.12　一時的排除ダイナミクスにおける t_{asymp} （$\rho=0.5$）と ϕ の関係の，同等な β グラフの $L(\phi)$ との比較（$n=1000,\ k=10$）．

6.3　まとめ

本章で検討したとても単純なダイナミクスにおいては，その構造との関係においてすでに多くの事例が明らかとなっているが，それでも以下の一般的な結論は有用である．

1. 広範囲な動的パラメータにおいて，システムが定常状態に至るのか，それとも三つの部分集合の割合が漸近的に安定した状態に至るのかは，(a) アトラクタの性質が結合形態によって決定されることと，(b) 異なる結合形態のシステムにおいて**同一の**アトラクタに至るのに要する時間（特徴的変移時間）が結合形態によって決定されることに依存する．特にシステムにおける拡散の進行の迅速さは，特徴距離が短いほど速く，これは直感的に思われることときわめて一致する．
2. 一般的に適用できるような構造とダイナミクスとの関係は明らかではないが，いくつかの特別な場合（病気が集団全体に蔓延するまでの，永久排除

ダイナミクスでの特徴的遷移時間など）においては相対的に簡潔な解釈が存在する．

　システムのダイナミクスと連結性との関係が明らかでないようなシステム（すなわち拡散問題ではないようなシステム）において，同様の結論が成立するかどうかは，以降三つの章での主題となる．

第7章

セルオートマトンによる全体的計算

カオティックなアトラクタ，人工生命，そして万能計算と同じくらいさまざまな現象を束ねたセルオートマトンは，その構造とダイナミクスとの関係を考察することにおいて，科学的に興味ある重要な実験台である．セルオートマトンは単純な構造ではあるものの，きわめて複雑で，時には魅力的な振る舞いを見せてくれる．本章では，この芽が育ちつつある研究領域の狭い部分のみについて探検する．それでも，**全体的な計算能力**を発揮する，空間的に拡張され局所的に結合されたシステムのアーキテクチャとメカニズムを，しっかり理解できることを保証しよう．セルオートマトンの背景と復習については必要な部分についてのみ取り上げ，その他の一般的な解説は省略する．セルオートマトンが誕生してからの研究の流れの簡潔な復習については Burk を，より最近の研究に関しては Wolfram と Mitchell の文献を参考にするとよい．

7.1 背景

セルオートマトンは，最初のデジタルコンピュータの開発に伴う知の塵雲の中で生まれたものであり，比較的新しい研究領域である．この二つの発明の誕生における主要な貢献は一人の人間に帰する．von Neumann である．彼の技術的発明は間違いなく偉大な革新なのかもしれないが，超並列計算システムによる未来の計算は，セルオートマトンがより遠大な可能性をもつことをこれから証明して

くれるかもしれない．しかし von Neumann は，実際にはセルオートマトンを計算の道具として構築しようとはしなかった．それどころか，生物における自己再生という現象に動機付けられ，次の疑問への答えを見つけていた――自分自身を再生できるオートマトンの十分に論理的な構成とはどのようなものなのか？　彼の解答は**自己再生オートマトン**（1966 年に発表された）と呼ばれる「セル」で構成される 2 次元の無限の広さがあるグリッド世界であり，セルへの情報をテープ（グリッド世界の外に存在する 1 次元セルの配列であり，構成しようとするオートマトンの各セルの座標と状態が書き込まれている）を介して与えることで，（有限なブロック数のセルで構成され，各セルはあらかじめ決められた状態をもつ）どのようなオートマトンであっても構成することができる．オートマトンの構成は「構成アーム」を介して行われる．構成アームの実体は，「構成するための制御」と新しいオートマトンが作られる「構成サイト」間を，セルを通して移動する状態の伝播手順である．このようなすべての高レベルな命令は，基本的な論理演算の構築が可能な 29 種類のセルの状態を用いた低レベルのセルオートマトン言語によって記述される．そして，この von Neumann の発明した機械は，入力テープ上で記述できるオートマトンであれば，いなかるオートマトンであっても構成できるという意味において，**万能構成機械**の能力を有する．よって，オートマトンは自己再生だけではなく，究極の汎用的計算機械である万能チューリング機械の振る舞いでさえも複製できるかもしれない．ここで注目すべきことは，von Neumann の機械が，DNA の自己再生メカニズムを先んじて発見したということである――生命を模倣する技を模倣する生命の，真に驚くべきメカニズム！

　1960 年代初頭から，von Neumann の自己再生と万能機械に関するもともとのアイデアを洗練させようとする研究と，セルオートマトンの概念とその動的なシステムの理論とを一つにまとめる研究が多く行われた．前者の研究の歴史的な流れもとても興味深いのであるが，本章は後者の流れに沿うものである．これは，**生物**システムのもつ計算システムとしての特徴を真似ようという，より可能性を秘めた方法であると思われる．よって，もはや Turing の後追いではなく，その先を進む研究である．

7.1 背景

そもそも，セルオートマトンとは何なのか？ さまざまな研究者が，彼らが強調したい，または模倣したい諸現象から得られる考え方に基づく多くの種類のセルオートマトンを考えた．図 7.1 に示すように，本章で取り上げるオートマトンは Stephen Wolfram（1983）によって考案されたもので，セルオートマトンを n 個のセルで構成される適当な次元の正則格子モデルと定義する．各セル $i = 1, 2, \cdots, n$ は，それぞれある時刻，ある位置において，**状態**（s_i）であるとする．状態は離散な有限数（η）のいずれかの値をとり，決定論的な**遷移ルール**（Φ）によって離散時間間隔で更新される．変更ルールは，現在のセル i の状態とセル i の k 個の隣接セル群の状態にのみ依存する[*1]．よって更新ルールは，時間と空間に関して**局所的な**，次に示すような表現となる．

$$s_i(t+1) = \Phi\bigl(s_i(t), \mathbf{s}_{\Gamma(i)}(t)\bigr) \tag{7.1}$$

式 (7.1) には，各セルが皆同じ条件（同一のとりうる状態の範囲，ならびに同一の更新ルール）であり，全セルの状態が同期して一斉に更新されるという特別な簡潔化も暗に含まれている．最終的には，本質的に有限で離散的なセルオートマトンに対して，有限な範囲（といってもきわめて広範囲なのであるが）の可能な Φ が定まる．つまり，各セルのとりうる状態数を η 個とし，Φ が $k+1$ 個の状

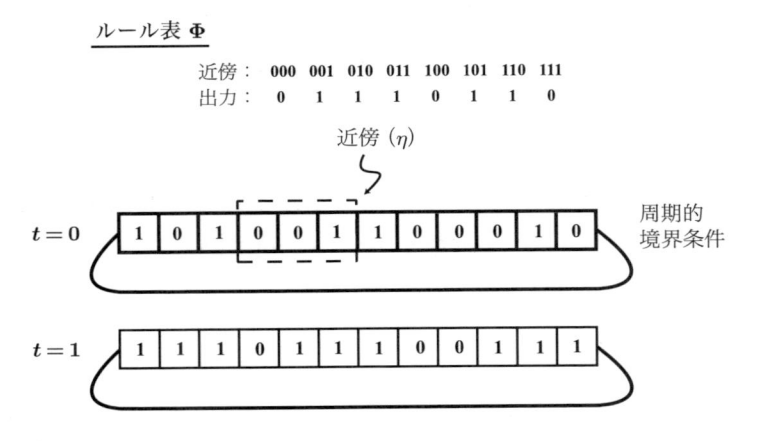

図 7.1 1 次元の二つの状態をもつセルオートマトンと，$k = 2$ のルールテーブル例．

態に依存するものとすると（一つのセルに対して k 個の隣接セルがある），Φ の命令数によってとりうる状態数は η^{k+1} 個となる．各状態に対して Φ は η の一つを生成するので，考えられるすべての Φ の数は $\eta^{\eta^{k+1}}$ 個となる．上記の定義では格子の次元は任意となっているものの，ほとんどの研究において 1 次元モデルもしくは 2 次元モデルに限定されており，中でも 1 次元で二つの状態（$s_i \in \{0,1\}$）をもち，k が 2 よりそれほど大きくないオートマトンが最も注目されている．このパラメータの範囲においては，η^{k+1} はそう大きな値にはならず，Φ を**ルール表**として表現するのも容易である．ルール表は，機能的に高レベルな状態記述の代わりに，隣接セルの状態とそれに従って決定されるセルの状態が記載された表である．そして 1 次元オートマトンでは，1 次元ならではの便利な表現の仕方がある．それは**時空間ダイアグラム**というものであり，時間ステップごとの状態が連続的に下方に向かって記載され，不思議な模様が 2 次元グリッドとして描画される．

$k = 2$ のときの 1 次元 2 状態セルオートマトンは**基本セルオートマトン**と呼ばれ，Wolfram (1983) の研究により 256 種類のルール表に分類された．そして，さらに一般化され，いかなる 1 次元セルオートマトンであっても 4 種類の一般的クラスのいずれか一つに属することが明らかにされた（1984 年）．最初の 3 種類は，不動点，リミットサイクル，そして連続的な動的なシステムであるカオティックなアトラクタにそれぞれ類似する．4 番目のクラスが万能計算としての能力をもつと考えられる（von Neumann のセルオートマトンよりも次元数が低い 1 次元において）．繰り返すが，すべてのこの研究は深遠かつ独創性があり好奇心をそそられるのであるが，それでも，いかにして**局所的に結合された**システムが何らかの意味において**大域的な**計算能力を発揮するのか，という現在のこの研究の方向性からは多少異なる方向を向いている．

7.1.1　全体的計算

この研究は，von Neumann が最初にオートマトンを発明したときと同時期に実際に開始されており，それが「弔銃射撃部隊の一斉射撃問題（同期問題）」と呼

ばれるものである (詳細な解説が 1987 年の Mazoyer の文献に記載されている).
1 列に整列した 1 次元配列の各セルがそれぞれ一人の弔銃兵士に相当し,最も左に位置するセルが隊長に相当する.時刻 $t = 0$ において,隊長が外部からの信号に従って発砲命令を発令する.ここでの問題は,いくらかの時間ステップの後,すべてのセルが同時にオンの状態(発砲)となるアルゴリズム(オートマトン)を見つけるというものである.これは,集中制御を行うプロセッサが存在する類のシステムにおいては自明な問題である.解決が困難となるのは,局所的な通信しかできない状況においてである(この状況では各セルからの通信は隣接セルに対してのみ可能である).当初において,この問題は高レベルな**一塊**(particle) の命令を用いる方法によって解決された.隊長は複数の信号をいろいろな速度(与えられたタイムステップ数内で動作するセルの数として定義されたり,時空間図での信号の傾きとして定義されたりする)で送信する.すると,信号は他の信号と,そして配列の境界とあらかじめ決められた方法で相互作用する.適切な信号とルールを考えることができれば,この高レベルな記述を,セルの状態を変化させる基本的なセルオートマトンの命令言語に変換することができる.残念ながら,この手法を汎用化することはできない.というのは,そのような高レベルな解決法を考えるにはきわめて困難な課題がいくつか存在するからである.仮にそのような解決方法を考えることができたとしても,その解決方法に対応する低レベルの実装は,特定のセルオートマトンに比べてより多くのセルの状態と多くの隣接セルを必要とする.したがって,ルール表を直接操作できるような何らかの機器を用いて,全体的計算問題における最適解を自動的に求める方法が有利と考えられ,その次に,得られる低レベルな最適解から高レベルなルールを推論する逆問題を解けばよい.この手法は,Mitchell と Crutchfield らの 1 次元 2 状態セルオートマトンにおけるここ数年の研究において提案され,研究が進められた (1993, 1994, 1997).

この Mitchell-Crutchfield の手法は,二つの処理から構成される.最初の処理は,まず多数のあらかじめ設定した大きさ(通常 $n = 149$, $k = 6$)のセルオートマトンのルール表を,全体的課題に対する母集団として用意する(繰り返す

が，集中プロセッサでは些細な問題であっても，局所的に結合された分散システムにおいてはそうではない）．そして2番目の処理として，**遺伝的アルゴリズム**（GA）によって最適な解が見つかるまで母集団を進化させる．

2番目の処理では，最適解を（ルール表からではなく）時空間の振る舞いから再構成する．具体的には，時空間図からさまざまな**規則的な領域**を見つけ，これらを取り除く．すると，セルオートマトンは削除された複数の領域の境界のみで表現される．この各領域境界線が伝達する情報の相互作用が，全体的情報処理の基本的な部分を形成すると言える．このとき，一つの領域境界線を一つの**小片**（particle）と呼ぶ．

この二つの処理はおもしろいと同時に難しい問題であり，それぞれ独立した処理である．最初の処理では GA を使用するわけであるが，GA は遺伝的多様性と生物システムの進化にヒントを得た手法である（Mitchell 1996b に簡潔な解説がある）．セルオートマトンの考え方に当てはめると，ルール表（単なる長さ 2^{k+1} ビット長の文字列）がセルオートマトンにおける**遺伝型**（genotype，または**染色体**（chromosome））に相当する．そして空間時間での振る舞い（特にある回数の繰り返しの後の最終状態）が**表現型**（phenotype）ということになり，表現型に対して淘汰が適用される．計算の観点から淘汰の指標は，与えられた染色体の表現型が個別の問題を解決できる成功率である．Mitchell らが取り組んだ最初の研究は，**密度分類**問題である．これは，初期状態のセルオートマトンの各セルにおいて，オンのセル数がオフのセル数よりも少なかったとき（**密度** $\rho_0 < \rho_c = 1/2$）にはすべてのセルの状態がオフとなり，逆に密度 $\rho_0 > \rho_c$ であった場合には，すべてのセルの状態がオンになるというセルオートマトンを見つける問題である．ここでの重要なポイントは，解（染色体）の可能性のある組み合わせ数が 2^{128} 個と，いかなる最適解探索手法にとってもあまりに多いことである．したがって，いくつかのランダムに選択された（相対的に小さな）初期集団から逐次良い解を発見してくれる方法が必要となる．

標本母集団における各セルオートマトンは，大量の数（I）の初期状態において実行され，初期状態に関しては ρ_0 が $[0,1]$ の間において均一に分布した値と

なるような状態をランダムに生成する．そして，各染色体の**性能適合度**（F）を，初期状態から淘汰を $2n$ 回繰り返した後のセルオートマトンにおいて，正しく分類できた割合とする．そして，染色体集団は F に基づいて順位付けされ，選別された染色体は変更されることなく残され，次の世代にそのまま引き継がれる．それ以外の染色体は新規染色体と入れ替えられるのであるが，この新規メンバーとは，生き残った染色体に対して遺伝的な組み換えを施して生成された染色体と，同じく生き残った染色体に対して突然変異を施した染色体である．この処理は世代ごとに継続して繰り返され，最適性能の適合度が安定して得られるまで続けられる．この方法において最適戦略が発現されると，その戦略の**不偏性能**（unbiased performance）P をさまざまな互いに独立した初期状態を用いて計算する（$\rho_0 = 0.5$ という最も難しい初期状態を最大とする，ρ_0 に関する**二項分布**となるような初期状態を生成する）．

2 番目の処理は，上記の GA によって得られる最も性能の良いセルオートマトンの分析に関するものであり，何らかの一貫した自動的な手法によって複雑な構造からさまざまなパターンを抽出する仕組みが必要である．Crutchfield (1994) によって提案された基本的な考え方は，セルオートマトンの**計算能力**を，オートマトンの時空間的な進化の**有限な記述**を行うために必要な最高水準の基準言語の観点で定量的に評価することで，Wolfram の基本セルオートマトン分類法を拡張し具体化するというものである．基本的には，規則的に繰り返すような（例えば他のすべてのサイトが 0 であるような）パターンを検出し，セルオートマトンの時空間ダイアグラムからこれらのパターン群を取り除く．この処理の後に残されるのは削除されたパターンにかかわらないセル群となり，それらはパターン間の境界線を形成する．この境界線を構成するセル群は**埋め込まれた塊**と呼ばれるもので，次の段階において，微小片が「時空間表での振る舞いとして，ランダムウォークしつつ他の微小片と衝突すると消滅する」など，何らかの定義できる（有限の）規則に従っているかどうかを検査する．もし，そのようなルールの存在を見つけることができればセルオートマトンは解釈されたことになり，その際のセルオートマトンの計算能力は解釈を可能とした小片のレベルということに

なる．そのようなルールが存在しない場合は，ルールを発見する手続きを繰り返し，さまざまな**微小片**が混在する状況から再びパターンの再抽出を試みる．おそらくは**メタ微小片**などが検出されることになる．セルオートマトンの振る舞いを記述するのに必要な構造のレベルは，セルオートマトンの**本質的な計算能力**を完全に定義するものであり，Crutchfield が主張するように実行可能なタスクの複雑さには上限が存在する．

　以上，これらすべては（GA によって生成される）セルオートマトンが，染色体として具体化される解釈が難解な低水準ルールを高水準ルールに変換するための，すなわち，局所的計算から全体的計算への橋渡しを解明するための汎用的かつ組織的な手法を提供してくれることから，セルオートマトンの全体的計算能力を理解するために適当なものである．本研究によって，局所的に結合された 1 次元構造が，全体的計算に関する課題を遂行する能力を大いに有することを理解できるであろう．しかしながら，この手法を高次元に一般化できるかどうかを示すことは容易ではない．そして，セルオートマトンを発見的な手法として用いるようなシステムは，確かに 1 次元格子モデルではない．このように，ネットワーク構造という観点からすると，高性能なセルオートマトンを**ルールの改良で獲得するのではなく，オートマトンを構成するセルの結合形態を改良する**ことで獲得できるかどうかを検討するほうが本質的であろう．

7.2　グラフ上でのセルオートマトン

　このきわめて本質的な疑問に迫るための特別な方法は，これまでに GA と小片を用いる方法によって詳細に解明された二つのセルオートマトンの問題を再び取り上げることである．すなわち，Mitchell らによる 1 次元格子モデルにおいて**効果が発揮されなかった**ルールを，第 I 部でのグラフを用いてとらえ直すというものである．二つのタスクとは（1）**密度分類問題**：ある有限時間後，初期状態において半数以上のセルの状態がオンであった場合にはすべてのセルがオンとなり，初期状態において半数以上がオフであった場合には全体がオフとなることができるか，そして（2）**同期問題**：ある有限時刻内において，初期状態にかかわら

ず，全セルが同期してオンとオフ情報を繰り返すようなセルオートマトンを作ることができるか，である．

7.2.1 密度分類問題

密度分類問題は，全体が見える状況では容易な問題であっても，1次元格子モデルで構成され，各頂点が局所的視野のみを有する状況においては容易な問題ではない．つまり，初期状態において，オンの状態とオフの状態のどちらが**半数以上**であるのかを知るためには，それぞれの数を数えてしまえばよい，というのが最も明らかな方法である．しかしこれを実行するためには，システムを構成する全 n 個のセルの情報がいくつであるのかという情報を少なくとも知る必要がある．しかしながら，1次元格子モデルのセルオートマトンの各セルは，たかだか k 個の隣接セルと連結しているだけであり，しかも $k \ll n$ という条件である．よって，上述したように，集中制御方式においてこの課題を解決することは容易かもしれないが（すべてのセルに対してオンかオフかの状態数を調べるだけのこと），個々のセルがそれぞれ単独ではこの課題を解決することはできない．問題は，**全体的計算**が求められているのにもかかわらず，システムは**局所的**にしか連結されていないということである．Mitchell らは，実際この直感的な集中制御方式を局所的制御方式に適用した結果（各セルが自分の隣接セルがオンかオフかを分類し，多数がオンであれば自分の状態をオン，そうでなければオフとする），1次元空間ではほとんど機能しなかったことを示している．その理由は，オンまたはオフのセルが連続する複数の**領域**が混在する状況において，このアルゴリズムは立ち往生してしまうからである（Mithcell 1994）．領域内のセルは，多数派のセルに同調するために状態が決して変化することがないのである．また，領域同士の境界に位置するセルは互いに他方を見合うものの，やはり状態を変更することがない．要するに，初期状態において，幸運にもただ一つの領域のみがシステム全体を占めてしまうことがなければ（すべてのセルの状態が最初からオンまたはオフであるということ），システムは常に立ち往生してしまう．結果的にMitchell らの**多数派ルール**による性能は惨たんたるものとなった．

Mitchell らは，多数派ルールを彼らが求める汎用性のあるアルゴリズムとしては役に立たず，局所的に連結された系による全体的計算のための手法としては**適用できない**と結論付けた．しかし，スモールワールドグラフにおいては，多数派ルールは決してそのような悲観的な結論にはならないかもしれない．なぜなら，われわれはすでに，スモールワールドグラフでは各ノードが疎に連結されているものの，1次元格子グラフとは定性的にまったく異なっているということを理解しているからである．確かに，第4章で得られた一つの結論において，スモールワールドでは局所的な距離尺度と大域的な距離尺度とが同時に存在しているのであったが，その状況であるがゆえに，局所的な連結と大域的な連結とを区別してとらえることは問題を見誤らせるかもしれない．おそらく，スモールワールドを構成するセルオートマトンの各セルは，集中型モデルでのCPUのように動作し，うまく問題を解決するために必要なグラフ全体における残りの十分な情報を入手できるものと推測される．

ϕ が0から増加するにつれて，次数 k の分散が0ではなくなること（すべてのセルが同数の隣接セルと連結されてはいないということ）から，**多数**という言葉も曖昧なものとなってしまうが，それでも，以下に示すセルオートマトンによる適当な多数派ルールを定義することができる．

1. 初期状態として n 個のセルを生成し，等しい確率でオン状態かオフ状態とする[*2]．
2. 各時間ステップ $t > t_0$ において，各セル v は自分の近傍 $\Gamma(v)$ において，状態がオンのセルを数え，これを $k_{\mathrm{on}}(v)$ とする．そしてセル v は自分の状態を次の条件に基づいて変更する．
    (a) もし $k_{\mathrm{on}}(v) > k_v/2$ だったら，オン状態とする．
    (b) もし $k_{\mathrm{on}}(v) < k_v/2$ だったら，オフ状態とする．
    (c) もし $k_{\mathrm{on}}(v) = k_v/2$ だったら，オンかオフを等しい確率でランダムに決定する．
3. 工程2を，安定状態に達するまで，もしくはあらかじめ設定した時間ス

テップ（$t_{\max} = 2n$）まで繰り返し，その時点でのオン状態とオフ状態の比率 ρ_f を記録する．

4. もし，（$\rho_0 > 0.5$ かつ $\rho_f = 1$）もしくは（$\rho_0 < 0.5$ かつ $\rho_f = 0$）であれば，セルオートマトンは初期状態での密度を正しく分類できたことになる．
5. この工程 1〜4 の作業を 100 回新しい初期値で繰り返した後，不偏性能 P を計算する．

実際に検証を始める前に強調しておくべきことがある．それは，得られる結果はいずれにせよ明確なものにはならないということである[*3]．直感的には，完全にランダムな世界においてはいかなる局所的隣接関係もランダムな事例となるので，局所的な多数派ルールがうまく機能すると推測できる．確かに，行政世論調査員は日々の無作為（ランダム）な標本を世論の代表とする手法を前提としている．しかし，この手法が今回の密度分類のような正確さが要求される課題に対しても適切に機能するかどうかは明らかではなく，またこの手法がスモールワールドグラフにおいて機能するかどうかも明らかではない．なぜなら，スモールワールドではランダムに張られる辺の数が完全ランダムグラフに比べてはるかに少ないからである．さらに，ここでのシステムには，明らかに前章における拡散のダイナミクスが存在しない．確かに，隣接セル間での**情報の拡散**があると漠然ととらえることもできるが，1 次元格子モデルにおいては明らかに機能せず，スモールワールドの場合においても必ずしも機能するとは言えないだろう．最後に注意すべきこととして，不偏性能 P は明らかに，$S(t_{\max})$（集団における感染する可能性のある割合）と t_{steady}（病気が消滅するか集団全体に拡散するまでの時間）が病気の蔓延においてセルの連結形態と密接に関係していたほどには，連結形態と密接に関係していない．むしろ P は，正解がシステムの初期状態と最終状態に依存する中で，セルオートマトンがどれくらい正解を得ることができるかの度合いである．このような高レベルな統計量が，連結形態との間に何かしら簡潔な関係を必ずしももつ必要があるのかどうかも明らかではない．

それにもかかわらず，図 7.2 はこの手法が確かに機能することを示している．

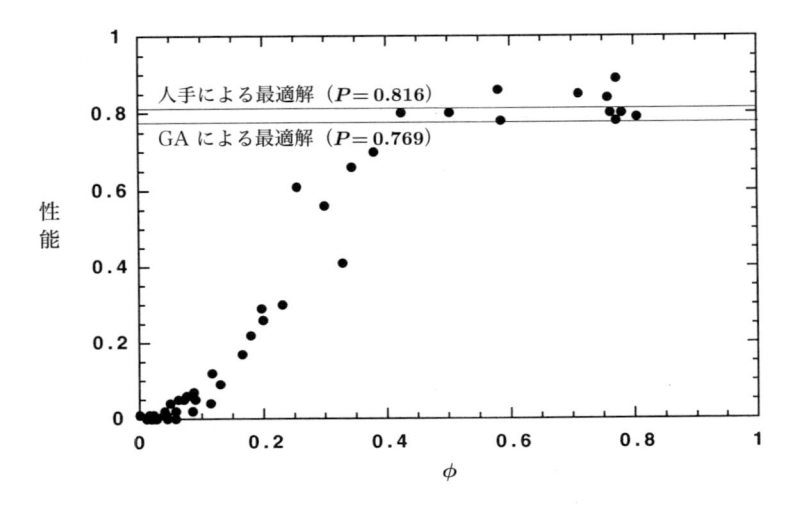

図7.2 密度分類問題における P と ϕ との関係．解は β グラフにおいて多数派ルールによって求めた（$n=149$, $k=6$）．この結果を1次元格子での人手によるルール，ならびに GA によって得られたルールでの最高性能と比較した．

つまり，P がセルの連結形態と関係していることを示している．Mitchell らの各種パラメータ（$n=149$, $k=6$）において，1次元格子モデルでは予想どおり上記の理由により $\phi=0$ で $P\approx 0$ となった．しかし，ϕ が 0 から少しでも増加すると急激かつ確実に P は上昇し，最終的には $P\approx 0.9$ に至ることがわかる．この結果はきわめて印象的である．なぜなら，最も成功した GA による結果でも $P=0.769$ であり，1次元格子における人手によるルール（GKL ルール）でも $P=0.816$ だからである．n 値を大きくすると，この違いはさらに顕著になる．図 7.3 は n が 146, 599, 999 での P と ϕ との関係を示し，表 7.1 はこのスモールワールドグラフにおいて得られた P の最大値を他手法での P 値の最大と比較したものである．

これらの結果から，スモールワールドグラフによる手法が，実行可能なデータに対応するパラメータ値に関して他の有用な手法を凌駕し，また，n 値の増加に対しても影響されることなく，より安定していることも明らかとなった．これは

7.2 グラフ上でのセルオートマトン

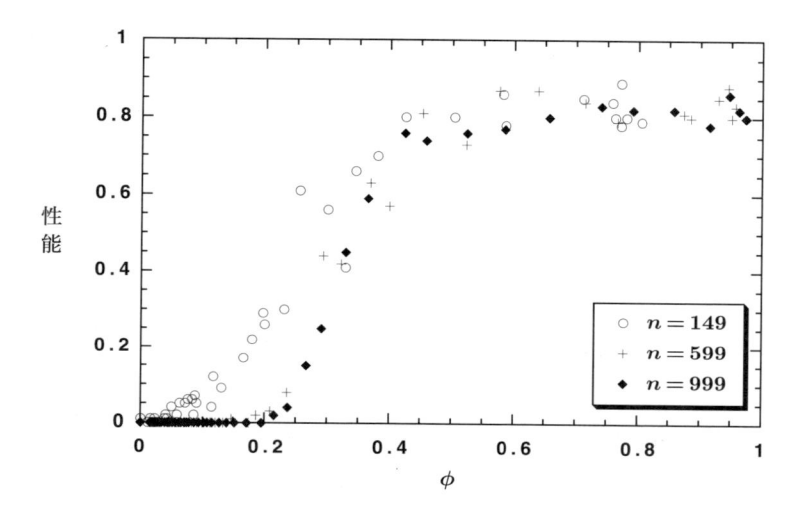

図 7.3 密度分類問題における性能 P と ϕ との関係を，$k = 6$, $n = 149$, 599, 999 の β グラフにおいてそれぞれ比較した結果.

表 7.1 β グラフでの性能を，GA と人手によるルールでの最高結果と比較した結果.

n	GA	GKL	Graph ($k = 6$)
149	0.769	0.816	0.89
599	0.725	0.766	0.88
999	0.417	0.757	0.86

n 値が増加するにつれて，優位性が相対的に向上することを示唆している．事実，n 値の増加に伴って，$P(\phi)$ の関数形がある形に収束している．ここで確認しておくが，本実験は $k = 6$ のときの結果であり，$k \gg 1$ という条件は実際には満たしていない．

これに対し，$k = 12$ においても性能が向上するかどうかを検証するために上記と同じ実験を実行した結果，図 7.4 に示すように，n 値の増加に伴い最高性能がわずかであるが向上していることがわかる．そして図 7.5 では，明らかに $k = 6$ に比べて $k = 12$ のほうが，より小さい ϕ 値において急激に性能が向上し

223

第 7 章　セルオートマトンによる全体的計算

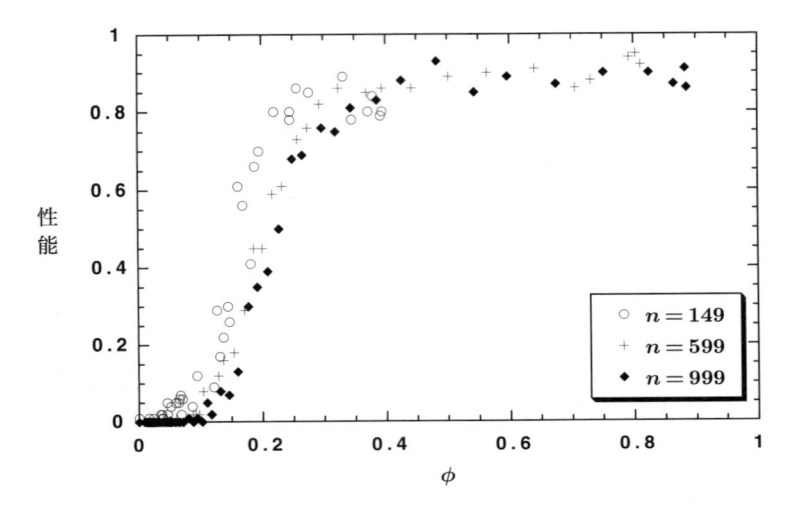

図 7.4 β グラフ（$k=12$, $n=149, 599, 999$）での密度分類問題における不偏性能（P）と ϕ との関係.

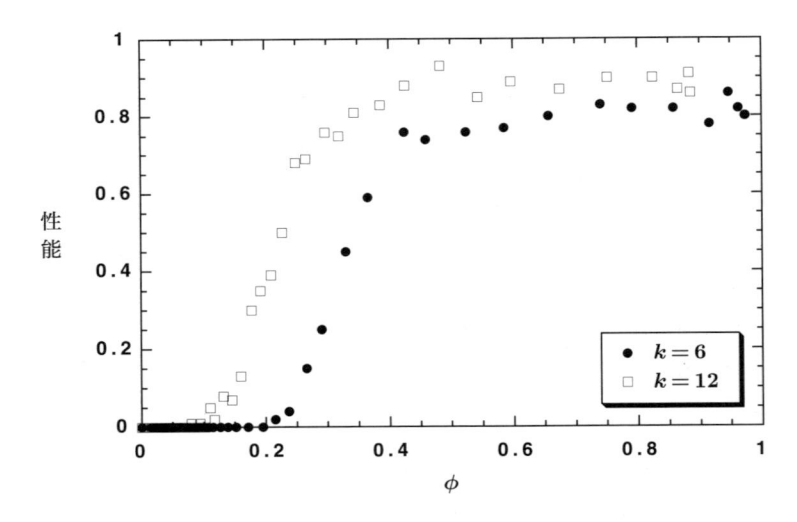

図 7.5 β グラフ（$n=999$, $k=6, 12$）での密度分類問題における不偏性能（P）と ϕ との関係.

7.2 グラフ上でのセルオートマトン

ていることがわかる．

これらのさまざまな結果において，次の特徴に関して特に考察する必要がある——急激な性能の向上はランダム極限に至る前に発生しているものの，ネットワークの固有パス長の急激な変化の後に発生している（図 7.6 を参照）．これは次のような別の解釈を推測させる——グラフ構造のダイナミクスは連結形態のわずかな変化に敏感に影響される．そして，何らかのスモールワールドトポロジが，何らかのランダムトポロジのダイナミクスを見せるのではないか．しかし，どのようにしてこのようなことが発生するのかを正確に解明するのは困難である．

直感的には，短い固有パス長よりも，高い性能を実現するためにより多くのショートカットを必要とするのではないかということが推測される．なぜなら，一本のショートカットでも多くのノード間のパス長を短縮できるのに対し，セルオートマトンに関する限り，ショートカットはたかだか二つの近傍間の情報の橋渡ししか提供しないからである．つまり各セルは，それぞれが標本として集団の

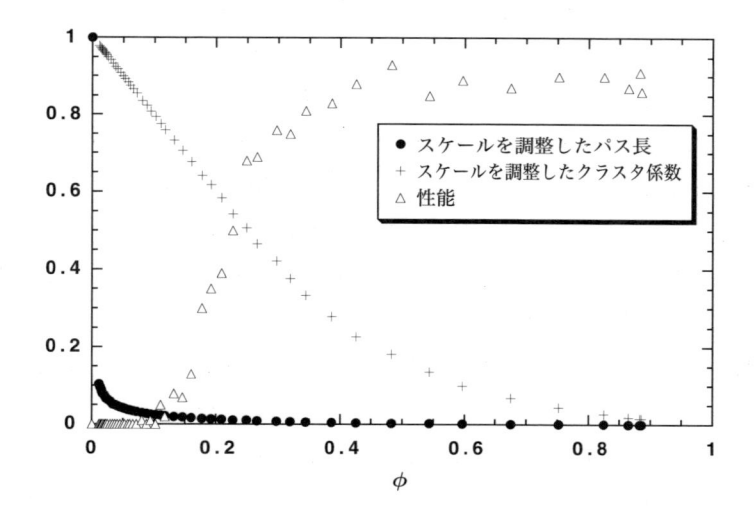

図 7.6 β グラフ（$n = 999$, $k = 12$）でのセルオートマトンによる密度分類問題における固有パス長（比較を行うためにスケールを再調整した），クラスタ係数，ならびに性能の関係．

標本化を可能とするためには，それぞれ自分のショートカットをもっていなければならない，と考えられる．この類推はある ϕ 値の臨界値の存在を予感させるものであり（その値の近傍において急激な P の変化が発生する），それは個々のノードが一本のショートカットを所有していると予想されるときのおよその値ということになる．つまり，$nk/2$ がグラフの全辺数だとすると，$\phi nk/2$ が全ショートカット数となり，$\phi k/2$ が各ノードが有するショートカット数の期待値となる．よって，仮にその臨界値である ϕ（ϕ_{crit}）を，各ノードが平均して一本のショートカットをもつときの値であるとすると，$\phi_{\mathrm{crit}}(k/2) \approx 1$ となるので，

$$\phi_{\mathrm{crit}} \approx \frac{2}{k} \tag{7.2}$$

ということになる．

図 7.3 から図 7.5 を見ると，この見積もりが正しいことがわかる．特に図 7.5 はこの仮定の正当性をよく表しており，式 (7.2) から予測されるように，k を 2 倍にすると ϕ_{crit} は同様の理由によりほぼ半分の値となっている（$k = 12$ のときは $\phi_{\mathrm{crit}} \approx 0.1$ であり，$k = 6$，$\phi_{\mathrm{crit}} \approx 0.2$ に比べて低くなっている）．

これらの結果の信頼性を示すに際し，結果がモデルに依存しないことを示す必要がある．図 7.7 は $n = 999$，$k = 12$ における α グラフと β グラフでの結果を比較したものである．ϕ が α グラフと β グラフの距離の特性を統合するために導入されたということ，そして，対応するさまざまなセルオートマトンの性能を統一するための統計量としては適当ではないということを考えると，両結果が比較できないほど合致していることはとても興味深い．この事実は，グラフ構造（ϕ にて計測される）がシステムのダイナミクスに強く一貫した影響力を及ぼすことを示すものである．とは言うものの，次章ではこの主張が他の動的なシステムでは成立しないことを示すので，ここではあまり強調しないことにする．

密度分類問題を離れる前に，セルオートマトンにおける多数派ルールの性能に関して，空間グラフでの結果を関係グラフの結果と比較することは大変興味深い．図 7.8 および図 7.9 は，空間グラフではランダム極限においてのみ最適性能が得られていることをそれぞれ異なる角度から示している．図 7.8 は，クラスタ

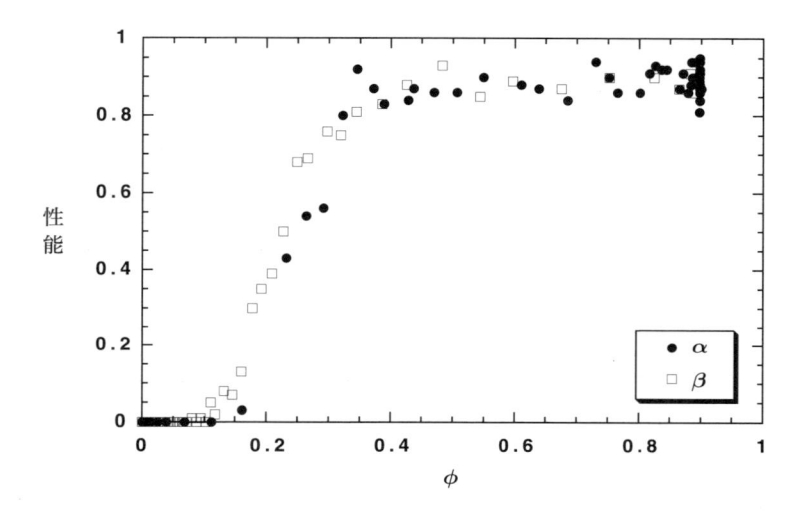

図 7.7 α モデルと β モデルによる関係グラフにおいて密度分類問題を解いた場合での，不偏性能（P）と ϕ との比較．

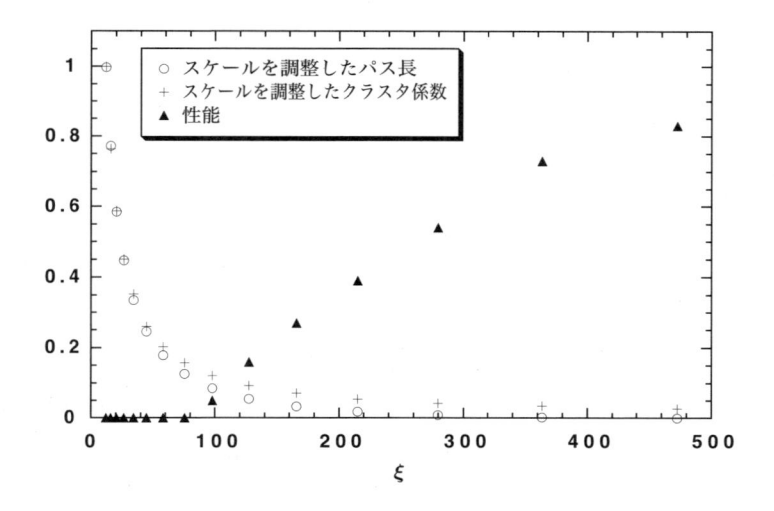

図 7.8 均質空間グラフでの密度分類セルオートマトンにおける，固有パス長，クラスタ係数，ならびに性能適合度の，ξ との関係における機能比較．

第7章 セルオートマトンによる全体的計算

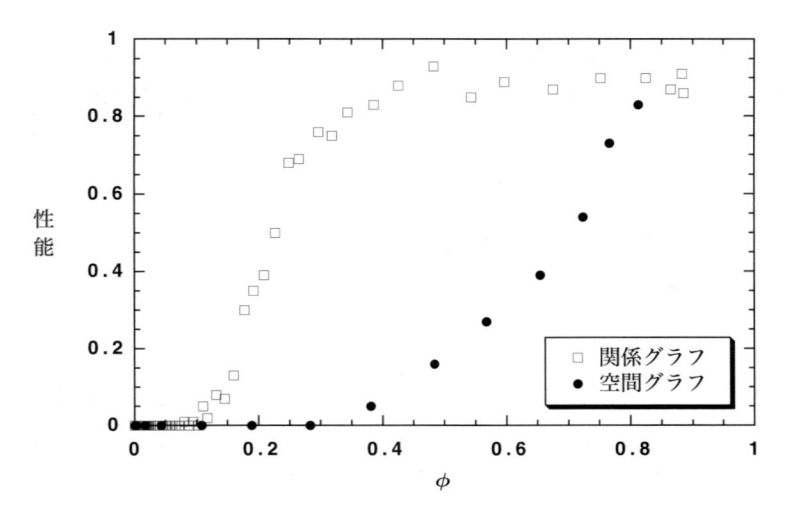

図 7.9 空間グラフと関係グラフ（$n = 999$, $k = 12$）での不偏性能と ϕ との比較.

率 γ がランダム極限に到達したときに最高性能が達成されていることを示し，図 7.9 は，空間グラフと関係グラフでの性能の比較を同一のパラメータで行うことで，この結果が正しいことを示している．以上の結果から，関係グラフ（スモールワールドの特徴を発揮できるグラフ）は，明らかに空間グラフ（スモールワールドの特徴を有しないグラフ）に比べて高い性能を有し，スモールワールドグラフが構造的な視点と同様に，**計算的視点**からも興味深いクラスのオブジェクトを構築することを示している．

7.2.2 同期問題

2番目に取り上げる問題は，Das, Mitchell, Crutchfield によって提案，研究されたもので，密度分類問題とテーマを同じくする別の問題である．**同期問題**におけるセルオートマトンに対する評価は，最終的に全体が同期した状態変化（全セルがオフの状態の次は全セルがオンの状態に変化する）が初期状態にかかわらず獲得できるかどうかによってなされる．表面的に密度分類問題と性質が違うように見受けられ，実際に Das らは密度分類問題を解くために考えたルールと類似

するものの，それとは関連しない異なる解決方法を追及した．

しかし，簡潔な多数派ルールの変形が密度分類問題に対して機能するのと同様に，同期問題に対しても機能することが明らかとなる．事実，この簡潔な変形により，両問題がほぼ同じ問題であることがわかる．具体的には，**反対ルール**が「多数派ルール」と同じように機能するというものである．同じといっても，多数派ルールにおいてセルの近傍の多数派がオンであるとき，反対ルールでは**逆の**行動をとって，そのセルの状態をオフとする．多数派がオフであるときは反対ルールではオンとする．この方法は同期問題を解くための有力な候補である．というのは，一度グループ内の全セルが同一の状態になると，次の段階では同期して反対の状態になることが継続されるからである．ここで，どうして同期状態が獲得されるのかがすぐには理解されないかもしれない．しかし，以下の簡単な推論によって直感できると思う．二つのセルオートマトンが同一の初期状態から行動を開始し，一方が多数派ルール，もう一方が反対ルールを採用したとしよう．すると 1 ステップの後，両セルオートマトンはセルの連結関係に依存することなく互いに反対の状態になる．個々のセルはそれぞれが自分の近傍を見ることで，他のセルと同様，皆が同時刻・同条件によってオンかオフを選択するからである．しかし，二つのセルオートマトンの各セルはそれぞれ反対の行動をとるので，両者は最終的にそれぞれ反対の状態となる．さらに 1 回のステップ後では，同様の推論により両者は**同じ**状態になり，その次は再び**反対**の状態になるというように続くことになる[*4]．このように，多数派ルールのセルオートマトンが最終的に同期できると，反対ルールのセルオートマトンは，問題に要求されるように，全体が同期して状態を変更するようになると考えられる．唯一の疑問は，多数派ルールにおいて本当に同期できるのかということであるが，われわれは密度分類問題から答えをすでに知っている．それはセルの連結形態次第である．

図 7.10 は，関係グラフ（$n = 149$, $k = 6$）において，二つの問題に対してそれぞれ適切なルールを使用した場合の，ϕ を変化させたときの不偏性能を比較したものである．すると，次の二つの特徴にすぐに気付く．(1) $P(\phi)$ の関数の形が明らかに類似しており，(2) 最高性能に関しては同期問題のほうに優位性が見ら

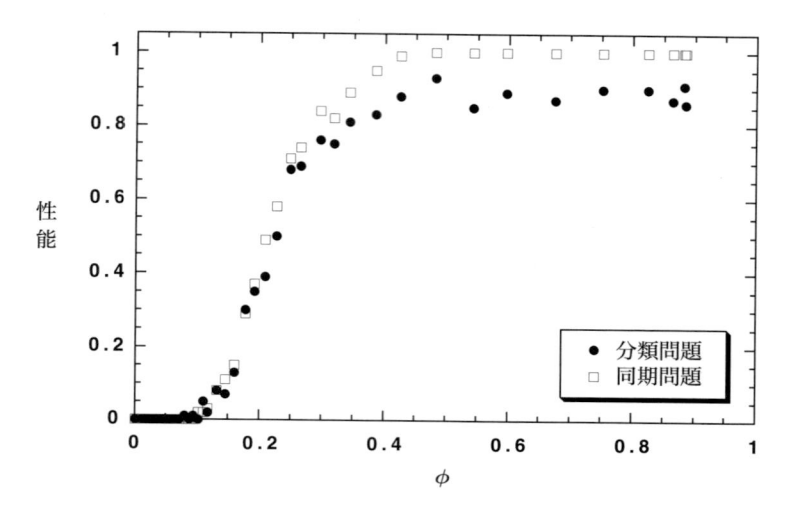

図 7.10 多数派ルールによるセルオートマトンでの密度分類問題と，反対ルールによるセルオートマトンでの同期問題における不偏性能の比較 ($n = 999$, $k = 12$).

れる．

　前者の特徴の理由は次のように考えられる――両問題が実質的には同じ問題だということを意味している．後者の特徴は次の事実から説明することができる――密度分類問題では**間違った**状況に陥る場合が発生してしまう（初期状態でのオン数が半数以下であるにもかかわらず，すべてのセルがオン状態になってしまうという場合と，その逆）．これに対し，同期問題でのセルオートマトンは常に同期状態に至るため性能が高い．同期問題のセルオートマトンの不偏性能 P_{synch} は，次の式で表すことができる．

$$P_{\mathrm{synch}} = 1 - \mathrm{P}[セルオートマトンが立ち往生してしまう]$$

　$\phi = 0$ ではほとんどの場合において立ち往生してしまって $P \approx 0$ となり，逆に ϕ が大きな値では $P \approx 1$ となる．これは偶然にも，Das らが発見した GA による最適ルールとほぼ同じ性能である．

　以上二つの問題は，スモールワールドの構成をもつセルオートマトンが，平均

場セルオートマトン（すべてのセルが他のすべてのセルと直接連結されている）とほぼ同じように機能できるという結論を出したい欲求を生み出す．確かに，密度分類問題と同期問題でのそれぞれのルールは，各セルが他のすべてのセルに関する何らかの代表的な情報をもつことを基本的に仮定しているからである．しかし，この方法は，**すべてのセルの情報が必須な**，そして，どのようにして平均場での解を組み立てればよいかが明確ではないような，より複雑な問題においてはうまく機能しないかもしれない．例えば，前者の問題に分類される例題として引用した一斉射撃問題では，単体のセルが同期のための重要な情報を他のすべてのセルに伝達しなければならないが，そのようなスモールワールドセルオートマトンをどのように構築すればよいかは明らかでない．もしもそのような構築法を見つけることができれば，1次元モデルでの解よりも効率の良い解が見つかるかもしれないが，平均場手法は明らかに適当ではないと思われる．2番目の問題に分類される例としては，複雑でさまざまな局面が存在する問題（チェスで勝つ）が考えられ，そこではどのようなセルオートマトンによって解が得られるのかが不明である．両方の場合においては，おそらく**ルールや連結性の部分**に対して遺伝的アルゴリズムを適用するような自動的な手法が適当であると思われる．

7.3 まとめ

本章では，全体的計算に関する問題を，局所的に結合されたシステムにおいて，システムのルールではなくシステムの**構成**に手を加えることで解決する手法について考察した．少なくとも二つの問題について調査し提案した手法は，現在において優位性が認められている GA と同等の最適解を見つけることができた．さらに，この手法は大きな n と k であっても容易に対応可能であり，スケーリングは GA にとっては重大な壁である（GA では，セルオートマトンのセル数を固定した状態でルールが構築されるため）．しかし，取り扱う問題を解くために厳格な 1 次元格子モデルが必要となるような場合には，この手法のように構造に手を加えることはできず，GA を利用すべきであろう．しかし，ここが重要なポイントであるが，**一般的な**計算システムはまず厳格な 1 次元格子モデルでは**ない**の

である．事実，第5章において，多くの一般的なネットワークの連結性が，1次元アーキテクチャを代表とする多くの厳格なモデルよりも，スモールワールドモデルによるほうが適切に表現されることが明らかとなった．したがって，1次元GAと小片を用いる手法は，確かに明快かつ魅力的な手法ではあるのだが，**現実**（実際）の局所的に連結された計算システムにとっては，おそらくスモールワールド的な構造によって劇的な効果が得られることが推察でき，これまでの伝統的手法であった2次元ダイアグラム法はその役割を終えることになるであろう．そして，おそらくこのような問題を解くのに最も有意義な手法は，すべての可能なルールと考えられる連結形態を**合わせた**空間に対してGAを適用することかもしれない．

第8章

スモールワールドでの協調
——グラフ上でのゲーム——

　ゲームの理論は，動的システムとその状態を結合トポロジの関数として考えたセルオートマトン（CA）の次に来るごく自然なステップである．マルチプレイヤーによる繰り返しゲームは，時間的，空間的に離散的であり，かつ有限状態空間内に存在するため，CAのもつ多くの特性を共有している．しかし，それらを支配するルールはCAのルール一式の特殊な場合であり，興味深いのは他のプレイヤーたちとの協調もしくは搾取と解釈されうるルールである．そのような意味では，ゲームはより一般的なCAよりも単純かもしれない．しかし，均質性の条件を破ることが普通に起きる点では（プレイヤーたちはすべてのゲームを同じルールで行うわけではない），ゲームはCAより複雑でもある．そして，**相互作用する**プレイヤーの集団でどのルールが勝ち残るかということは，社会学者や生物学者に強い興味を湧かせるものである．それゆえゲーム理論の重点は，すべての要素が単一のゴールを達成するように一致して動作するようなシステムに特有の計算量から，ある外部から課せられた**個々**の性能の尺度によって定義された要素間の**競争**へと移っている．当然のようにこれらのさらなる複雑性は，CAに課せられた問題とは異なる問題を導く．(1) 各要素が協調と搾取を選択可能である均一な集団において，システムの結合トポロジは協調の**創発**に影響を及ぼすか？　(2) 一連の世代にわたって進化する非均一な集団で，成功したルールが優先的に将来の世代に伝えられる場合，結合トポロジは協調の**進化**に影響を及ぼす

か？である．しかしながら，まず背景を見ていこう．

8.1 背景

　John von Neumann は非凡な人物であった．第二次大戦後の楽観的な雰囲気の中，アメリカによる科学の覇権の黎明期において，von Neumann はすべての研究分野を自分自身で生み出したように見えるほどの中心的存在であった．最初のデジタルコンピュータを設計し，まったく新しいセルオートマトンの理論を作り出した（第7章を参照）のとほぼ同時期に，ゲームの理論における影響力の大きい研究として認識されている仕事をなしている[*1]．「ゲームの理論と経済行動」(von Neumann and Morgenstern 1944) で von Neumann は，通常，少人数のみのプレイヤーからなるゼロサムゲームにおいて，合理的なプレイヤーの**効用関数**の最適化に着目し，ゲーム理論の経済学的応用を強調した．以下は，伝統的な経済学者の物の見方である（von Neumann の共著者である Morgenstern は経済学者であった）——勝者のために他者は敗者にならねばならない．そして，完全な情報のある世界において最適な戦略は，常に純粋に合理的な振る舞いに基づいて（決定論的にもしくは確率論的に）定式化される．John Nash は von Neumann の研究をさらに発展させ，任意の数のプレイヤーによるゼロサムゲームにおける均衡点（最適戦略）の存在を証明し (Nash 1951)，二人のプレイヤーによる非ゼロサムゲームでは，交渉を通じて両者が利益を得ることを示した (Nash 1950, 1953)．Nash は，ゲーム理論の経済学的応用を築く解析的土台となったこれらの寄与によって，1994 年のノーベル経済学賞を与えられた．

　しかしながら，心理学者たちは，プレイヤーが競合する利益と共通の利益の混合をもつ，経済学的な形の交渉が許されていない異なる種類のゲームに関心をもっていた．この制限の驚くべき結果は，表面上では，プレイヤーの期待報酬を最大限にする行為は，仮に完全な情報が与えられたとしても，もはや最適な結果を生み出すことを期待できない，というものであった．このパラドックスは，競合のみを前提とする合理的な立場を採用する場合よりも，協調および少数の罰則を導入することで，すべてのプレイヤーがより高い報酬を受け取るという観察に

よって解決される．しかし，単にこれを理解することは，問題をゼロサムゲームの規則的な考えに帰着させることとはならない．それゆえ，厳密にどのくらい協調するか，そして，これがゲームのパラメータにどのように影響するかは，一般的に未解決の残された問題である．この難問の本質をとらえるために各種のモデルが提案されているが，1960 年代の中頃までに，非ゼロサムゲームのこのクラスの原型として，囚人のジレンマとして知られている単純なモデルが浮上してきた．

8.1.1 囚人のジレンマ

囚人のジレンマは次のような状況の数学的な抽象化である．同じ犯罪で告発された二人の囚人が別々の独房に入れられており，両者は警察に同じ取引をもちかけられている——相手を売り飛ばすとより軽い刑罰を受ける．片方が取引に応じ，もう片方が仲間に忠実であったとすると，裏切り者は刑が猶予され馬鹿正直者は囚人となる．もし両者が互いを裏切ると，罰を受けるものの，両者とも一人がすべての責任を負わされるほど悪くはならない．最後に互いに沈黙を守った場合には，当局が実際に罪を負わせることができず微罪のみとなるため，二人ともより軽微な罰則ですむ．各々の囚人の観点で考えると，最も良い行動は常に裏切ることであるので，ジレンマが生じる．もし相手が裏切るとすれば，裏切られるよりも裏切るほうがより良い選択である．そして，両者が沈黙を守る場合でも，それでもまだ協調するより（軽微の罰を受けるより）も，裏切る（そして刑が猶予される）ほうがより良い選択となる．つまり，どちらにしても常に裏切ったほうが良いわけである．しかし，両者は合理的であり，同じ情報をもち，同じ状況下にある．それゆえ，**両方とも裏切る**結果となる．相互に裏切る際の報酬（とりうるすべての結果において 2 番目に悪い選択）は，どちらのプレイヤーにとっても最適ではない．とりわけ，相互の協調（**不合理な選択**）は，両者の相互の裏切りよりも高い報酬を得る結果となる．しかし，一人が他方も協調するだろうということを**知っていれば**，それでもなお最適な行動は裏切ることであり，相手が罪を認める心づもりができていることを知っていても同様の結果となる．こうなる

と，ジレンマは明らかである——準最適な解から抜け出る**合理的な**方法は存在せず，彼らが互いに交渉できないことを念頭に置いても，いかなる付加的な情報をもってしても，この状況を変えることはできない．

このジレンマの自然な一般化の一つは，同じプレイヤーたちが同じ条件下で多数の試行を行うことである．プレイヤーたちが互いに何度も何度も出会うことを知っているとすると，ある種の協調が必然的に創発されるに違いないということは明らかかもしれない．しかしながら，驚くべきことに，1回のゲームでの相互の裏切りをもたらしたのと同じ論法によって，**いかなる既知の有限ラウンド**のゲームでも相互の裏切りが導き出される．各々のプレイヤーが何回のラウンド（tとしよう）が行われるかを知っているとすると，彼らが選ぶであろう選択の順列がどのようなものであっても，その最後の一手は裏切りとならねばならない．これは，他のプレイヤーが最後の一手で何も仕返しできないという事実から導かれる．それゆえ，最適で合理的な行動は食い物にすることであり，つまり裏切りとなる．もちろん，合理的なプレイヤーである両者が同じ結論に達する．それゆえ，tがいくつであっても，t番目のターンでは，両者は裏切る．t番目の行動がその前に起きた行動にまったく依存せずに決定されると考えれば，これは事実上，考慮の対象からt番目のターンを取り去ることになり，$(t-1)$番目のターンがゲームの最後のターンとなる．これで，このやりとりを繰り返す際のゲームの終了条件がわかる．再度，両プレイヤーは合理性を強いられ，自分の効用を準最適な選択へと最適化することになる．二人の合理的で利己的なプレイヤーが各ターンで裏切る，すなわち「自分の顔を恨んで鼻を切り落とす[訳注1]」ようなこの手順は，最初のターンまで悪循環を繰り返す．すなわち，毎ターン裏切ることで自分および互いの利益を損ねることになる．

数学的な表現では，この奇妙な状況は以下の利得行列で表現される．

訳注1．「敵に復讐すると自分が被害を被る」ということわざ．

	C_2	D_2
C_1	(R,R)	(S,T)
D_1	(T,S)	(P,P)

ここで，T は裏切りへの誘惑，S はお人好しの利得，R は協調への報酬，そして，P は裏切りによる罰を表す[訳注2]．ジレンマを引き起こす本質的な条件は，(1) $T > R > P > S$，および（2）$(T+S)/2 < R$ である．

最初の条件は，$T > R$ および $P > S$ であることに気付いた合理的なプレイヤーが，常に必然的に準最適な (P,P) をもたらす2番目の行/列を選択することを保証する．二つ目の条件は，囚人たちは互いを食い物にするターンをとることではジレンマから逃げ出すことができない，という言明と等価である．すなわち，相互の協調は，T と S を交互に行うよりも有利となる．繰り返し囚人のジレンマにおいて「騙し」を防ぐために，ほかにもいくつかの条件が規定される．

1. プレイヤーたちは，通信することも交渉することもできない．
2. プレイヤーたちは，強制的な脅迫や確約をすることができない．
3. プレイヤーたちは，他者が現在もしくは未来のターンに何をするかを知ることができない．
4. プレイヤーたちは，互いに消えることも交渉から逃げることもできない．
5. プレイヤーたちは，互いの利得を交換できない．

つまり，過去の行動の知識のみに基づいて，各プレイヤーは長期間における自分自身の利得を最適化するような戦略を定式化しなければならない．上で指摘したように，期間を固定したゲームでは，合理的なプレイヤーはいつでも裏切ることになる．もちろん，（ランダムバイアストネットで有名な）Rapoport (1965) が繰り返し囚人のジレンマの実証的な研究で解決したように，実際の人々はこのような行動をとらない．

[訳注2]．C は協調，D は裏切り行為を表す．

このパラドックスに遭遇すると，ゲーム理論家は答えをもたない．しかし，囚人のジレンマを連続して数多くプレーした普通の人間は，常に DD を選択することはない．確かに，DD を選択する長い期間が存在するが，同様に CC を選ぶ長い期間も生じる．明らかに，DD 戦略が唯一の合理的な守りの戦略であることに気が付くほど，並のプレイヤーは戦略的に洗練されておらず，この知的な欠陥がプレイヤーたちを負けから救い出している．

　Axelrod は，このパラドックスからの合理的な抜け道を発見した（Axelrod 1984）．それは，特に将来のラウンドに重点を置いてゲームが繰り返される必要があるということであったが，しかし，**正確なラウンド数**は依然としてわからないままである．すなわち，各プレイヤーは相手と再びゲームをする確率のみを知っている．これまで述べられたシナリオでおそらく最も現実的であるこのケースでは，協調が重要な役割を果たし，最終的には合理的なものと妥当なものが同時に現れ始める．事実，協調と裏切りを用いてとりうる戦略のすべての範囲は，合理的な戦略とみなされる．この条件下での問題は，他のプレイヤーが何の戦略を使っているかを知ることなしに，プレイヤーの効用を最大化する最善の戦略が存在しないことである．Axelrod はこれを，今では有名となったコンピュータによるトーナメントで包括的に実演した．その内容は，一流のゲーム理論家から戦略を募集し，すべての戦略を順繰りに戦わせるものであった．勝利者は Rapoport が投稿したしっぺ返し（Tit-for-Tat）戦略であり，この戦略は，実際に彼がほぼ 20 年前に人間を対象とした実験で観察したものであった．おそらく，しっぺ返し戦略の唯一最大の魅力は，その単純さである．最初のラウンドでしっぺ返し戦略は常に協調し，続くラウンドでは前のラウンドで相手のとった行動を真似る．それゆえ，この戦略は Axelrod が後に決定した，将来の行動が十分に重要となるさまざまな環境下で成功する鍵となる原理を具体化している．

1. **行儀が良い**——決して自分からは裏切らない．
2. **報復的である**——相手が裏切るとすぐさま，しっぺ返しする．

3. **寛容である**——一度相手が裏切りをやめると，次は裏切らない．
4. **わかりやすい**——相手がしっぺ返しの行動を予測するのは簡単である．

最初のトーナメントの結果が公にされ，2度目のより大規模なトーナメントが開催された後でさえ，しっぺ返し戦略よりも**常**に効率の良い戦略は一つも存在しなかった．つまり，しっぺ返し戦略は他の戦略から協調を導き出すことに優れており，それゆえ（時折利己的な振る舞いの犠牲になるものの）ほとんど常に良い成績となる．

Axelrod の結果は，ゲーム理論の発展において主要なステップであったし，いかなる Hobbes 流の中央的な権威も存在せず，また，血縁選択のような伝統的な進化生物学的メカニズムがない状況でも，競合するエージェントの集団で**互恵主義**を通じて協調がいかに進化しうるかという点に非常に深い理解をもたらした．Axelrod は，（しっぺ返し戦略の形式での）互恵主義による協調が広範囲の条件の下で合理的に最適な戦略であることだけではなく，**進化安定性**のより強い条件を満たすことを示した．この条件は，戦略が (1) 非均一な環境でも成長することが可能で，(2) 一度十分に定着すると，他の単一戦略による侵入に対抗可能で [*2]，(3) 非常に大きな非協調の集団において比較的少ない初期状態からでも定着可能である，ことを必要とする．

これは目覚ましい結果であり，これ以降しっぺ返しはゲーム理論の文献を支配し続けている．しかしながら，この研究の一つの重要な側面は，集団の構造を大きく見落としている点である．Axelrod は，優先的な混合（つまり協調者たちは，裏切り者たちよりも他の協調者たちとゲームをする傾向がある）の効果を考慮していなかった．しかし，実際の集団では，人々はしばしば自分たちが属しているネットワークにしばられて選択を行うものである．さらに実際のシステムは，小さなグループ内の個人間の協調や，個人と残りの社会全部との間の協調の問題を引き起こすが，ジレンマは単に二人のプレイヤーの相互作用のみを考えている．そして最後に，プレイヤーが利用可能な戦略は，ゲームの最初に指示されたもののみと仮定している．Axelrod の結果以降，これらの最初の単純化を取り除くよ

う多くの研究が取り組まれてきた．

8.1.2 空間的な囚人のジレンマ

　NowakとMayは，繰り返し囚人のジレンマが2次元格子上で行われる際に生じる付加的な複雑さを検討した一連の論文を発表している（主たる結果はNowak and May 1992, 1993; Nowak et al. 1994を参照）．この2次元格子上では，各プレイヤーは同じ戦略を使用し，自分と隣接するプレイヤーとのみゲームを行う．協調者と裏切り者のある初期状態の空間的な分布から始めて，各々のプレイヤーは隣接する他のすべてのプレイヤーとゲームを行い，次の行動では最も高い得点をとった隣接プレイヤーの行動を模倣する．この戦略はしっぺ返しよりも単純であり，ゲームの空間的な要素を際立たせている．主にコンピュータシミュレーションを用いることで，NowakとMayは，初期の協調者の小さな種（seed）が初期の裏切り者の集団を浸食する条件を発見し，得られたクラスタの統計量を観察した．同様に，パターンの時空間の進化が，初期状態および一つのパラメータに非常に敏感に依存するような，複雑で美しいパターンを観測した．そのパラメータは，相互協調の利得が相互の裏切りの利得を超える度合いであると解釈できる．最後に彼らは，ランダムエラーの場合，格子上にランダムな隙間のある場合，3次元格子の場合，（Huberman and Glance 1993の批判に応えて）プレイヤーの行動を非同期に変更した場合（つまり，プレイヤーたちは一度にすべてでなく，あたかも時計によって駆動されるようにランダムに分布した時間でその行動を更新する）などの効果を組み込むように結果を一般化した．

　空間に拡張された繰り返し囚人のジレンマのもう一つの変更は，Hertz（1994）によってなされた．彼は，空間的な繰り返しゲームではあるが，すべてのプレイヤーが，NowakとMayのWin-Stay, Lose-Shift戦略（1993）を利用した場合のダイナミクスを解析した．Win-Stay, Lose-Shiftは，自分の利得があるベンチマークの利得より小さくなるまで（協調か裏切りのどちらかの）現在の状態を維持し，ベンチマークの利得より小さくなった時点で他の状態へと切り替える，パブロフ的な性格を導入した．Hertzは，Win-Stay, Lose-Shift戦略の異なるパラメー

タの値に現れるゲームのいくつかのクラスをまとめ，さまざまな組み合わせ方法の可能性について検討した．しかしながら，これらの組み合わせは，そもそも近傍のトポロジというよりむしろ隣人の数という点で異なっており，さらに各隣人の明示的な大域情報がベンチマークの性能という形で含まれていた．というのも，そのベンチマーク性能は，すべての集団に関する期待性能からとられていたのである．

最後に Pollock（1989）は，Boyd と Lorberbaum（1987）による研究に続いて，1 次元および 2 次元格子上で，支配的なしっぺ返し戦略のグループと侵入する競合的な戦略のグループとの間で行われる繰り返し囚人のジレンマを検討した．Boyd と Lorberbaum が，（空間的な構造がない場合）しっぺ返し戦略が常に戦略の適切な**混合**によって侵入されうると結論付けたのに対して，Pollock は，集団の空間的な構造がしっぺ返しの進化的安定性を保証するのに役立っていることを示した．

つまり，集団構造の導入が，繰り返し囚人のジレンマの結果に重要な影響をもつことは明らかである．しかし，上で検討されたすべての研究は，1 次元もしくは 2 次元格子での相互作用に限定されており，協調が実際に創発するような多数の状況（つまり社会システムや生態システム）では現実的ではない．また，異なるネットワークトポロジをもつが他はまったく同じ条件のゲームを比較するという意味で，結合トポロジを重視している研究はなされていなかった．最近，Cohen ら（Cohen, Riolo, and Axelrod 1999）は，2 次元格子や正則ランダムグラフ（$k = 4$）上での囚人のジレンマを研究することで，上記の問題をまさに解決した．彼らはここで確認された結論，すなわち，ランダムに接続されたネットワークは正則格子よりも協調を支援しにくいということを発見した．

8.1.3　N プレイヤー囚人のジレンマ

今までに見てきたすべての研究は，厳密に二人のプレイヤー間で行われる囚人のジレンマ，もしくは複数回の調整された二人のプレイヤーのゲームから構成されるマルチプレイヤーのゲームを扱うものであった．多くの点でこれらの研究

は，集団の中の個人の相互作用が，複数で並列な二人プレイヤーの性質をしばしばもつという，悪くない近似となっている．BoydとRicherson（1988）は，隔離されているが完全に内部的に接続されたグループに集団が分離され，そのグループの各々のメンバーへの利得が協調者の数に比例するという，多少一般的な場合について検討した．彼らは，無制限の裏切りと対立するものとして協調的な戦略（しっぺ返し戦略を意味する）の安定性を検討し，グループのサイズが増加すると互恵主義を通じた協調を維持するのが困難になることを示した．また，後の研究（Boyd and Richerson 1989）では，間接的な互恵主義（AがBを助け，BがCを助け，…がAを助ける）は，鎖があまりにも長くなると，同様に協調を維持するのが困難であることを明らかにした．後者の研究は，事実上，彼らの1988年の論文とトポロジ的にまったく正反対である．なぜなら，トポロジが完全結合されたクラスタと対照的に，孤立した1次元の相互作用するプレイヤーの環構造を表しているからである．両論文における重要な要素は，集団内のプレイヤーのグループを孤立したものとして扱い，それゆえ局所的なダイナミクスのみを考えている点である．

　まったく正反対にGlanceとHubermanは，繰り返し囚人のジレンマに深く関係した問題，「外食のジレンマ（Diner's Dilemma）」を検討した（Glance and Huberman 1993, 1994）．問題は，あるグループが請求額を等しく分けるという了解の下で食事に出かける，という設定である．ジレンマは，値段の安いもの（すなわちより低い最終コスト）を注文するか，他人の費用をあてにして値段の高いものを注文するか（すべての人が同じことをするリスクがある）である．これは，いささか風変わりな前提であるが，個人が自分の時間，金，もしくは「共通の利益」に対する奉仕を貢献するよう要求される際にいつでも生じる，非常に一般的な状況である．個々の協調にはコストがかかるが，グループの協調は全員に利益をもたらすという意味で，外食のジレンマはN人プレイヤーによる囚人のジレンマの平均場バージョン（すなわち，全員が集団の平均的行動に逆らうよう振る舞う）とそっくりである．この場合，期待時間視野でコストと利益が予想される．これは，強力で的確なアプローチである．しかし，純粋に大域的な視点で

見ると，このアプローチは社会の構造的な機能や，その結果として生じるネットワークの中の協調の動的な側面をなくしてしまっている．後で見るように，この要素は重要である．

8.1.4　戦略の進化

進化は，多くの文脈でしばしば異なる意味や言外の意味を伴って使われる単語である．例えば動的システムの時間的進化は，進化的アルゴリズムの行動の下でのセルオートマトンのルールの進化とは異なり，さらに，例えば Axelrod（1980, Axelrod and Hamilton 1981; Axelrod and Dion 1988）によって研究された，マルチプレイヤーの繰り返し囚人のジレンマにおける成功する戦略の優先的再生産とも異なる．

ここで，特別な**行動**の**創発**と特別な**戦略**の**進化**との間で生み出される違いについて見てみよう．創発は均質な集団から生じうるもので，すべてのプレイヤーが同じ戦略を採用し，特別な初期状態で開始される．すなわち，初期状態の協調者の小さな種が，初期状態の裏切り者の海を首尾良く侵食していくのであれば（すべてのプレイヤーはしっぺ返し戦略を用いる），集団中に協調が**創発**する（8.2 節を参照）．それに対して，進化は非均一の集団からのみ生じうるもので，異なる戦略が異なる状態と同じように存在する．前と同様に，集団がある状態の初期分布から始めて，一度もしくは多数回ゲームをするとする．結果の利得はどの戦略が最善であるかを決定する際に用いられ，最善の戦略は優先的に再生産されることが可能である．この過程が何世代にもわたって繰り返され，最終状態が協調者によって支配されれば，協調が**進化**したということになる（8.3 節を参照）．

これらの定義は，役に立つ指針であるが厳密ではない．例えば，進化は多数の方法で生じうる．Lindgren（1991; Lindgren and Nordalhhl 1994）は，Mitchell-Crutchfield のセルオートマトンに対するアプローチ（第 7 章を参照）を思い出させるアプローチを採用している．すなわち，戦略をビット列として表現し，成功した戦略を再生産することを許し，進化的な交叉と変異を通じて**新しい**戦略を生成する．おそらくこれは真の進化であるが，われわれが理解可能な高級言語とい

う観点からすると，得られた戦略を解釈するという厄介さに苦しむことになる．一つの妥協は，より制限されたバージョンの進化で満足するということである．このバージョンでは異なる戦略が集団の中の支配を争うが，様子を見ながら戦略自身を変えるということはしない．これは，生物学的進化の現実的な表現ではないかもしれないが，創発の表現とは定性的に**異なる**ものである．すなわち，選択圧がプレイヤーの**行動**（表現型）に作用するが，それは世代から世代へと変化する**戦略の分布**（遺伝子型）である．

8.2 均一な集団での協調の創発

最初の問題は，各プレイヤーが**同じ戦略**を利用する繰り返し囚人のジレンマで，どの**行動**（協調もしくは裏切り）が支配的になるかに関して，結合トポロジでの変異がどのように影響を与えるかを理解することである．とりわけ，以下の二つの**更新ルール**を考える．

1. **一般化されたしっぺ返し**——各プレイヤー v は，すべてのプレイヤーで同じ値をとる**硬度**（hardness）h $(0 \leq h \leq 1)$ をもち，ゲームは，ある協調者および裏切り者からなる初期状態から始められる．$t = 0$ 以後の各時間ステップで，各プレイヤー v は直前の時間ステップで協調した隣人の割合を計算する．この割合が h よりも大きければ v は次の手を協調にし，それ以外の場合には裏切りとする．それゆえ，大雑把に言うと，$h = 0$ は常に協調，$h = 1$ は常に裏切りと等価であり，$h = 0.5$ は二人ゲームでのしっぺ返し戦略に相当するが，k プレイヤーに一般化されている．

2. **Win-Stay, Lose-Shift**——各プレイヤー v は直近の各隣人と対戦し，利得を計算する（前と同様，ゲームはある初期状態から始まる）．v が（自分自身を含む）隣人の平均利得と同じかそれ以上の点数をとった場合，v は「勝ち」であり，現在の行動を維持する．それ以外の場合は「負け」であり，現在の行動と反対の行動に変化する．

これらの二つのルールは，各プレイヤーが**局所的な環境**で利用できる情報のみ

を利用するため，**局所的なルール**である．それに対して，全システムにおける協調者の割合というのは，ダイナミクスの**大域的な**特性である．前と同様に，局所的なダイナミクスは一定に保たれるので，大域的なダイナミクスの変化は結合トポロジに関連付けられた変化によるものでなければならない．

8.2.1　一般化されたしっぺ返し

　競合的エージェント間の協調の創発と維持を数学的に考えてみると，しっぺ返しが疑う余地のない出発点となる．これまでのところ，もともと定義されたしっぺ返しは，二人ゲームでしか意味をなさない．おそらく，三人以上のプレイヤー用のルールの最も明らかな拡張は，単に各プレイヤーが同時ではあるが分離された状態で他のすべてのプレイヤー（もしくはその部分集合）と二人ゲームを行うことである．しかし，その代わりに各プレイヤーが隣人の平均的な行動に対して1回のゲームのみを行うことが可能であるときには（**一般化されたしっぺ返し**），全プレイヤーと二人ゲームを行う方法は，あまりたいしたことのない利益のために非常に多くの計算コストを費やす結果となる．もともとのしっぺ返し戦略の定式化にさらなる柔軟性をもたらすため，一般化されたしっぺ返しは，プレイヤーが多かれ少なかれ本質的に協調的になりうるという利点をもつ．

　しかし，物事を簡単化しすぎてしまうのは間違いである．GlanceとHuberman (1993) の結果を思い出してみると，**非同期の更新**形式を採用すると，すべてのプレイヤーは各時間ステップで，ランダムな順序で1回更新を行う．その際，各プレイヤーは，次々により先に更新が起きた近傍のプレイヤーが生成した情報を利用する．これは，両プレイヤーの更新が同時に起こり，互いに他者の行動は後にならないとわからないという，もともとの囚人のジレンマゲームとは食い違っているように見えるかもしれない．しかし，同期的な更新は，分散されたマルチプレイヤーの状況を，全員が毎回同時に次の行動を決定するという現実からは想像もできない，完全に異なるものにしてしまう．

　この手続きを用いて，$n = 1000$, $k = 10$ で，初期の20の協調者からなる種をもつ，一般化されたしっぺ返しゲームの結果を図8.1, 図8.2に示す[*3]．異なる

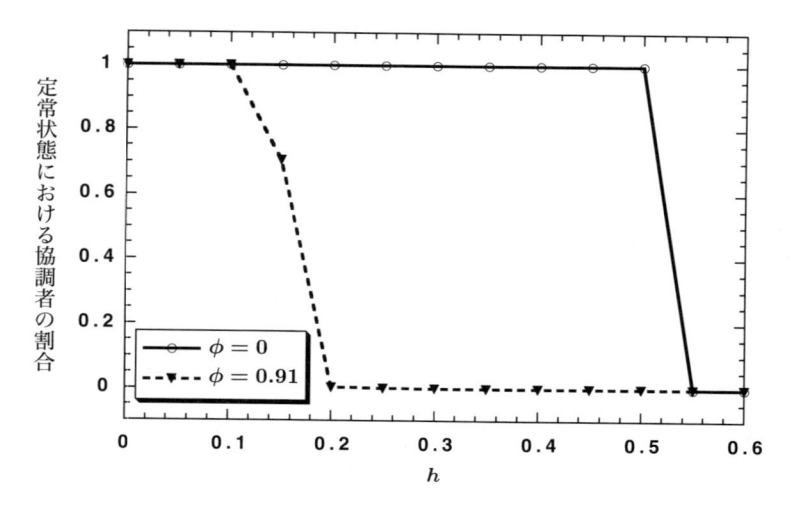

第 8 章 スモールワールドでの協調——グラフ上でのゲーム——

図 8.1 β グラフ上の一般化されたしっぺ返しゲームにおける, h と (定常状態の) 協調者の割合. すべてのプレイヤーは同じ硬度 h をもつ. β グラフの二つの対極タイプ (1 次元格子とランダム極限) の曲線を示す.

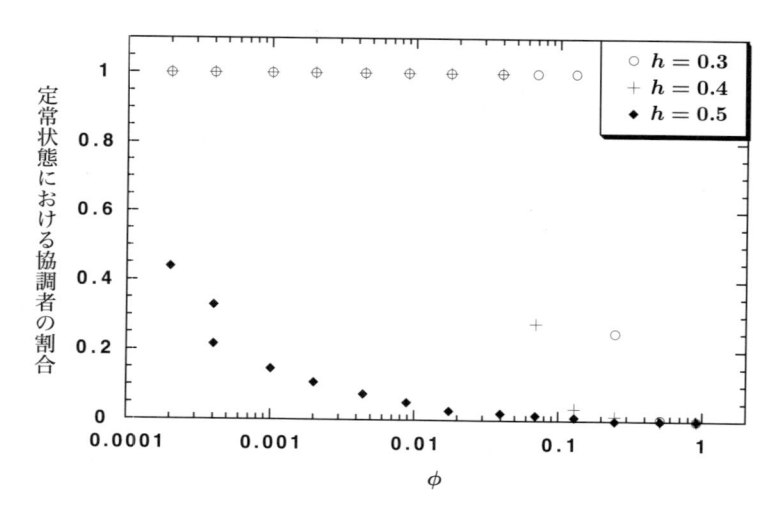

図 8.2 β グラフ上の一般化されたしっぺ返しゲームにおける, ϕ と協調者の割合. h の値の違いによる三つの曲線は, ϕ の変動依存性を強調している.

ϕ に対して定常状態での協調者の割合（C_steady）は，硬度 h の異なる関数依存性を示している（図 8.1）．実際，h を感染しやすさの逆数（大きな h ほど協調の拡散が減る），C_steady を「協調に感染した」プレイヤーの割合と考えてみると，結果は第 6 章の永久排除のダイナミクスの結果と同じである．しかし，微妙な違いもある．疫病拡散モデルでは，個々人はある確率 ρ で各隣人に感染させる．それゆえ，このルールは事実上，もし自分が感染したエージェントを知っていれば疫病にかかるチャンスがある，となる．しかし，その代わりにこのモデルのルールは，友人の多くが先に何かをすれば，ようやく自分はそれを行える（感染する），というものである．それゆえ，病気というよりもむしろ仲間からの圧力に近い．硬度 h は，いかに人々がその圧力を跳ね返せるか（すなわちいかに惑わされ**にくいか**）という尺度となっている．この区別の重要な結果は，病気の拡散はネットワークの固有パス長に非常に敏感であるが，協調はクラスタ係数に非常に敏感であるということである．理由は簡単である．一つのクラスタ化された世界で，プレイヤーの小集団が互いに協調すると決定すると，クラスタの境界の内側では，各プレイヤーは他の協調者とのみ付き合いをもつ．それゆえ，すべての行動はクラスタの境界に閉じ込められ，その境界は h に依存して緩やかに拡大もしくは縮小する．これは Axelrod の優先的混合の世界であり，条件付きの協調者の少数の種が，条件なしの裏切り者の集団に侵入しうることを示している（Axelrod 1980）．しかし，ランダムな世界では，初期の協調者のクラスタは同様のやり方ではもはや裏切り者の海から遮断されずに，種の中の各プレイヤーは多かれ少なかれ自分の戦いを行わなければならない．そして，協調者の初期割合が非常に大きいか，h が非常に小さくない限り（$k = 10$ に対して $h \leq 0.1$ が必要），協調は急速に崩れる結果となる．前者は十分な数の協調者が集団のランダムなサンプルの中でも見つかる場合であり，後者は協調が高感染性の病気のように急速に拡散する場合である．

スモールワールドグラフでは，状況はより複雑になる．図 8.2 は，異なる h に対して ϕ に対する C_steady の依存性が一致しないことを表している．相対的に「軟らかい」集団（$h = 0.3$）では，スモールワールドグラフは（ランダムグラフ

では完全にまだ不可能であるにもかかわらず）協調の成長を見せている．しかし h が増加するにつれ，協調が崩れる ϕ の値は急激に小さくなる．これらの結果の総合的なメッセージは，スモールワールドグラフでの協調の創発には，**いくらか協調する傾向にあるはじめからの（しかし急速に拡散する）集団が必要である**ということである．それに対して，集団が**わずかに**そのような傾向をもつ場合には，例えば 1 次元格子では，協調は（非常に緩やかに）成長する．

この結果を考えるもう一つの方法は，マルチプレイヤー囚人のジレンマにおいて，n が増加すると協調を維持することが困難になるという Boyd と Richerson (1988) の観察結果を思い出すことである．図 8.2 は，この観察結果を新たな見方で確かめている．ϕ が増加するにつれて局所的な近傍は，次第に世界全体の代表となり，それゆえ，**平均連結数は固定されている**にもかかわらず，各プレイヤーが相互作用する集団の実効的なサイズが大きくなる．またもやスモールワールドトポロジにおいて，局所的および大域的なスケールがぶつかるこの現象に出くわしたわけである．

協調の拡散と感染性の病気の拡散との間のもう一つの違いは，定常状態（t_steady）に達するまでの時間にはっきり現れる．図 8.3 は，t_steady が式 (6.5) で与えられたものと同じ範囲を満たさないことを示している．これはおそらく二つの要素の組み合わせのためである．すなわち，（あるラウンドのあるプレイヤーの更新においては，そのラウンドで先に更新した隣人との相互作用が可能であるので）非同期の更新は同期の更新よりも高速に拡散可能であること，および，閾値条件の大雑把さ（h は協調を導き出すのに必要とされる協調的な隣人の**整数**値に変換されなければならない）である．これらの要素は，t_steady の範囲を解明することを困難にしている．

前の章で検討してきた動的システムと同じように，もっともな疑問は，繰り返し囚人のジレンマのダイナミクスが，グラフのモデルの変化に関して不変であるかどうかである．言い換えると，本当に知りたいことは，統計量 L, γ, ϕ が，$C(t)$ のような大域的な統計量を生み出す動的な相互作用のすべての複雑さをとらえるのに十分であるかどうかである．これまでの α, β モデルのダイナミクス

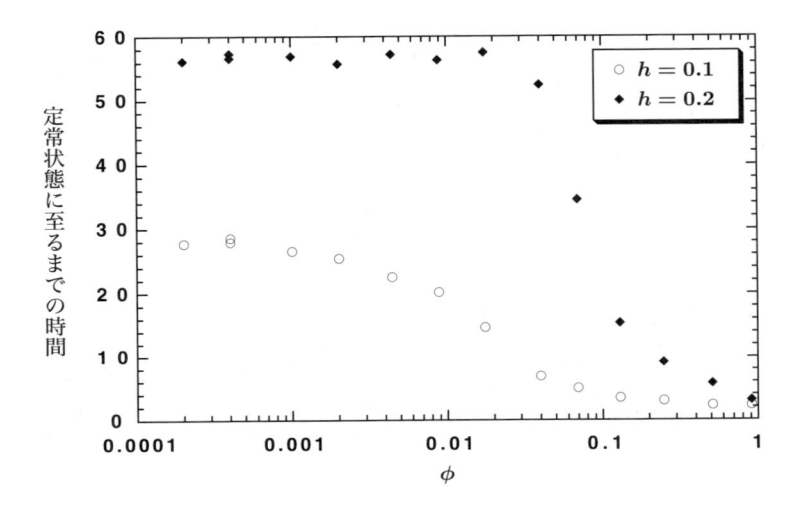

図 8.3 β グラフ上の一般化されたしっぺ返しゲームにおける，ϕ と定常状態に達するまでの時間．この場合にも，異なる h の値が ϕ の異なる依存性を示している．

の一致は，喜ばしい驚きのようなものであり，長さとクラスタの統計量が，少なくとも物語に不可欠な要素であるに違いないことを示している．不幸にも（見方によっては幸運にも），物語はより**複雑になってしまっている**．以下の結果と 8.3 節の結果は，議論が制限されてきた非常に単純な動的システムでさえ，$L(\phi)$ や $\gamma(\phi)$ に対して非常に敏感であることを示している．

図 8.4 は，$\phi = 0$ と大きな ϕ という非常に特殊な場合の α グラフ，β グラフの $C_{\text{steady}}(h)$ を比較している．大きな ϕ ではこれがランダム極限であるため，二つのモデル間には違いがないはずであり，すべてのランダムグラフが多かれ少なかれこのケースに当てはまる．図 8.4 はこの不変性を支持しているが，$\phi = 0$ の極限では同じにならないことに注意が必要である．この理由は，またもや閾値 h の大雑把さによるものと思われる．$\phi = 0$ の β グラフは k-正則である必要があるが，α グラフは，$\phi = 0$ で k に関して非常に大きな分散をもつ（$\phi \approx 1$ でもほぼ同じである）．すなわち，α モデルで同じ h は，個々の近傍のサイズに依存して，

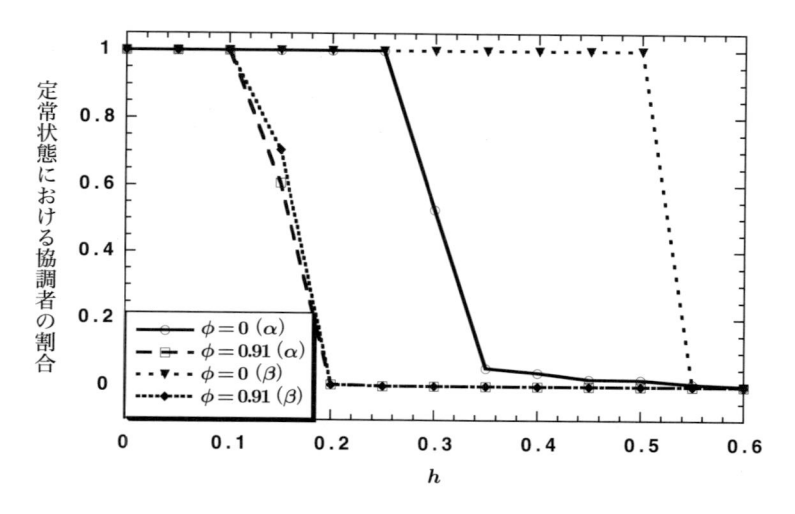

第8章 スモールワールドでの協調——グラフ上でのゲーム——

図8.4 α および β グラフ上の一般化されたしっぺ返しの比較。$C(h)$ は近似的にランダム極限の関数型と同じであるが、$\phi = 0$ の極限ではまったく異なる。

異なる数の必要協調者数を導く。β モデルではそうはならず、$(\phi = 0$ で) すべての近傍は同じサイズをもつ。またもや、局所的なダイナミクスにおけるわずかな違いが、グラフの構造とともに相互作用を通じて、大域的なダイナミクスに主たる影響を与えているようである。さらに重要なことに、これまで重要視してきた統計量は、これらの相互作用をとらえるのに適していないように見える——これは誰をも驚かせないお告げである。

一般化されたしっぺ返しゲームを終える前に、いくつかの空間グラフの結果を、順を追って見ていく。結果はやや見慣れたものかもしれない。図8.5 は、二つの特殊な場合 (1次元格子とランダム極限) において、$C_{\text{steady}}(h)$ が空間グラフと β グラフで似たような挙動を示すことを表している。図8.2 と定量的に比較することは困難であるが (ξ と β は一つのパラメータの観点で表現できないため)、図8.6 は上記の印象をさらに強めている。しかし図8.7 は、上の β グラフの結果と対照的に、(少なくとも一つの h の値に対して) t_{steady} が $L(\xi)$ によって

8.2 均一な集団での協調の創発

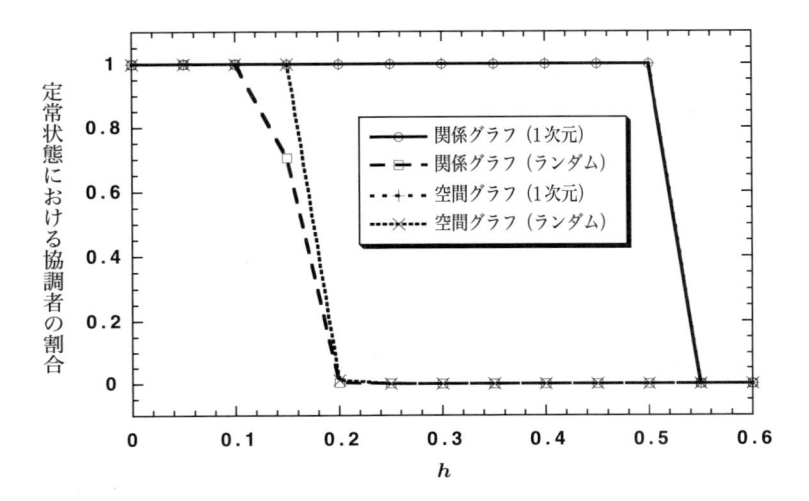

図 8.5 β グラフおよび一様分布空間グラフモデル上の一般化されたしっぺ返しの比較．$C(h)$ はランダム極限および 1 次元格子極限の両方で近似的に同じ関数型をもつ．

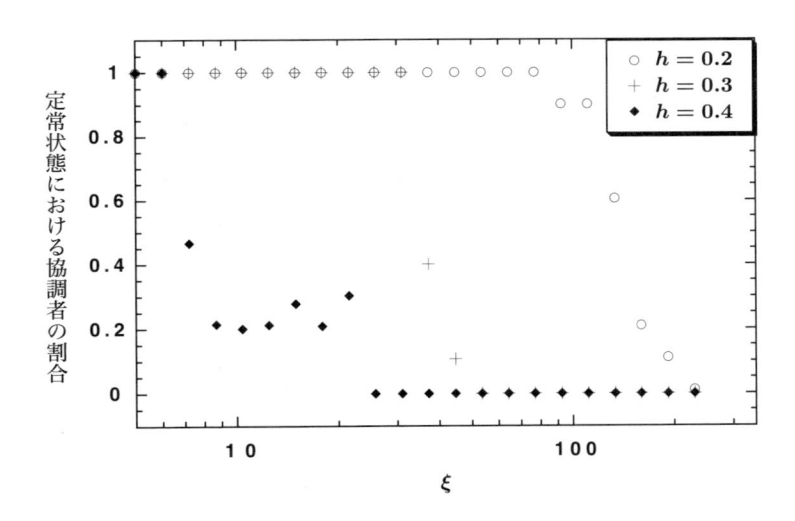

図 8.6 一様分布空間グラフモデル上の一般化されたしっぺ返しゲームにおける，ξ と（定常状態の）協調者の割合．h の値の違いによる三つの曲線は，ξ の変動依存性を強調している．

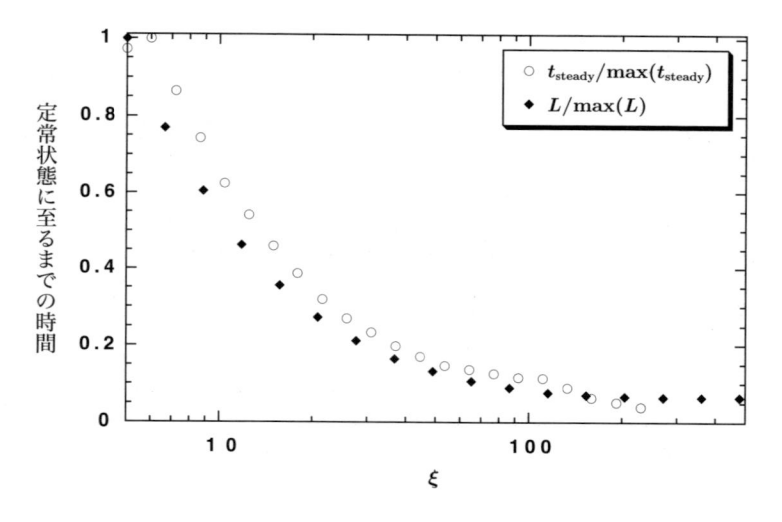

図 8.7 一様分布空間グラフモデル ($h = 0.2$) 上の一般化されたしっぺ返しゲームにおける，ξ と定常状態に達するまでの時間．プロットは $L(\xi)$ と似たような関数型をもつ (t_{steady} および L はその最大値でスケールされている)．

直接的に決定されることを示している．

8.2.2 Win-Stay, Lose-Shift

上で述べた矛盾にもかかわらず，一般化されたしっぺ返しモデルの結果は第6章の結果とそれほど異なっていない．実際，病気とほぼ同じような方法で，少数の初期の種から社会に拡散するものとして協調を考えるのは，意味あることのようである．そして，そのような拡散の有効性は，まず第一に，市民が協調しやすいかどうかによって支配される．Win-Stay, Lost-Shift は，まさに異なる種類の心理を表現している．この戦略で行動するプレイヤーは，特定の行動をとりやすいということはない．単に報償を導き，罰を避けたいだけである．それゆえ，Win-Stay, Lose-Shift は（よだれを垂らす祖先にちなんで）パブロフ戦略としても知られており，単なる拡散に帰着できないダイナミクスを生み出す．そのため，実際にはより複雑なことが起こりうる．例えば，単一の協調者 v が初期状態の裏

8.2 均一な集団での協調の創発

切り者（すべてが Win-Stay, Lose-Shift を用いている）の海に投入されると，協調者はすべての隣人に完全に負かされ，次のラウンドで裏切り者へ移ることになる．それまでの間，この行動が孤独な協調者から上手に搾取できるので，すべての隣人は喜んで裏切り続ける．しかし，**彼らの隣人**（すなわち $\Gamma^2(v)$ の要素）の何人かはカモの v にたどり着けず，それゆえカモの隣人プレイヤーが得るよりも低い点数しかもらえない．結果として，彼らは平均利得未満でしかゲームができず，自分の行動を協調（最初に v に面倒を引き起こした行動であるとは気付かずに）に変更するよう決定する．

生み出されるダイナミクスは（シミュレーションで検出できた限り），定常状態にも周期的な軌道[*4]にもならないほど十分複雑である．しかし，システムの**統計量**（すなわち協調者の割合 $C(t)$）は，漸近的に安定した値に落ち着く．十分興味深いことに，すべての n，すべての初期状態，そしてほとんどの ϕ に対してさえ，システムは同じ C の値に落ち着くように見える．図 8.8 は，大きな ϕ に対して協調がわずかに**より優勢**（しかし，縦軸を見るとたいして大きくない）で

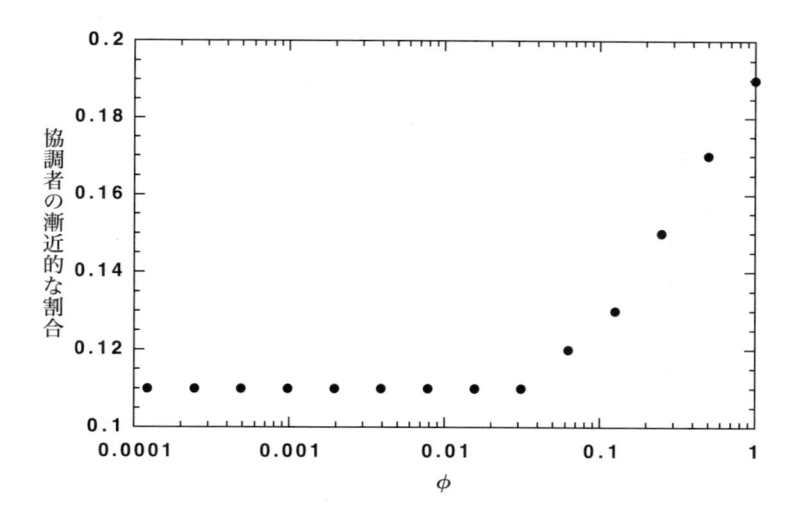

図 8.8　β グラフ（$n = 1000$, $k = 10$）上の Win-Stay, Lose-Shift 戦略における，協調者の漸近的な割合．

第8章 スモールワールドでの協調——グラフ上でのゲーム——

あり，協調者が大きな ϕ で持続するのが難しかった前の節の結果と異なっている．しかし，トポロジはなお重要な役割を演じている．図 8.9 は，前に見たものとほぼ同じように，漸近的な状態に達するまでの所要時間が ϕ によって劇的に変わることを示している．さらに t_{asymp} は，$\phi = 0$ で n に対して線形に増加し（図 8.10），$\phi \gtrsim 0.002$ では対数で増加している（図 8.11）．$\phi \approx 0.002$ が，対数の長さのスケールが観測される最小の ϕ であるのは偶然ではない．$0.002 = 1/500$ であり，$n = 500$ は今回試した範囲における最小のグラフであり，$\phi = 0.002$ は最小のグラフが一つのショートカットを含むと期待される値なのである．それゆえ，$n \to \infty$ の極限では任意の $\phi > 0$ が t_{steady} の対数スケーリング——関係グラフの長さスケーリングのための条件とまったく同じ条件——を生じさせると予想するかもしれない（第 4 章を参照）．またもや，グラフの基礎をなす長さ特性が，（少なくとも，ある）大域的なダイナミクスを生じさせる時間スケールを決定する際に重要となるようである．

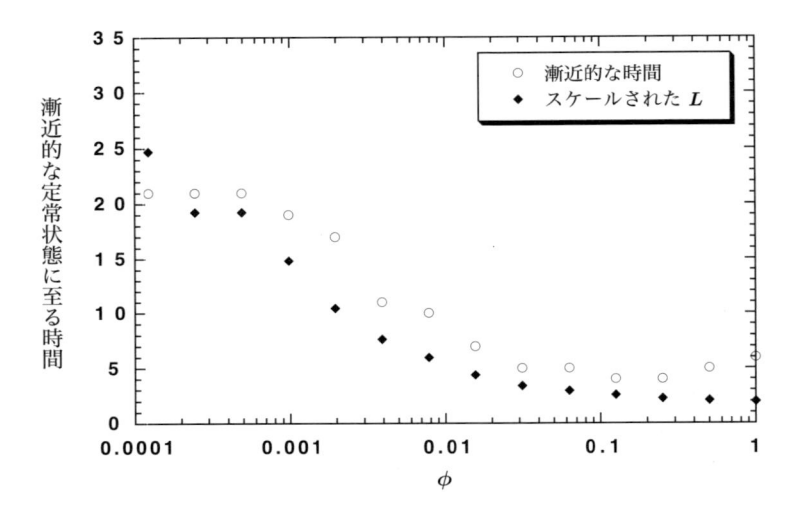

図 8.9 β グラフ（$n = 1000$，$k = 10$）上の Win-Stay, Lose-Shift 戦略における，ϕ および漸近的定常状態に達するまでの時間．比較用にスケールされた $L(\phi)$ も示す．

8.2 均一な集団での協調の創発

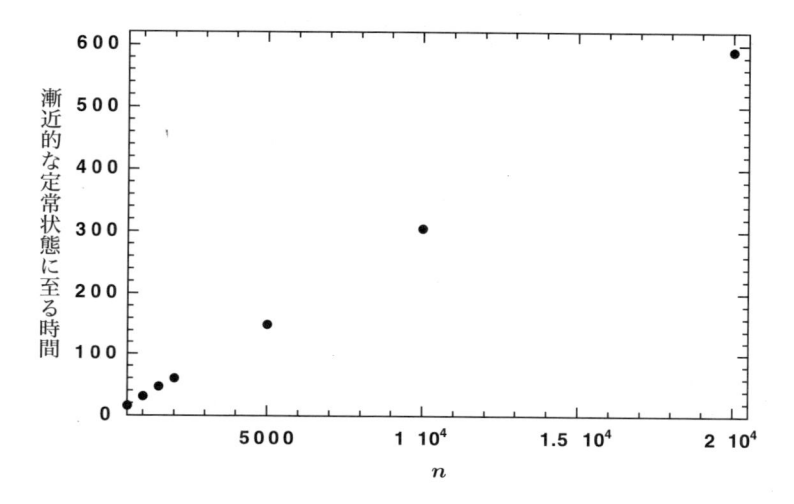

図 8.10 β グラフ（$\phi = 0$, $k = 10$）上の Win-Stay, Lose-Shift 戦略における n に関する t_{asymp} のスケーリングは，明らかに線形となる．

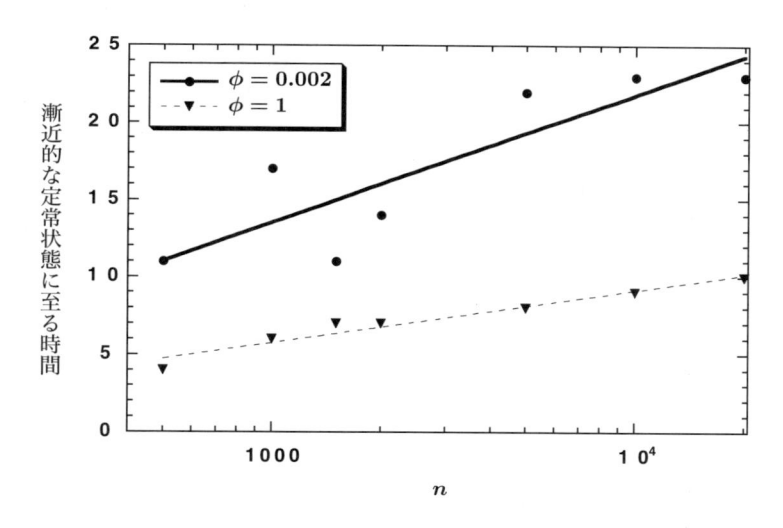

図 8.11 β グラフ（$\phi = 0.002$, $\phi = 1$）上の Win-Stay, Lose-Shift 戦略における n に関する t_{asymp} のスケーリングは，対数増加となる（$k = 10$）．明確にするために，対数関数による曲線のフィッティングを示す．

8.3 非均一の集団における協調の進化

進化は，協調の創発から引き出される次の自然なステップである．すなわち，複数の戦略が共存しうる状況で，集団の構造に応じた成績の良い戦略の進化はどうなるのか？ 単一の繰り返しマルチプレイヤー囚人のジレンマゲームを行う代わりに，ある選択基準によって各プレイヤーが使用する戦略がそれぞれ変更されうる，一連のゲーム（世代）を行うことができる．これは，前の例題よりもより複雑な動的システムである．なぜなら，このゲームは2種類のダイナミクスに関係するからである――与えられた世代のうちでプレイヤーの状態に生じたことを表現する**行動ダイナミクス**とも呼ばれるもの，および，更新ルールが一連の世代にわたってどのように変化したかを表現する**戦略ダイナミクス**である．

前に述べたように，ここで検討する戦略ダイナミクスは非常に制限されたものであり，戦略自身は変化しない．むしろ，戦略の初期集合が何らかの方法で与えられた後には，個々のプレイヤーがある種の選択基準に基づいて現在の戦略からほかに利用可能な選択肢へと変化する（これは**メタ戦略**と考えられる）．それゆえ実際には，進化とは集団における戦略の**混合**に対応する．とりわけ戦略の初期範囲は，異なるhをもつ一般化されたしっぺ返しルールから構成され，そのメタ戦略は**模倣戦略**（copycat）と呼ばれる．模倣では，各世代の最後に，各プレイヤーが（ゲーム全体のすべてのラウンドにわたって）自分の得た得点と各隣人の得点を算定する．そして各プレイヤーは，隣人のうちで最高得点を得た**戦略**を次のゲームの戦略（それが自分自身の戦略であることもありうる）に採用する．それゆえ，成功した戦略は優先的に再生産され，成功しなかった戦略はサイトごと消され，集団の中から結局消え去ってしまうかもしれない．

以下では二つのシナリオを考え，その各々が100世代の進化をするとする．

1. **無条件の裏切り者**（$h=1$）の集団に埋め込まれた，小さな割合（集団の0.1）の**無条件の協調者**（$h=0$）
2. 無条件の裏切り者の集団に埋め込まれた，小さな割合（同様に0.1）の**条件付きの協調者**（$h=0.5$）

8.3 非均一の集団における協調の進化

図 8.12 および図 8.13 は，またもや大域的なダイナミクスが α モデルと β モデルにおいて一貫して働かないことを示している．α グラフにおける相対的に大きい次数の分散は，低い ϕ において協調の拡散を弱らせる効果をもつようである．しかし，前の結果との興味深いずれは，少なくとも α グラフの場合，協調がより大きな ϕ に対して必ずしも悪く働いていないということである（図 8.13 のこぶに注目）．つまり，無条件の協調者と条件付きの協調者の両者は，少なくとも穴居人グラフやランダムグラフよりも，ある種のスモールワールドグラフでうまくやっていけることを表している．

それに対して一様分布空間グラフモデルは，ξ が増加するにつれ協調が急速に，そして少々の中断を伴って消えていく．図 8.14 および図 8.15 は，無条件の裏切り者が $\xi > k$ において，両方の代替戦略を支配していることを示している．これが，より広い範囲の戦略が競合する，より非均一な環境でも同様にそうなるかどうかを調べることは興味深そうである．

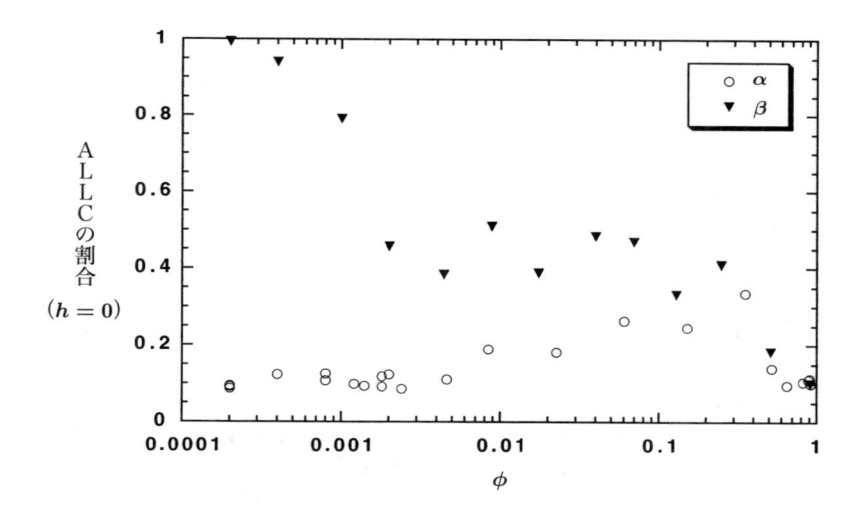

図 8.12 無条件の裏切り者 ($h = 1$) の集団で初期の種から生まれた，無条件の協調者 ($h = 0$) の進化の割合．α グラフおよび β グラフ間の比較が ϕ の変化とともに示されている．

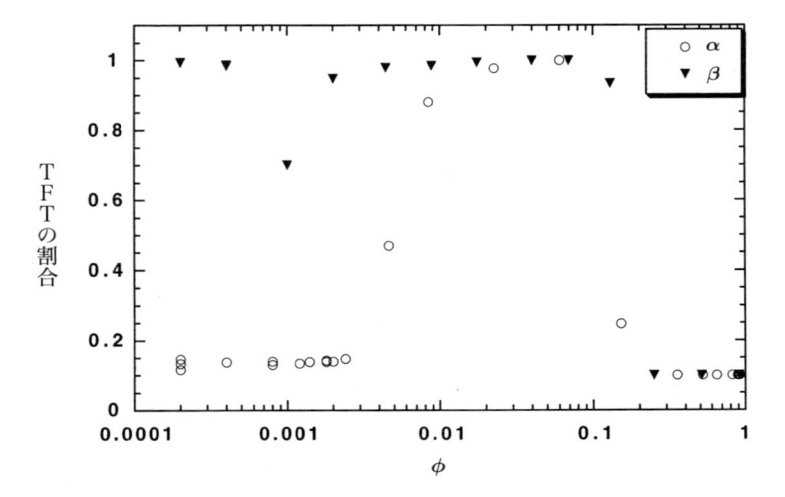

第 8 章 スモールワールドでの協調——グラフ上でのゲーム——

図 8.13 無条件の裏切り者 ($h = 1$) の集団で初期の種から生まれた，条件付きの協調者 ($h = 0.5$) の進化の割合．α グラフおよび β グラフ間の比較が ϕ の変化とともに示されている．

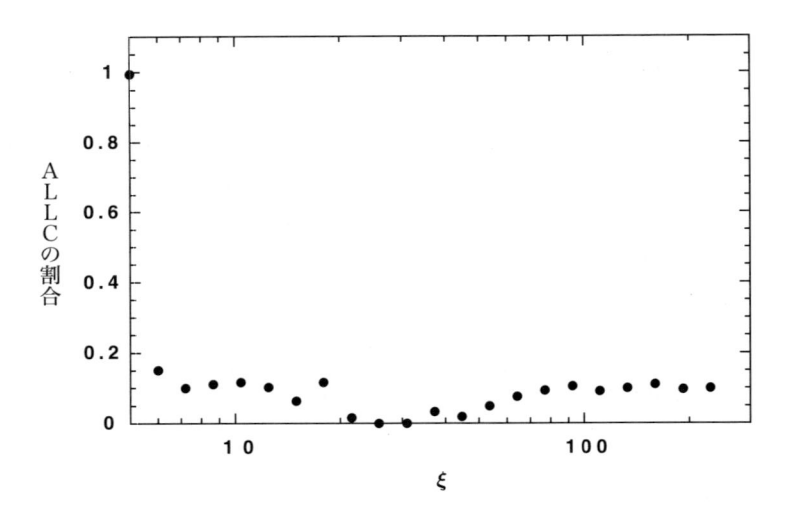

図 8.14 均一空間グラフ上の無条件の裏切り者 ($h = 1$) の海における，無条件の協調者 ($h = 0$) の割合と ξ．無条件の協調者の初期状態の種のサイズは集団サイズの 0.1．

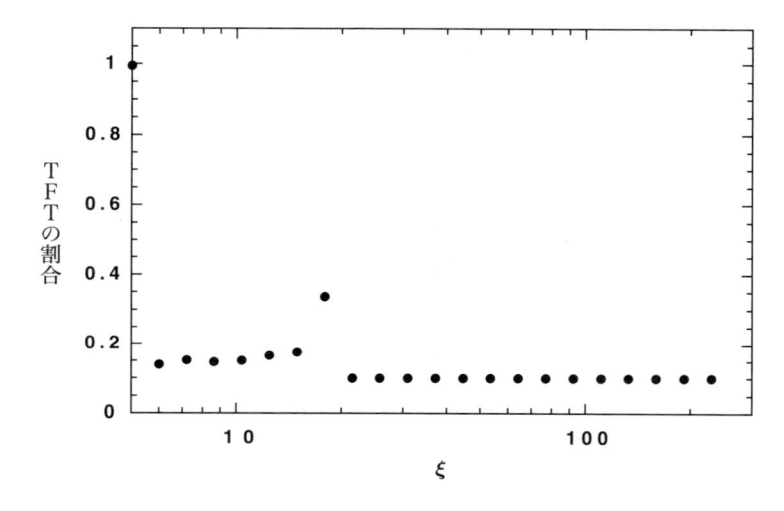

図 8.15 均一空間グラフ上の無条件の裏切り者 ($h = 1$) の海における，条件付きの協調者 ($h = 0.5$) の進化割合と ξ. 無条件の協調者の初期状態の種のサイズは集団サイズの 0.1.

8.4 まとめ

まとめると，第 I 部で示したトポロジを協調のゲームに取り入れることで，均一な集団における協調動作の創発と，非均一な集団での協調戦略の進化（もしくは，より正確には優先的再生産）の両者に対して，著しい改善がもたらされたように見える．一般化されたしっぺ返し戦略の場合，ランダムグラフのようなあまりクラスタ化されていないグラフでは，**協調はうまくいかない傾向にある**．残念ながらこの知見以外に，一般的に適用可能な教訓に関して多くのことをシミュレーション結果から導き出すことは難しい．これは，囚人のジレンマで定義される協調やしっぺ返しのような戦略の成功が，非協調世界の悪に対してともに団結した協調者の**集団**の存在，および**互いに**協調することで得られる得点に依存しているからである．一度，少数の裏切り者がこの種にショートカット経由で侵入すると，未熟な協調は内側から駄目になってしまい崩れ去る．しかし，戦略の進化という文脈では，協調がときどき（ランダムグラフではなく）スモールワールド

第 8 章　スモールワールドでの協調——グラフ上でのゲーム——

グラフで優先的に進化するように見えることから（図 8.13 を思い出そう），これがいつも駄目になるわけではなさそうである．

　しかし，この物語をより肯定的に変える見方がある．少なくともある h の範囲において，（ランダムワールドではそうではないけれども）スモールワールドでは協調がうまくいく．これは，組織設計に関して，効率の良い情報の伝達および一般的な協調動作の両者が，組織の性能面でより重要となるという推測をもたらすかもしれない．ネットワークの接続性を変化させることによってこのような最適化問題を解くアプローチは，多くの注目を浴びているわけではない．しかしこのアプローチは，すべての応用分野の範囲において有効であるという結果になるかもしれない．

第 9 章

結合振動子における大域的な集団同期

　これまで議論してきたすべてのシステムの際立った特徴は，**離散性**である．つまり，これらのシステムのとりうる状態は，たかだか有限個，例えば「オンかオフ」，「協調か対立」，「感染前か感染しているか，あるいは除去されたか」のうちの一つである．これらと質的に異なったタイプのシステムとは，**連続的**に変化する状態をとりうるシステムである．この二つのシステムのクラス——離散的なものと連続的なもの——の振る舞いは，往々にして似て非なるものである．よって，ある単純な連続的システムの振る舞いが，離散的システムのようにネットワーク構造の影響を受けて変化するか否かは興味深い問題である．そこで，結合振動子，中でも特定の単純な結合振動子を考えてみる．結合振動子については，平均場的な結合や環構造状の結合について，今までに多くの研究がなされてきた．一方，ここでの目的は，結合のトポロジとシステムの振る舞いとを対応付ける**一般的な**理論を導き出すことではなく，システムの大局的な振る舞いの変化の中から結合トポロジの変化に起因するものを分離し，その特徴を理解することである．そのために，特定の単純なシステムを選んで解析する．それでも今まで見てきたように，状況は十分に複雑である．

第 9 章　結合振動子における大域的な集団同期

9.1　背景

　結合振動子は興味深い大きな研究テーマであり，関係する分野はグラフ理論のように多岐にわたり，より長い歴史をもっている．このテーマに関する最初の記録は，1665 年に Christian Huygens が父親に宛てた手紙（Huygens 1893）の中にある，相互に依存して結合しているような二つの振動子の振る舞いに関する記述である．Huygens は，当時病気で床に伏していたのだが，壁に並べてかけられている二つの振り子時計が正確に同じ時刻を示しており，一時的に一方の振り子の揺れが乱されてもまた同期した状態に戻ることに気が付いた．ところが，時計を部屋の両端に離して置いてみたところ，それぞれが示す時刻は次第にずれていった．彼はこれを，十分近い距離にある二つの時計は，壁を伝わる振動によって**結び付けられている**（coupled）と結論付けた．

　17 世紀より，結合振動子に関する理論的あるいは実験的研究成果は，神経生理学（Kopell 1988; Schuster and Wagner 1990a, 1990b），集団生物学（Buck 1988），物理学（Hadley et al. 1988），さらには女性の月経周期（Russell et al. 1980）などさまざまな分野に影響を与えてきた．これらの研究のほとんどはここ 30 年の間に発展を遂げてきたものであり，Arthur Winfree（1967）の非常に独創的な研究に端を発している．Winfree は，コーネル大学の学部卒業後，外部からの摂動に対しても**安定で**，**自律的に状態を維持する**（self-sustaining）ような，互いに**緩く結び付けられた**振動子集団に関する研究を行っていた．このような性質をもつモデルは，生物によく見られるような，外部から駆動され非線型な減衰をもつ振動子を表現することを意図したものであるが，これによって考えるべき変数の数を大幅に減らすことができる．つまり，振動子の状態を**すべて**詳細に記述しようとすると，それは高次元の位相空間（phase space）の点に対応すると考えられるが，その動きは振幅が固定された単一の**リミットサイクル**上の小さな摂動の範囲に限られるのである．よって，それぞれの振動子の状態は，リミットサイクルにおける**位相**（θ）という一つの変数で把握できる．さらに，緩い結合という前提から，他の振動子から受ける影響は位相に対してだけであり，振幅には作用しな

いことが保証される．Winfree は，これらの制約を利用して，**位相振動子**（phase oscillator）を単純な式によってモデル化した．

$$\dot{\theta}_i = \omega_i + Z(\theta_i) \sum_{j=1}^{n} X(\theta_j) \tag{9.1}$$

ここで

- θ_i は i 番目の振動子の位相
- ω_i は i 番目の振動子の固有周波数
- Z は感度関数
- X は影響関数

である．

そして Winfree は，**周波数分布** $g(\omega)$ の幅と（**感度関数**と**影響関数**によって決まる）結合の強さとの間にある関係が成立しているときに，大域的な**同調状態**（entrained state）への劇的な変化が起きることを示した 訳注1．この状態では，すべての振動子が協調して一つとなり，（全体として）それぞれの固有周波数とは異なった周波数を示すこともありうる．さらに，同調状態における**位相**の分布は，**固有周波数**の分布と関連がある．これは，トラックを周回する走者の一団に似ている．皆がそれぞれ相手との距離を気にしながら走っているため，中には他人より速く走れる人がいるのだが，全体がまとまって走ることになる．そうは言っても，速く走れる人は集団を先導し，遅い人は最後尾を必死になって走っている．そして，各人の集団と一緒に走ろうという気持ちが薄れたり，そもそも走る能力に大きな差がある場合には一団は解散し，同調が失われる．

この Winfree のアイデア——単純で興味をそそる方程式により生物学的な振動子の大規模な集団に関する多くの理解をもたらした——は，多くの研究の引金となった（Strogatz 1994 のわかりやすい解説を参照）．中でも最も重要な貢献は統

訳注1. entrainment を「同調」，synchronization を「同期」と訳した．一般に，同期は周波数と位相がともに一致している状態を指し，同調は周波数が一致している状態を指している．よって，9.2 節でも言及されているとおり，同期は同調より強い条件である．

計物理学者の Kuramoto (1975) によるもので，Winfree の方程式を以下のように簡略化した．

$$\dot{\theta}_i = \omega_i + \frac{\lambda}{n}\sum_{j=1}^{n}\sin(\theta_j - \theta_i) \tag{9.2}$$

ここで，λ（結合強度）はすべての振動子において同じ値をとる．Kuramoto の方程式は，Winfree のモデルの非常に特殊なケース（を表したもの）であり，結合を表す項は**対称性**をもち，位相そのものではなく位相の**差**にのみ依存する．これらの特徴を最大限に利用して，Kuramoto はシステムが自己無矛盾である条件を**秩序変数**を用いて導き出した．その条件下では，**臨界結合強度**（critical coupling strength）λ_c（そこでは，周波数が固定された振動子のシステム全体レベルのクラスタが出現する）の正確な値や，$\lambda > \lambda_c$ であるシステムの秩序変数の関数による表現が得られる．もう少し具体的に，振動子の集団を（トラックを周回する走者のように）円上を周回する n 個の点と考えると，その**重心**は次のベクトルで表すことができる（図 9.1 を参照）．

$$Re^{i\Psi} = \frac{1}{n}\sum_{j=1}^{n} e^{i\theta_j} \tag{9.3}$$

Kuramoto の**位相秩序変数**（phase-order parameter）R はこのベクトルの大きさであり，Ψ がその角度（偏角）である．よって，振動子が円上に一様，ランダ

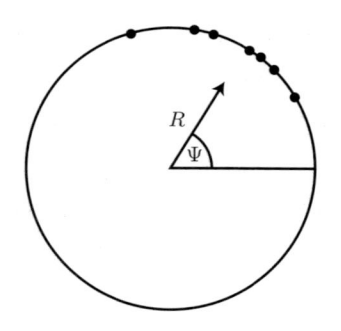

図 9.1 Kuramoto の位相秩序変数 R の図解．

ムに分布する場合には $R = 0$ となり，$R = 1$ は全体が完全に同期した状態に対応する．Kuramoto は，

$$\lambda_c = \frac{2}{\pi g(0)}$$

が成り立つことを示した．$g(\omega)$ は固有周波数の分布であり，対称かつ単峰（単一のこぶをもつもの）であることを仮定している．$\lambda < \lambda_c$ であれば同期は起こりえない[*1]．そして，$R(t)$ は急速に減少し，$O(1/\sqrt{n})$ 程度の小さな残差になる．一方，$\lambda > \lambda_c$ であれば同期が自発的に起こり，$R(t) \to R_\infty$ となり，$O(1/\sqrt{n})$ の揺らぎが永続する．Kuramoto はさらに，$\lambda \gtrsim \lambda_c$ で $R_\infty \propto \sqrt{\lambda - \lambda_c}$ であることを示した．後に，（λ_c の値とともに）数値計算によりその正しさが確認された．

　Winfree と Kuramoto の研究は，いわゆる**平均場**の理論を用いている．平均場理論では，ある振動子は他のいずれの振動子とも等しい確率で直接結合することができるので，実質的にはそれぞれの振動子の影響を**平均**したものと結合していると考えることができる．解析的に調べやすいだけではなく，いくつかのシステムにおいてはモデルとして妥当であることから，平均場モデルは解析の手始めとして自然な選択である．なお，平均場モデルの適用は決して問題の単純化を意味するわけではない．例えば Kuramoto の解析は，理論家が 20 年の歳月を必要とするような難しい問題をいくつも提起した（その方面の進展については，Strogatz and Mirollo 1991 を参照）．

　しかしながら，振動子の同調現象は，それが自然に発生するような集団においてこそ解析され理解されるべきであると考えるならば，それぞれの振動子が全体のごく**一部**としか結合していない，いわば**疎に結合した**トポロジにおいても平均場モデルを適用した場合と同様な結果が得られるかを確かめる必要があるだろう．このための手法として広く使われてきたのが，低次元格子上で位相振動子の結合を考えるというアプローチである．ヤツメウナギの神経系を参考にして Kopell と Ermentrout (1986) は，隣接振動子と位相差に応じて影響を与え合う振動子の 1 次元鎖を考え，周波数固定と進行波現象を説明した．Kopell らは，さらに**複数結合**（multiple coupling，$k > 2$ の場合を考えるもの）の効果の解析

(Kopell et al. 1990) や，長距離結合の解析（Ermentrout and Kopell 1993）を行い，システムサイズレベルの波長をもつ進行波が存在する理由の説明に寄与する結果を得た．

さらに，2次元，3次元格子に配置された振動子に関しても研究が進められた．Sakaguchi ら（1987）は，隣接する振動子が結合しているシステムの同期可能性に対して，格子の次元が非常に強い影響力をもっていることを示した．具体的には，次元が小さくなれば同期が難しくなるのである．その後，Daido（1988）はくりこみ理論を用いて，大域的なクラスタを形成する振動子が互いに同調する（すなわち同じ周波数で振動する）ために必要な格子の次元の下限を導き出した．具体的には，以前 Sekiguchi らによって観測されていたように，任意の有限な分散をもつ分布（正規分布が典型例）に対して，大域的な同調は $d \geq 2$ の場合に限って可能であることを示した．これらの結果は，Strogatz と Mirollo（1988）の研究によりその解釈が与えられ，一般化された．すなわち Strogatz と Mirollo は，n が無限大の極限において，（$g(\omega)$ に関するきわめて緩い条件下で）振動子の集団が大域的な塊として同調することは任意の次元で不可能であるが，スポンジ状構造としてならば1より大きい次元でありうることを示した．

そして，振動子の「非標準的」なトポロジに関する研究も少数存在する．Satoh（1989）は，ファンデルポール振動子（位相振動子ではないが，重要な点で類似性をもつ）の同調可能性について，2次元格子と疎なランダムグラフを数値計算により比較した．その結果 Satoh は，大域的な同調はランダムグラフで起きやすいことを発見した．実際，Matthews ら（1991）は，ランダムネットワークで大域的な周波数固定が起きるために必要な結合強度は，実質的に，平均場の場合と変わらないことを指摘した．Lumer と Huberman（1991）は，さらに変わったトポロジを用いた．Daido と同様な解析を可変な分岐をもつケーリーツリー上で行い，結合強度がグラフ上の距離に応じて指数的に減少するようにした．彼らは，周波数分布に対して臨界次元を決定するのではなく，分布と分岐，そして距離に応じた指数的減衰の割合の臨界的関係を導き出した．

以上，さまざまな研究を紹介してきたが，当面の問題に最も関連性の高い論文

は，Niebur ら（1991）による 2 次元格子上の 3 種類の異なる結合方法を比較したものである．結合方法の一つ目は，格子上の最近隣とつなぐありきたりなものであり，二つ目は，すべての異なる振動子同士をつなぎ，結合強度を正規分布に従って距離に応じて減少させるものである．そして，三つ目が最も興味深いものである．それは「疎な」結合であり，結合は正規分布に従う**確率**に基づいて決定するもので，結合強度は格子上の距離に無関係に一定であるとする．Niebur らは，はじめの二つの結合方法では，振動子間の距離が大きくなるにつれて位相の相関が下がることを示した．しかし，三つ目の方法ではそのような関係が認められず，前の二つと質的に異なったものであることが示された．この結果については，本章の最後でさらに詳しく議論する．

9.2　グラフ上の Kuramoto の振動子

Kuramoto の振動子は，どのトポロジ上でも完全には理解され尽くされているわけではないのだが，平均場という文脈では，低次元格子やその他の限定されたトポロジ上での振る舞いについていろいろと研究が進められてきた．この研究の進展状況は，実は，前章までに考えてきたいくつかのシステムの場合に比べると，まだましである．とは言うものの，今までの研究では，結合トポロジを**システムの振る舞いを変化させる明示的なメカニズム**，すなわち連続的に変化させることができるもう一つのパラメータとして取り上げることはなかった．繰り返しになるが，この新たな試みを実際に行うには，Kuramoto の問題を β グラフ上で考え，1 次元格子からランダムグラフに変化させたときの様子を調べればよいのである．具体的には，n 個の Kuramoto の振動子をそれぞれ与えられたグラフの頂点に対応させ，そのトポロジから決まる k_i 個の隣接振動子について式 (9.2) の結合項の和をとればよい．このとき Kuramoto の秩序変数 R は，結合強度 λ とグラフのパラメータ（関係グラフの場合は ϕ，空間グラフの場合は ξ）の関数として得られる．

この計算を行うにあたり，その結果の比較対象が必要になる．その基準としては，今まで紹介してきた先行研究の結果によって統計的性質についてよくわ

かっている平均場モデルに基づく計算を利用できる．図 9.2 は，1,000 個の振動子からなるシステムの $R(\lambda)$ を示したもので，ω_i と θ_i の初期値はそれぞれ $(-1/2, 1/2)$，$(-\pi/2, \pi/2)$ の範囲の一様乱数で決めた．予想どおり，小さな λ に対しては $R = O(1/\sqrt{n})$ であり，n を大きくしていった極限では $\lambda_c \approx 0.64 = 2/\pi$ となっている．この結果は，Kuramoto の n を無限大としたときの予想（この場合 $g(0) = 1$）と一致する．さらに，$g(\omega)$ が一様分布であるという特殊な条件下で，システム全体レベルの**同調する振動子のクラスタ**が $\lambda = \lambda_c$ で出現する．すなわち，$\lambda < \lambda_c$ では，振動子の周波数分布はランダムであり，大域的サイズのクラスタは存在しない．しかし，$\lambda \geq \lambda_c$ ではほとんどすべての振動子が同じ周波数をもつ（それでもなお，ある範囲には分布しているが）．（このような議論にあたっては）実際問題上，二つの振動子が同じクラスタに属するか否かを判定する基準（誤差の範囲）が必要になる．このために，Sakaguchi ら（1987）の定義した**周波数秩序変数**（frequency-order parameter）$E = n_E/n$ が利用できる．ここで，n_E は最大クラスタに属する振動子の数である．また，T を振動子集団

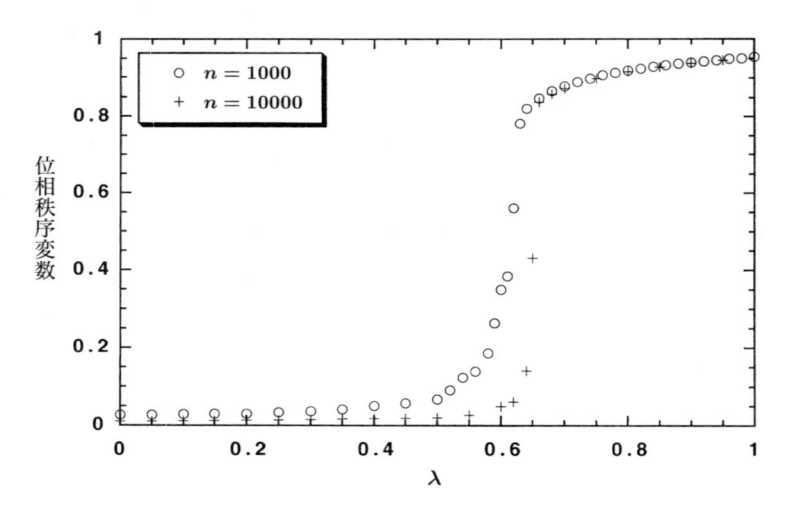

図 9.2 完全グラフにおける結合強度 λ と位相秩序変数 R の関係．n が大きいとき，無限要素からなる平均場モデルの近似が得られている．

9.2 グラフ上の Kuramoto の振動子

を相互に作用させている時間長としたとき，二つの振動子の平均周波数の差が $\Delta\omega = 1/T$ より小さい場合に同じクラスタに属しているとみなす．$\Delta\omega$ は，周波数分布の幅より小さければ，実際にはどのような値を選んでも結果に大差はない（よって，以降 $\Delta\omega = 0.001$ とする）．図 9.3 は平均場の場合を示したものだが，n が十分に大きければ，λ_c で大域的な同調への不連続な変化（ジャンプ）が完全グラフで実際に起きていることを示している．図 9.2 と図 9.3 は基本的に同じ現象を示している．なお，大域的な同調は同期よりやや一般的な現象である（同調は同期なしに起こりうるが逆は正しくない）ことから，これ以降の結果はすべて周波数秩序変数 E を基準にして示すことにする．

まず，β グラフのランダムな極限（$\beta = 1$）の状況を平均場の場合と比較する．図 9.4 を見ると，$n = 10000$ のとき，ランダムに結合したシステムでは平均場モデルと比較して（$n \cdot k/n(n-1) \sim 0.001$ であるので）1000 分の 1 ほどの辺しかないのにもかかわらず，同じような相転移を示すことがわかる．図 9.5 は，このランダムグラフの相転移が n に依存しないで起きること，正確には，n の増加に伴ってある極限状態に近付いていくことを示している．一方，相転移が起きる点

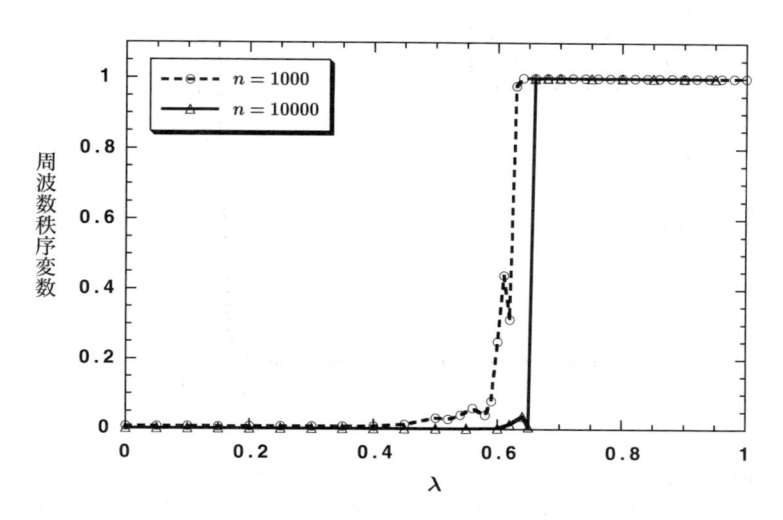

図 9.3 完全グラフにおける結合強度 λ と周波数秩序変数 E の関係．

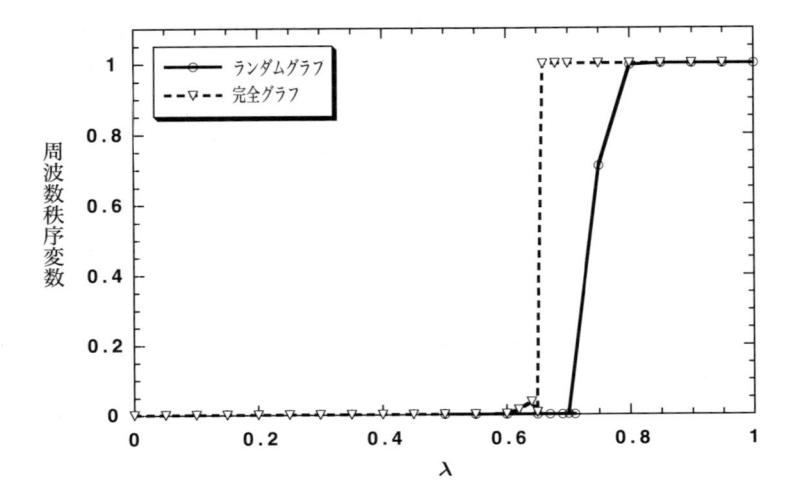

図 9.4 完全グラフ（$n = 10000$）と β グラフのランダム極限（$n = 10000$, $k = 10$）のそれぞれにおける λ と E の関係の比較.

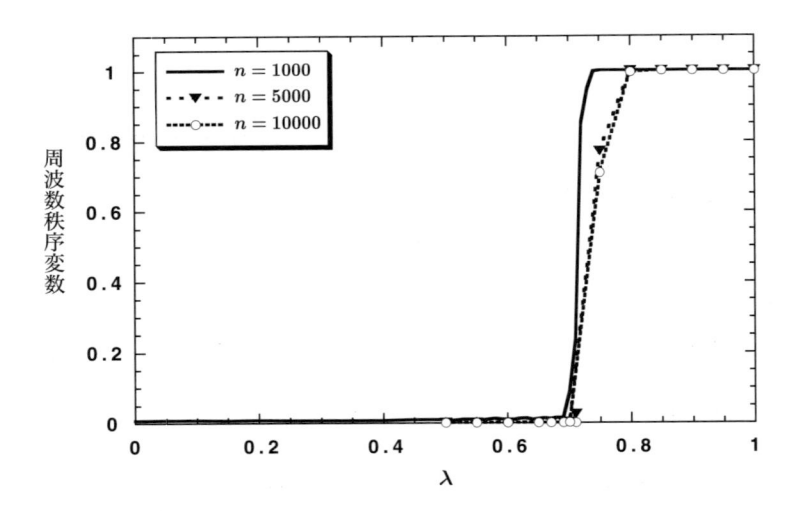

図 9.5 β グラフのランダム極限（$\beta = 1$）で $n = 1000, 5000, 10000$ のそれぞれの場合の λ と周波数秩序変数 E の関係. n の増加に伴い, $E(\lambda)$ はある極限曲線に近付いている.

の値 λ_c は，完全グラフの λ_c より明らかに大きくなっている．

この相転移の n に対する明らかな不変性は，第 2 章のランダムサンプリングの議論を参考にすると理解しやすいだろう．すなわち，Huber（1996）の定理により，固有パス長のメジアンはランダムサンプリングによって見積もることができ，サンプルの数は n ではなく精度に依存して決まるのであった．一様分布で n が十分に大きいとき，周波数の平均値とメジアンは一致し，任意の振動子はランダムサンプリングされた振動子とつながるだけで，周波数は平均値に固定されうる．そして，その（メジアンを得るために）ランダムサンプリングされる振動子の必要最小数は n に非依存なのである．サンプル数が増えれば精度も向上し，その結果，周波数の固定が起きる．もし，この考察が正しければ，k が増加する（ただし，$k \ll n$ という条件は保たれるようにする）のにつれて，ランダムグラフの λ_c は完全グラフの値に近付いていくだろう．この主張は，図 9.6 によって支持される．$n = 10000$ のランダムグラフにおいて $k = 20$ の場合は，$k = 10$ の場合よりも明らかに小さな λ_c で相転移が起きている．以上から，k がある程度

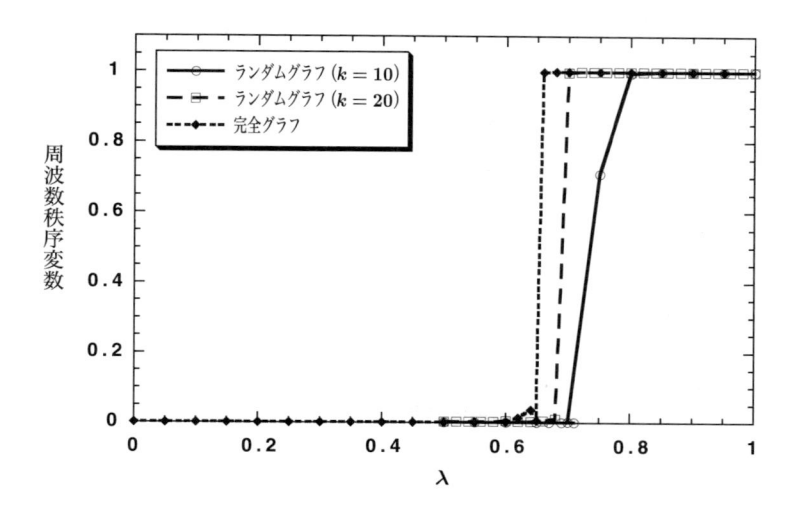

図 9.6　λ と周波数秩序変数 E の関係を，完全グラフ（$n = 10000$）と β グラフのランダム極限で $k = 10$，$k = 20$ の場合を比較したもの．ランダムグラフでは，k の増加に伴い同調が起きやすくなっている．

大きい（ただし，n よりは小さい）場合には，ランダムグラフは完全グラフよりもずっと少ない辺で（振動子の同期に関して）同等な性能を示していると言ってよいだろう．

振動子の同期に関して，ランダムグラフが完全グラフと同等な性能を示すとしたとき，それが完全にランダムである必要があるのだろうか．言い換えると，$\beta < 1$ であるグラフでも $\beta = 1$ のときのような相転移が起きるのだろうか．図 9.7 と図 9.8 によると，その答えは yes でもあり no でもある——ショートカット（の割合）が少ない β グラフでも同期状態への急激な変化が認められるという意味で yes であり（例えば，図 9.7 の $\phi = 0.12$ の曲線を参照），小さな ϕ に対しては変化が比較的緩やかで，λ_c の値が大きくなっているという意味で no である．

図 9.9 はこの問題を別の観点から見たものであり，λ を**固定**して ϕ を増加させていったとき，大域的な同調状態への急激な推移が見られることを示している．ここまで，Kuramoto の振動子の相転移は結合強度 λ の変化に伴って発生したものだったということを思い出してほしい．ϕ は，その変化が大域的な同調への

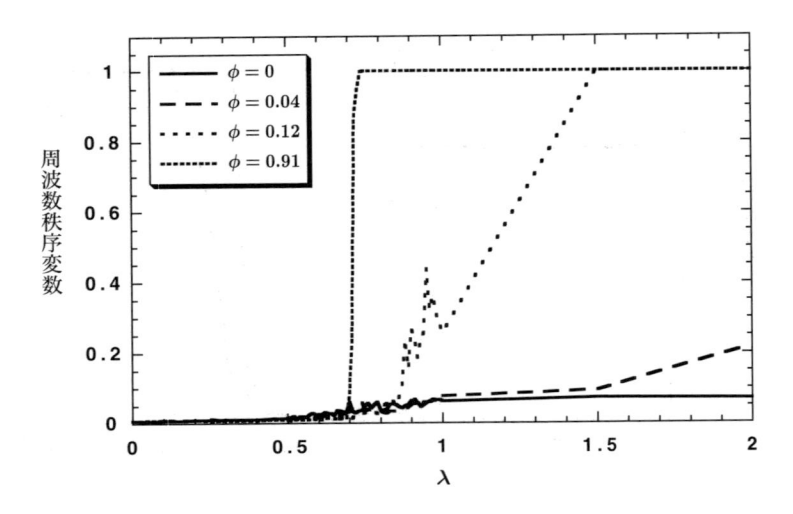

図 9.7　いくつかの ϕ に対応する β グラフ上の Kuramoto の振動子の結合強度 λ と周波数秩序変数 E の関係（$n = 1000$, $k = 10$）．

9.2 グラフ上の Kuramoto の振動子

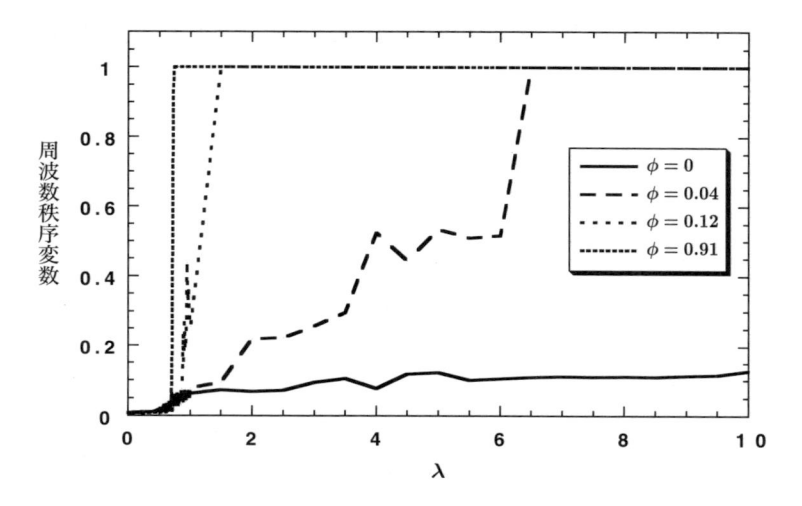

図 9.8 いくつかの ϕ に対する結合強度 λ と周波数秩序変数 E の関係を λ の範囲を拡大して示したもの（$n = 1000$, $k = 10$）．ϕ が小さいときには，大域的な同調への推移が起きる λ の値 λ_c は大きくなっている．

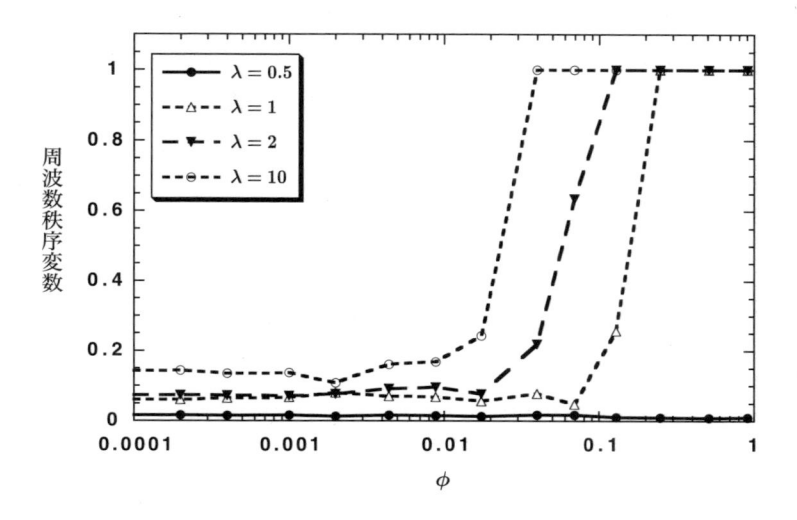

図 9.9 いくつかの λ に対して，β グラフの ϕ と Kuramoto の振動子の周波数秩序変数 E の関係を示したもの（$n = 1000$, $k = 10$）．

急激な変化をもたらすという意味で λ と似通っており，振動子集団の振る舞いを記述するためのもう一つのパラメータと考えることができる．しかしながら，$E(\lambda)$ の λ の関数としての性質が ϕ に依存して変化するように（図 9.7 と図 9.8），$E(\phi)$ もまた λ に依存して変化する．その結果として，(λ, ϕ) というパラメータ空間上の点（の位置）に依存して一方を変化させるほうが，他方を変化させるよりも大域的同調に容易に到達できるということが起こりうる．これは，今では驚くに値しないことである——結合トポロジがシステムの振る舞いに大きな影響力をもっていながら，（その他の要素の影響で）それが明らかにならない場合があることは，すでにいくつかの例で見てきたとおりである．なおこれは，一方が他方より重要であると言っているわけではない．二者の微妙な相互作用を説明するためには，システムを厳密に理解する必要があるということである．

　スモールワールドという観点から見てもう一つ興味があるのは，スモールワールドグラフでも同様な相転移が起きるかということである．つまり，局所的には高度にクラスタ化された 1 次元格子のように見える振動子のシステムで，ランダムグラフや完全グラフのような大域的な同調が起きるのだろうか．これは次のように言い換えることができる．1 次元格子に配置された振動子の集団を同期させることは非常に困難なのだが，ここに数多くの結合を**追加する**代わりに，既存の結合を少しだけランダムに**張り替える**ことで容易に同期するシステムに作り替えることができるだろうか．この答えは図 9.10 が示すように，λ があまり小さすぎないという条件のもとで yes である [*2]．図 9.10 は，$\gamma(\phi)$ と $\lambda = 1, 2, 10$ のときの $E(\phi)$ を重ね合わせたものである．いずれの場合も，γ の値がランダム極限の値である k/n より十分に大きいところで大域的な同調への相転移が起きている．γ が大きく L が小さいことがスモールワールドネットワークの特徴であったが，そのようなグラフで相転移が起きうることをこの結果が示している．

　今までにも何度か見てきたように，グラフのモデルを変えることでどのように違った結果が得られるのかも興味深い．第 8 章では，同じパラメータの値に対して，α グラフと β グラフとではかなり異なった振る舞いを示していた．しかし今回は，図 9.11 に示したようにそのような違いは見られない．グラフを生成する

9.2 グラフ上の Kuramoto の振動子

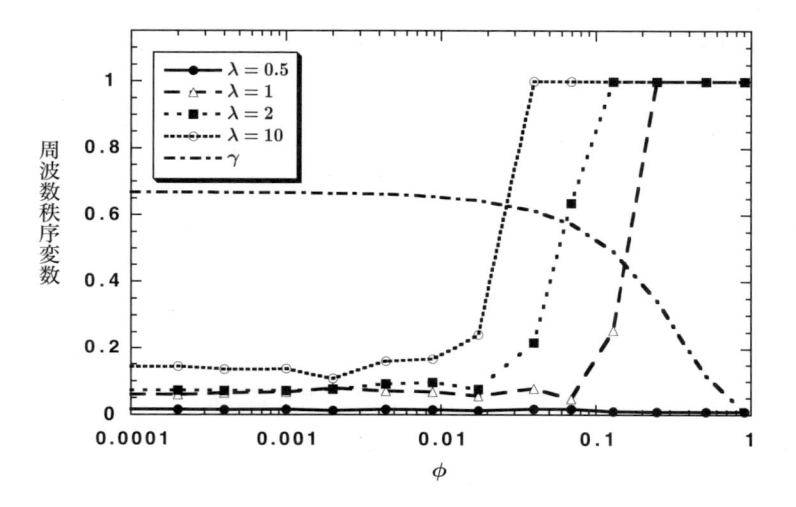

図 9.10 ϕ と周波数秩序変数 E の関係を, β グラフ ($n = 1000$, $k = 10$) のクラスタ係数 $\gamma(\phi)$ の変化に対比させたもの. $\gamma \gg k/n$ (k/n はランダムグラフにおけるクラスタ係数の期待値) であるときに, $\lambda = 0.5 < \lambda_c$ の場合を除いて, すべての λ で大域的同調への推移が起きている.

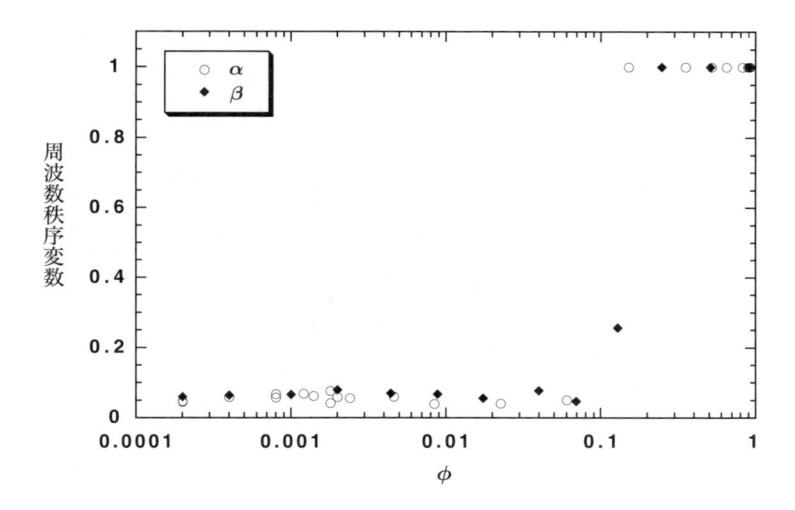

図 9.11 α グラフ, β グラフそれぞれにおける ϕ と E の関係の比較 ($n = 1000$, $k = 10$, $\lambda = 1$).

上で（乱数を使うことに起因して）生じるわずかな違いはあるものの，振る舞いの特徴は二つのモデルで不変であった．よって，β グラフに関する今までの主張は，α グラフに対しても適用できると考えられる．

最後に，関係グラフと空間グラフにはどのような違いがあるのだろうか？ 第3章と第4章での議論で，関係グラフのみがスモールワールド性を実現できることがわかった．これは，空間グラフでは固有パス長がランダムグラフと同じくらいに小さくなるのが，クラスタ係数がランダムグラフの値に近付くのとほぼ同時であるためである．よって，空間グラフでは，γ が大きな値をとり L が小さな値をとるということがありえない．この特徴は，Kuramoto の振動子の振る舞いに反映されるだろうか．この答えもまた，条件によりけりである——空間グラフにおいても，$\gamma(\xi)$ が k/n に比べて大きいときには，同調する振動子が大域的サイズのクラスタを形成することができる．ただしこの同調は，関係グラフで大域的同調が得られているときより大きな λ の範囲でのみ起きうる．図 9.12 は，この主張の内容を明確に示している．$\lambda = 10$ のとき，システムは大域的な同調を示

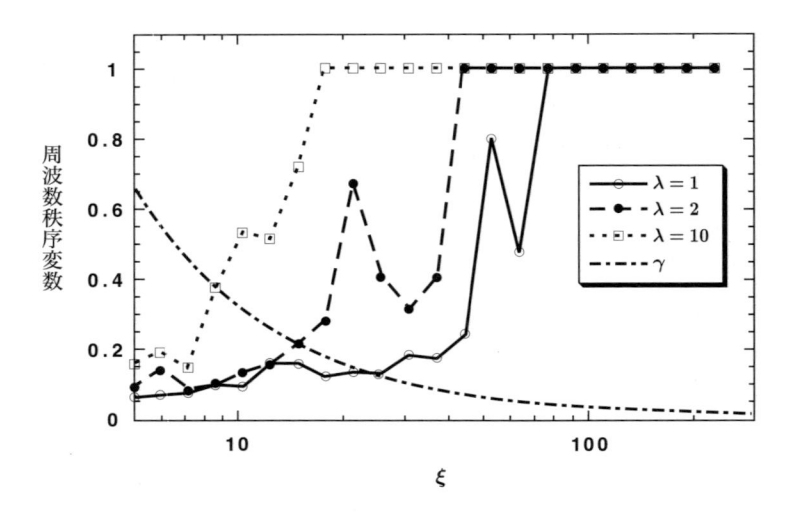

図 9.12 一様分布に基づく，$n = 1000$, $k = 10$ の空間グラフにおける ξ と E の関係と $\gamma(\xi)$ の変化．λ の値が小さい範囲では，$\gamma \approx k/n$ のときに限って大域的同調が起きる．

し，このとき γ は比較的大きな値となっている．しかし，$\lambda = 1$ や $\lambda = 2$ のときには，システムが大域的同調に達する以前に，γ はランダムグラフの値に（かなり）近付いている．これとは対照的に，図 9.10 が示すとおり，関係グラフでは $\lambda = 1$ という小さな値をとる場合でも，γ が大きな値をとる範囲で大域的な同調が見られる．

空間グラフに関するこれらの結果は，疎に結合された Kuramoto 位相振動子の位相に長距離相関が見られる，という前述の Niebur らの研究結果（Niebur et al. 1991）に新たな光を投げかけている（あるいは，少なくとも新しい見方を提供している）．正規分布に基づく 2 次元空間グラフを用い，$n = 128^2 = 16384$, $k = 5$ という条件下（Niebur et al. 1991）で，周波数秩序変数（E）を ξ の関数として計算できる．Niebur らは，標準偏差の値が $\sigma = 6$ のとき，位相に長距離相関が認められることを発見した．これは，（$k = 5$ のとき，すべての結合は $\pm 3\sigma$ 内に生成されるため）$\xi \approx 18$ に対応する．図 9.13 は，$\lambda = 4$ のとき，予期した ξ の値で大域的な周波数の固定が起きていることを示している．しかし，これも固有パ

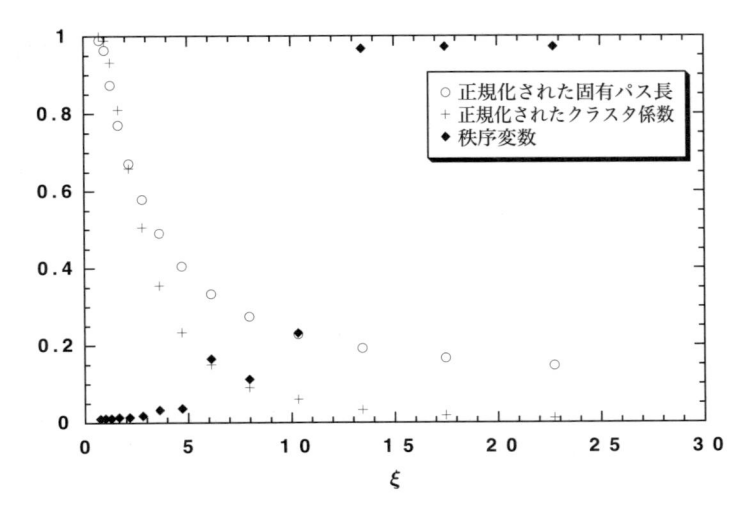

図 9.13　Niebur らの論文（1991）と同じパラメータ設定で，$\lambda = 4$ のときの，ξ の関数として見たときの L, γ, E の比較．大域的同期は $\gamma \approx k/n$ のときに限って起きている．

ス長（L）とクラスタ係数（γ）がほぼランダム極限の値に収束した後のことである．これは，正規分布に基づく空間グラフは，実質的にランダムグラフと同等な構造をもつ場合に限り大域的な周波数固定が可能になる，ということにほかならない．このように考えると，Niebur らの結果は，振動子の周波数固定はランダムグラフ上のほうが 2 次元格子（grid）上より起きやすい，という Satoh の研究結果（1989）と類似している．（大域的同調をもたらす）構造がランダムグラフであることを，E を ϕ の関数として表すというまた別の方法で示したのが図 9.14 である．これにより，正規分布に基づく空間グラフでは，**ほとんどすべて**の辺がショートカットとなって初めて大域的な同調が得られることが明らかにわかる．一般的に，大域的な同調を得るための構造としてランダムグラフが有望であると**考えられる**のだが，ここまでの議論から，ランダムグラフでは**ない**が大域的な同調をもたらす構造が実現可能であることがわかった．それが，ランダムグラフより**ずっと少ない**ショートカットで構成される，いわゆるスモールワールドグラフである．

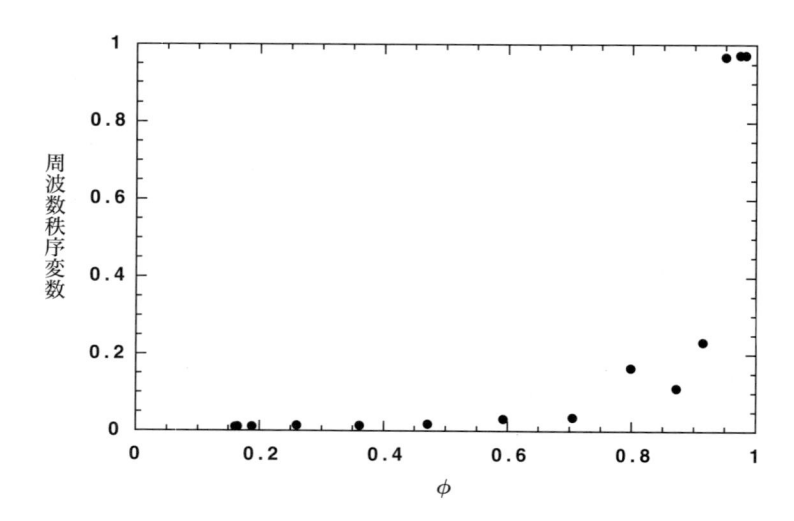

図 9.14　Niebur らの論文（1991）と同じパラメータ設定で，$\lambda = 4$ のときの ϕ と周波数秩序変数 E の関係．ここでもまた，ランダムな状態（$\phi \approx 1$）のときに限って大域的同期が起きている．

9.3 まとめ

1. 完全グラフ状に結合している Kuramoto の振動子で，固有周波数が単位区間上で一様に分布するものの，位相秩序変数（R）と周波数秩序変数（E）は結合強度の臨界値 λ_c において相転移を示す．

2. 疎なランダムグラフ状に結合した振動子の集団では，λ_c の値はずれるが，上記と同様な現象が認められる．また，n を大きくすると，どのシステムでも同様な相転移を示すようになる．これは，ランダムグラフは平均場の場合と同様に，振動子の大域的な同調をもたらすことを示している．この結果は，ランダムサンプリング問題に類似している．これは，指定された精度のサンプリングによって分布の中央値を推定する場合，必要なサンプルの数は集団全体の大きさには依存しない，ということである．

3. さらに上記の現象は，辺の生成が完全にランダムではないグラフでも起きうる．ただし，ランダム性が低くなるにつれ，相転移が起きる点 λ_c の値も大きくなる．つまり，構造的なパラメータと動的なパラメータの間には相互作用がある——ϕ のある値に対しては，λ のわずかな変化が大域的な同調をもたらす場合もあるだろうし，逆に，ある λ の値に対しては，ϕ を変化させることが同様な相転移現象を生むこともある．これらのことは，α, β の両グラフで同様に成り立つ．

4. ξ をパラメータとする空間グラフでも，同様な相転移が起きうる．しかし，ξ が十分に大きくなって，グラフが実質的にランダムグラフと変わらなくなる前に相転移が起きるようにするには，λ の値を関係グラフに比べてかなり大きくとる必要がある．

第10章
むすび

これは終りではない．
終りの始まりですらない．
しかし，これはきっと，始まりの終りである．

　　　　　　ウィンストン・チャーチル（1942 年 11 月 10 日）

　ここまで，システムを構成する要素のつながり方という質的な特徴が構造的性質や振る舞いを決定する上で重要である，という主張の正当性を示そうとしてきた．しかし，これは当たり前で，あらためて言うまでもないこととしてとらえることもできるし，興味深い知見であると考えることもできる，ということに注意を払うことは重要である．そして，この本では，後者の立場で，つながりと振る舞いの対応に意味のある解釈を与えることをめざして議論を進めてきた．通り一遍の解釈によれば，（この問題において）トポロジが重要なのは当たり前であり，その具体例については今まで何度も示してきた．1次元構造は2次元構造と違うし，これらと完全グラフやスター状グラフ，さらにはランダムグラフでそれぞれ異なっているのは明らかである．

　しかし，以下の条件を満たすようなトポロジの変化だけを考えることで，自明ではない，意味のある解釈が可能になる．

1. グラフをつなげたり分離したりしない（すべてのグラフは連結とする）．
2. 平均次数 k を変化させない．
3. それぞれの次数 k を極端に変化させない（せいぜい，ランダムな辺の生成に伴う変化程度）．
4. あからさまに次元を変えない．

実際，ランダムな辺の張り替えでは，明らかなトポロジの変化は起きず，辺の数を変えることなく，ある一つのトポロジ（1 次元格子）に**乱れ**を生じさせる程度である．このときのトポロジの変化は，ランダムな辺の張り替えの**結果として**生じたものであり，はじめからグラフの性質として埋め込まれていたものではない．これは，張り替えによって得られたグラフの性質を調べることで推察できる．本書で定義してきたグラフの特徴量は，たぶん，幾何学などで従来より用いられてきた次元などの特徴量で表現することができるだろう．そして，その表現に基づいて，今まで得られた結果を解釈し直すこともできるはずである．しかし，これは簡単にできることではない．張り替えというメタファは，「トポロジの変化」を表す方法としてより簡単であるという理由だけではなく，それ自身表現としてわかりやすいことからも，このままにしておくほうがよいだろう．

トポロジの変化に上記のような制約を与えたとしても，要素がランダムにつながっているシステムと 1 次元格子状につながっているシステムとは同じではないということは，あらためて言うに及ばないことに聞こえるかもしれない．ランダムグラフと平均場モデルの振る舞いが時に似ているということも自明ではないし，常にそれが成り立つわけでもない（例えば，病気の流行）のに，人によっては意外なことではないと感じるかもしれない．

たとえそうであっても，ショートカットの割合が比較的少ないグラフの固有パス長が，1 次元格子よりランダムグラフに近い値となるということは，決して自明なことでは**ない**．さらに，第 II 部で見てきたさまざまなシステムの性質がわずかな辺の張り替えに敏感に反応することは，決して普遍的ではないにしてもなおさら自明なことではない．少数の辺の張り替えが多数の張り替えと同等な効果

をもつという事実から，きわめて興味深い結論が導かれる．それは，少数のランダムな張り替えは，きわめて多数のランダムでない辺の**追加**と同じ効果をもつということである．つまり，（いくつかの具体例においては）ランダムグラフは格段に多くの辺をもつ完全グラフと挙動が類似しており，スモールワールドグラフの振る舞いはそのランダムグラフに似ているということである．

（執拗に文句をつけようとする人にとって）この結果のさらに微妙なところは，ランダムな辺の張り替えなら**どのようなものでも**よいというわけではない点である．このことは，グラフの特徴が**外部的に定められる**距離スケールとは無関係な関係グラフと，そのような距離に依存する空間グラフとを比較することで明らかになる．これはよく理解しておくべき微妙なポイントである．もし，スモールワールドグラフのように，ショートカットが固有パス長（そしてシステムの振る舞い）に重要な影響を及ぼしているのであれば，そのような辺は（グラフ上の距離で）グラフの端と端ほど遠く離れた頂点を結び付けることができるはずである．カットオフが有限な空間グラフでは，$\xi = O(n)$ のときに限りこれが**可能**になるが，このとき**ほとんど**の辺はショートカットとなり，クラスタ性は低くなってしまう．逆に，γ が大きい値でいられるように ξ を小さくすると，ショートカットで結び付けられるのは，互いに近くにある頂点間だけになってしまう．スモールワールド現象が生じるための鍵は，もとは遠く離れていた頂点間をつなぎ，その距離を縮める**大域的**な辺が，全体から見れば**少ない割合**存在する一方で，残りの**ほとんど**の辺のつながりは**局所的**で，クラスタ係数を大きくすることに寄与しているということである．物理的な距離尺度が導入され，**一定の距離を超えて辺を生成できなくなると**，この2種類のつながりの組み合わせが得られなくなり，スモールワールドグラフになる可能性を失ってしまう．

もちろん，実際の状況がここで考えているモデルよりもずっと複雑であることは，知ってのとおりである．例えば第4章で構成したモデルでは，局所的なものと大局的なものの二つのスケールだけを考えた．しかし，現実はそんなに簡単にとらえられるとはとても思えない．実際の問題は複数の，あるいは連続的に変化するスケールでとらえるべき構造を示すだろう．また，空間グラフで，辺の生成

第 10 章 むすび

確率分布の分散が無限大であるものは，有限分散のものとはかなり異なった振る舞いを示すだろうが，ここではその可能性について詳しく調べることはしなかった．さらに，グラフの特徴量についても，ほんの一握りのものだけしか考えなかった．他の多くの特徴量も検討する余地がある一方で，ここで定義された特徴量自体の検討も十分ではない．定義を再検討し，より洗練されたものにすることで，その意味合いをより明らかにすることができるだろう．最後に付け加えるならば，構造的解析の欠点は，それに対応する振る舞いに関する解析の欠陥ゆえに，矮小化されているのである．実際，要素が疎に結合した大規模なシステムの構造と振る舞いを対応付けるのは**大仕事**であり，その影響は複数の分野にわたり，数多くの応用が考えられる．これらすべてについて，現時点ではっきり言えることは，（この二者の関係に関して）**何か**おもしろいことがさまざまなシステムで起きているということである．システムの振る舞いを支配しているのは固有パス長かもしれないし（例えば病気の流行），クラスタ性かもしれない（例えば要素間の協調）．また，その両方，あるいは，そのいずれでもない性質が重要な場合もあるだろう（例えばセルオートマトンでの計算）．第 II 部は，解析というよりも興味深い結果の紹介であった．それぞれの観測結果に対していくつかの説明を試みたが，このテーマ全体がまだ深々と謎に覆われている状況である．これまでの議論から読み取るべき最大のポイントがあるとすれば，それはたぶんこの研究が，おもしろく，重要な，古くからある問題に対して，やはりおもしろく，そしておそらく重要になるであろう新しいアプローチに光を当てているということだろう．

注

第1章

1. Brett Tjaden, Glenn Wasson が立ち上げたベーコンの神託を聞くことができるウェブサイト：http://www.cs.virginia.edu/~bct7m/bacon.html.
2. http://www.us.imdb.com/.
3. 1997年4月の時点でこの事実は正しい．本書におけるケビン・ベーコンゲームに関する他の引用も同様である．以降，データベースは大規模に更新されているものの，ゲームとしての本質的な部分は変わっていない．

第2章

1. ランダムに接続されたシステムでは，「到達される」メンバーの総数が次数の分離の増加とともに指数的に増えるのが本質的である．1000 × 1000 × 1000 はアメリカ合衆国の人口よりも多い．
2. Barnes の密度とクラスタリングの唯一の違いは，v が自分の近傍のメンバーとして含まれていない点である．この条件があることで，クラスタリングが0をとれるという利点がある．
3. 電話帳法では，被験者は，電話帳の架空のページに現れる名字と同じ名字をもつ知人を挙げるよう求められる．これらは，全体の集団の代表的な部分集合として扱われる．
4. 知人である確率が独立に分布している集団では，ある長さよりも短い知人の鎖によって A にリンクされているメンバーの数は，長さの増加とともに指数的に大きくなる．それゆえ，千人の友達は，6回の握手で合衆国の人

口全体を含むために必要とされる数よりもはるかに大きくなる．

5. 言い換えると，ネットワークがごく少ない要素から構成されているか，もしくは少なくとも一つの要素が全体の集団の非常に大きな部分集団に接続されている場合，それは説明する必要もなく**小さい**わけで，驚くことではない．

6. たいていの研究者は，連結グラフに関する研究にしぼっている．これは，非連結グラフが無限の長さに関する明らかな問題をもつためである．

7. 平均距離をグラフの独立した数に関連させる方法がある．それは，部分グラフの中の各頂点の組が隣接していないような部分グラフの最大サイズである．もう一つは，隣接行列もしくは密接に関連したラプラス行列の固有値を利用するものであり，これは，辺の位置に線形のバネを連結した質点系である．固有値は，得られた連結系の振動のモードを特徴付けている．ラプラス行列および固有値の性質に関する説明は，Fiedler（1973）およびCvetković et al.（1979）を参照．

8. 単調とは，ある特別なランダムグラフ G が Q をもっている場合，部分グラフとして G を含むどんなグラフ H でも Q をもつことを意味する．

9. この結果には，いくつかの技術的な巧妙さがある．**巨大成分**（giant component）の $k \approx 1$ での出現に関する入手しやすい説明は，Alon and Spencer（1992）の第10章を参照．巨大成分は，$k \gtrsim \ln(n)$ の場合，最後の少数の孤立した頂点を含んだ，残された頂点をすべて取り込む．

第3章

1. **共通の友人の割合**が1に近付くにつれて友人関係が生まれる確率が急激に高くなるのは，いわば連続性の要求に応えるものである．しかし，このことは，（ソラリアのような）ランダムな世界でも，もし二人の人物が**すべての友人を共有している**状況にあるならば，その二人が互いに知り合うことは避けることはできないだろうというモデル上の議論からも正当化で

きる．

2. p として妥当な値はほかにも数多く考えられる．しかし，その値が十分に小さい（$p \ll \binom{n}{2}^{-1}$）限り，個々の値に対する結果は数値の上で異なっていても，**質的**特徴をとらえる上ではほとんど違いを生じないと思われる．ここでは，すべてのシミュレーションにおいて p の値を 10^{-10} として計算する．

3. このことは，Bollobás の研究結果（Bollobás 1985, p.41）を考えると，驚くに値しないだろう．すなわち，同じ位数（n）とサイズ（M）をもつほとんどすべてのランダムグラフは，その構成モデル（$G(n,M)$ や $G(n,p)$）によらず（任意の性質 Q について，ほとんどすべてのグラフが Q をもつか，逆にほとんどすべてが Q をもたないという意味で）同等である．

4. プロットしている $L(\alpha)$ や $\gamma(\alpha)$ の値は，統計的な揺らぎを低減するため，（頂点間を，互いに隣接している頂点の存在に応じた確率で結ぶ）アルゴリズムに基づいてグラフを 100 回生成し，各回で得られた値の平均をとったものである．一般にこの種の揺らぎは，質的特徴には影響を与えない．よって，便宜上，（特に断らない限り）1 回だけの生成から得られる値をそのまま使うことにする．

5. これは単純に，ある頂点がグラフ全体から別の頂点を無作為に選んで辺を生成するとき，選択された頂点が同じ近傍に属する確率である．

6. もちろん実際には，n がかなり大きな値をとるか，あるいは d が小さな値でない限り，$n^{1/d}$ と $\ln(n)$ の見分けがつかない．よって，2 次元格子を土台とする場合のみを詳しく調べることにする．

7. β グラフで $\beta = 1$ の場合と真のランダムグラフとの主な違いは，β グラフでは各頂点の次数が少なくとも $k/2$ であることが保証されているということである．しかし，β グラフでも，各頂点は辺の**つなぎ先**として無作為に選択されるので，次数の分散は 0 ではない．実質的に，一様性が高まると，次数分布に関しては，ずっと大きなグラフと似た特徴を示すようになる——n を大きくしていった極限が主な興味の対象なので，これは良い特

注

徴である．

8. 「小さすぎない」とは具体的にどの程度なのか，という問いに答えるにはさらなる議論が必要になるため，この問題は先送りにする．

9. ここで比較しているすべてのグラフでは，今までと同様に $n = 1000$, $k = 10$ としている．ただし例外として，2次元格子を土台とする α グラフでは $n = 1024$ とした．

10. 縮約という概念が不可欠であることを示す一例としては，第5章のケビン・ベーコングラフの解析を挙げることができる．

11. 厳密には，張り替える辺の数は $\phi kn/2$ を超えない最大の整数である．

12. このモデルでさえもまだ若干問題が残っている．それは，すべての n と k において，与えられた ϕ に対応するショートカットの数（整数）を選べるとは限らないからである．しかし，その誤差は小さく，$n \to \infty$ としたときに 0 に近付けることができる．

13. そのようなカットオフのない分布（そして，特に分散が無限大の場合）では，第4章の最後に触れるように，いくつかの興味深い性質が見られる．

14. 高次元で $\xi = \lceil k^{1/d}/2 \rceil$ であるとき，各頂点は他の $O(k)$ 個の頂点とだけしかつながりをもつことができない．その結果，d 次元格子状のグラフが得られる（$d = 1$ のときは，まさしく格子になる）．

15. 空間グラフに関する一連の議論に関して心にとめておくべき重要な点は，ここで考えている分布（一様分布，正規分布）は両者とも**有限のカットオフ**をもっているということである．このカットオフは，有限の n と k に対して，一様分布では明示的に定義されたものであり，正規分布では（分布関数に由来して）実質的に存在する．より特殊な分布，例えば分散が無限大であるものを用いた場合には異なった性質が見られるかもしれないが，ここではそれらを議論の対象としない．

第 4 章

1. この計算を行うために,v も自分自身の近傍に含まれる.その際,辺は数えないものとする.
2. この考え方を進めていくと,パス長の尺度に関する階層構造という概念が新たに生まれてくるが,ここでは単純に 2 種類の尺度についてのみ考える.
3. ここでの縮約の定義は,異なるグループ間でのただ一人の共通メンバーに基づいているが,これは実際の社会ネットワークを単純化したものであり,実際は,少数ではあるが複数人の共通メンバーにおいてグループ同士が連結されているのが自然である.よって,より一般化した縮約の概念を考えることも必要かもしれないが,これは本書で取り扱う範囲を越えるものである.
4. 実際,二つの頂点 $u_i \in \Gamma(v)$ は,μ のとりうるすべての値を満たすので,総和を計算する際は重複して加算される.しかし,各辺もそれぞれ重複して数えられているので(なぜなら (u_i, u_j) は $\Gamma(u_i)$ ならびに $\Gamma(u_j)$ においてそれぞれ数えられる),結果的に相殺され,問題はない.

第 5 章

1. 興味深い事実と参考文献に関しては,Jerry Grossman の "Erdös Number Project Home Page"(http://www.oakland.edu/enp/)を参照.
2. エルデシュ数 1 をもつすべての著者のリストは,http://www.oakland.edu/enp/thedata.html から入手可能.
3. これらの数字は主要な上演映画の出演メンバーのみを含む(エキストラは含まれない)ので,テレビ番組やテレビ向け映画は含まない.
4. セシル・M・ヘップワース監督の「Express Train on a Railway Cutting」(1898)が最初に作られた映画である.

注

5. ケビン・ベーコングラフの隣接行列は，IMDb からデータを直接集めた Brett Tjaden によって気前良く提供された．
6. ここで使われた KBG 隣接行列では，約 75MB の RAM が必要であった．それゆえ，n より 1 桁大きいグラフを保持するには，約 750MB の RAM が必要となる．この計算がなされた 1997 年には，典型的な PC は 32MB の RAM を積んでいるにすぎず，コーネル大のスーパーコンピュータは 750MB 以上の RAM をもつほんの一握りのノードであった．
7. 事実，（ジル・グレイバーク主演の「It's My Turn」で数学担当顧問をした）ベーコン数 2 である Benedict Gross は，エルデシュ数 3 をもつので，ケビン・ベーコンは有限のエルデシュ数（それゆえ Erdös は有限のベーコン数）をもつと主張する人さえいるかもしれない．同様に，著者の Ph.D アドバイザ（Steven Strogatz）は，1979 年にプリンストンで行われた（「フェルマーの最終定理」と題された）Gross の若手セミナーの生徒であり，Alan Alda と知り合いになったことは興味深いことである．定義を少し柔軟に解釈すれば，Strogatz および彼に関連して著者は，有限のベーコン数（エルデシュ数）をもつことになる．これはすべて少々まとはずれのように見えるが，この説明は，まさにすべての人間がいかに近いかを説明するのに役に立っている．
8. ボガート：「The Wagons Roll at Night」(1941)，ブランド：「八月十五夜の茶屋」(1956)，バートン：「史上最大の作戦」(1962) ショーン・コネリー，ロバート・ミッチャムとともに主演，トラボルタ：「魔鬼雨」(1975)，ベーコン：「ケビン・ベーコンのハリウッドに挑戦！！」(1989)．
9. L の計算は，1997 年 4 月時点での KBG の分散数列データに基づく（ヴァージニア大学計算機科学科，Brett Tjaden 提供）．
10. 第 3 章の方法で数値的に $L(\psi)$ と $\gamma(\psi)$ を生成するには，本書の執筆時間よりも長い時間を必要とするので，これはそのようなモデルのもつ大きな利点の一つである．
11. 千人の最も連結されている俳優リストやその分散数列に関しては，Brett

Tjaden による "Oracle of Bacon" ウェブページ（http://www.cs.virginia.edu/oracle/）を参照.

12. 早くも 1970 年には，約 51,000 マイルの高圧送電線が存在した．そして 1990 年までに 2 倍以上になると予想されていた（General Electric Company 1975, p.13）.

13. 隣接行列の基礎となる電力潮流データは，コーネル大学電気工学科の Koeuni Bae および James Thorp の提供による.

14. この理由は明らかである．k が小さいので，完全グラフでは大きなクラスタリングと小さな距離をとることは不可能である.

15. 事実，送電網の歴史的発展はこのような結果を支持している．もともと電力送電網は実際にいくつかの非連結で独立の送電網であり，余剰分や不足分を共有するのに役立てるため（つまり信頼性と効率を上げるため），いつしか接続された．しかし，古いシステムの亡霊が，同じ独立の送電網にかつて属していたこれらのノードの大きな内部連結性に残されている.

16. C. エレガンスウェブサイト：http://elegans.swmed.edu/.

17. 線虫が基本的に 1 次元に引き延ばされているので 1 次元空間モデルが用いられたが，これは，取り扱いが最も簡単であるのと同時に，最も適切であったようである.

第 6 章

1. 他のグラフ構造においては，ρ_{tip} を式 (6.4) で定義することはできず，集団全体が感染してしまう転換点は当然ながら明確にはならない.

第 7 章

1. ここでの k は，セルオートマトンの各セルの近傍に位置するセル数の平均値を示すパラメータである．混乱を避けるために整理すると，セルオート

マトンについて述べるとき，k は状態数 s_i（ここでは常に 2 である）を意味し，r は隣接セルのレンジを示す．よって，$k = 2r$ というのが標準セルオートマトンでの k と r の関係になる．

2. これにより，ρ_0 の範囲 [0,1] における厳密な二項分布が得られる．

3. 本章の動機は，「スモールワールドグラフでも多数派ルールと同程度の性能しか発揮することができないだろう」と言ったセルオートマトン研究者との賭けが出発点だった．

4. この説明は，厳密には正しくない．オン状態数とオフ状態数が等しい場合では，セルはランダムな状態選択を行うからである．よって，二つのルールにおいて常に互いに反対の状態になると言うことはできない．しかしながら，多くの試行を繰り返すことでランダム選択もつり合いがとれ，この説明のようになる．もし，オン状態とオフ状態が等しい場合にランダム選択を行わず，多数派ルールを適用すると単純にその状態が維持されて，対応するセルの状態が反転することになり，よって二つのルールは正確に反対の状態を選択するようになる．この方法は両ルールの中間のようなものとなり，今回はこのルールについての考察は行わない．

第 8 章

1. **ゲーム**とは，単にいくつかの実体（プレイヤー）がプレイヤー行動の有限集合のそれぞれに対して，利得の集合を決定する規則の厳密な集合に応じて，限られた資源を競合する状況を意味する．それゆえゲームは，三目並べのような簡単なものにも，非均一の生態系で複数の世代にわたって進化する生存行動のモデルのような複雑なものにもなりうる．

2. Boyd と Lorberbaum（1987）は，戦略の正しい混合の場合にのみ侵食されるという意味で，TFT は厳密には進化安定ではないことを示した．

3. 種は，初期の裏切り者の全体の集団からランダムに一人のプレイヤー v を選び，その初期状態を協調に設定することで成長させた．そして，その直

近の隣人，そのまた隣人などなどは，前もって指定された初期の協調者数に達するまで連続して協調に設定された．

4. 明らかにシステムが状態空間中で有限状態数のみをとるので，結局は繰り返されなければならない．しかし，この数はとてつもなく大きく，その状態を見るには宇宙の年齢の長さの何百倍もの時間を待たねばならないだろう．それゆえ，**周期的な軌道**とは，システムの経過時間よりもかなり短い間に現れ，繰り返される軌道を意味する．

第9章

1. **同期が起こりえない**とは，長期的な同期が巨視的（あるいは大域的）なレベルで発生しないことを意味する．少数の振動子の振る舞いが偶然そろうということは常にあることで，その意味では，完全に非同期な状態でも**ある程度** ($R(t) = O(1/\sqrt{n})$) の秩序は存在することになる．
2. 完全グラフでさえも $\lambda < \lambda_c \approx 0.64$ の範囲では相転移が起きないので，これは驚くほどのことではない．

参考文献

Achacoso, T. B., and Yamamoto, W. S. (1992). *AY's Neuroanatomy of* C. elegans *for Computation.* Boca Raton, Fla.: CRC Press.

Alon, N., and Spencer, J. H. (1992). *The Probabalistic Method.* New York: Wiley.

Asimov, I. (1957). *The Naked Sun.* Garden City, N.Y.: Doubleday.

Axelrod, R. (1984). *The Evolution of Cooperation.* New York: Basic Books.

Axelrod, R., and Dion, D. (1988). The further evolution of cooperation. *Science* 242:1385–90.

Axelrod, R., and Hamilton, W. D. (1981). The evolution of cooperation. *Science* 211:1385–96.

Barnes, J. A. (1969). Networks and political process. In J. C. Mitchell (ed.), *Social Networks in Urban Situations*, ch. 2, pp. 51–76. Manchester: Manchester University Press.

Barnett, G. A. (1989). Approaches to non-Euclidean network analysis. In M. Kochen (ed.), *The Small World*, ch. 17, pp. 349–72. Norwood, N.J.: Ablex.

Bernard, H. R., Johnsen, E. C., Kilworth, P. D., and Robinson, S. (1989). Estimating the size of an average personal network and of an event subpopulation. In M. Kochen (ed.), *The Small World*, ch. 9, pp. 159–75. Norwood, N.J.: Ablex.

Bollobás, B. (1979). *Graph Theory: An Introductory Course.* New York: Springer Verlag.

———. (1985). *Random Graphs.* London: Academic.

Bollobás, B., and Chung, F. R. K. (1988). The diameter of a cycle plus a random matching. *SIAM Journal of Discrete Mathematics* 1 (3):328–33.

Boyd, R., and Lorberbaum, J. P. (1987). No pure strategy is evolutionarily stable in the repeated prisoner's dilemma game. *Nature* 327:59.

Boyd, R., and Richerson, P. J. (1988). The evolution of reciprocity in sizable groups. *Journal of Theoretical Biology* 132:337–56.

———. (1989). The evolution of indirect reciprocity. *Social Networks* 11:213–36.

Buck, J. (1988). Synchronous rhythmic flashing of fireflies. II. *Quarterly Review of Biology* 63:265–89.

Buckley, F., and Superville, L. (1981). Distance distributions and mean distance problems. In C. C. Cadogan (ed.), *Proceedings of the Third Caribbean Conference on Combinatorics and Computing*, pp. 67–76. St. Augustine: University of the West Indies.

Burks, A., ed. (1970). *Essays on Cellular Automata*. Urbana: University of Illinois Press.

Cerf, V. G., Cowan, D. D., Mullin, R. C., and Stanton, R. G. (1974). A lower bound on the average shortest path length in regular graphs. *Networks* 4:335–42.

Chowdhury, S. (1989). Optimum design of reliable IC power networks having general graph topologies. In *Proceedings of the 26th ACM/IEEE Design Automation Conference*, pp. 787–90.

Chung, F. R. K. (1986). Diameters of communication networks. In *Mathematics of Information Processing, Proceedings of Symposia in Applied Mathematics* No. 34, pp. 1–18, Providence, R.I.: American Mathematical Society.

———. (1988). The average distance and the independence number. *Journal of Graph Theory* 12 (2):229–35.

———. (1989). Diameters and eigenvalues. *Journal of the American Mathematical Society* 2 (2):187–96.

———. (1994). An upper bound on the diameter of a graph from eigenvalues associated with its Laplacian. *SIAM Journal of Discrete Mathematics* 7 (3):443–57.

Cohen, M. D., Riolo, R., and Axelrod, R. (1999). The emergence of social organisation in the Prisoner's Dilemma: how context preservation and other factors promote cooperation. Santa Fe Institute Working Paper 99-01-002.

Crutchfield, J. P. (1994). The calculi of emergence: Computation, dynamics and induction. *Physica D* 75:11–54.

Cvetković, D., Doob, M., and Sachs, H. (1979). *Spectra of Graphs: Theory and Application*. Section 8.4. New York: Academic.

Daido, H. (1988). Lower critical dimension for populations of oscillators with randomly distributed frequencies: A renormalisation group analysis. *Physical Review Letters* 61 (2):231–34.

Das, R., Crutchfield, J. P., and Mitchell, M. (1995). Evolving globally synchronized cellular automata. In L. J. Eshelman, (ed.), *Proceedings of the Sixth International Conference on Genetic Algorithms*, pp. 336–43, San Francisco: Kaufmann.

Das, R., Mitchell, M., and Crutchfield, J. P. (1994). A genetic algorithm discovers particle-based computation in cellular automata. In Y. Davidor, H. P. Schwefel, and R. Manner (eds.), *Parallel Problem Solving in Nature, Lecture Notes in Computer Science*, pp. 344–53. Berlin: Springer.

Davidson, M. L. (1983). *Multidimensional Scaling*. Wiley Series in Probability and Mathematical Statistics. New York: Wiley.

Davis, J. A. (1967). Clustering and structural balance in graphs. *Human Relations* 20:181–87.

Doriean, P. (1974). On the connectivity of social networks. *Journal of Mathematical Sociology* 3:245–58.

Doyle, J. K., and Graver, J. E. (1977). Mean distance in a graph. *Discrete Mathematics* 17:147–54.

Edelstein-Keshet, L. (1988). *Mathematical Models in Biology*. New York: Random House.

Entringer, R. C., Jackson, D. E., and Snyder, D. A. (1976). Distance in graphs. *Czechoslovak Mathematical Journal* 26:283–96.

Entringer, R. C., Meir, A., Moon, J. W., and Székely, L. A. (1994). On the Wiener index of trees from certain families. *Australasian Journal of Combinatorics* 10:211–24.

Erdös, P., and Rényi, A. (1959). On random graphs. I. *Publicationes Mathematicae (Debrecen)*. 6:290–97.

———. (1960). On the evolution of random graphs. *Publication of the Mathematical Institute of the Hungarian Academy of Sciences* 5:17–61.

———. (1961a). On the evolution of random graphs. *Bullentin of the Institute of International Statistics Tokyo* 38:343–47.

———. (1961b). On the strength of connectedness of a random graph. *Acta Mathematica Scientia Hungary* 12:261–67.

Erhard, K. H., Johannes, F. M., and Dachauer, R. (1992). Topology optimization techniques for power/ground networks in VLSI. In *Proceedings of the Euro-Dac 92 European Design Automation Conference*, pp. 362–67.

Ermentrout, G. B., and Kopell, N. (1993). Inhibition-produced patterning in chains of coupled nonlinear oscillators. *SIAM Journal on Applied Mathematics* 54 (2):478–507.

Fararo, T. J., and Sunshine, M. (1964). *A Study of a Biased Friendship Net.* Syracuse, N.Y.: Syracuse University Youth Development Center and Syracuse University Press.

Felleman, D. J., and Van Essen, D. C. (1991). Distributed hierachical processing in the primate cerebral cortex. *Cerebral Cortex* 1:1–47.

Fiedler, M. (1973). Algebraic connectivity of graphs. *Czechoslovak Mathematical Journal* 23:298–305.

Foster, C. C., Rapoport, A., and Orwant, C. J. (1963). A study of a large sociogram: Elimination of free parameters. *Behavioural Science* 8:56–65.

Frank, H., and Chou, W. (1972). Topological optimization of computer networks. *Proceedings of the IEEE* 60 (11):1385–397.

Freeman, L. C., and Thompson, C. R. (1989). Estimating acquaintanceship volume. In M. Kochen, (ed.), *The Small World*, ch. 8, pp. 147–158. Norwood, N.J.: Ablex.

General Electric Company. (1975). *Transmission Line Reference Book.* Palo Alto, Calif.: Electric Power Research Institute.

Gladwell, M. (1996). The tipping point. *New Yorker* (3 June):32–38.

Glance, N. S., and Huberman, B. A. (1993). The outbreak of cooperation. *Journal of Mathematical Sociology* 17 (4):281–302.

———. (1994). The dynamics of social dilemmas. *Scientific American* (March): 76–81.

Graham, R. (1979). On properties of a well-known graph or what is your Ramsey number? In F. Harary, (ed.), *Topics in Graph Theory*, pp. 166–72. New York: New York Academy of Sciences.

Granovetter, M. S. (1973). The strength of weak ties. *American Journal of Sociology* 78 (6):1360–80.

———. (1983). The strength of weak ties: A newtork theory revisited. *Sociological Theory* 1:203–33.

Grossman, J. W., and Ion, P. D. F. (1995). On a portion of the well-known collaboration graph. *Congressus Numeratium* 108:129–31.

Guare, J. (1990). *Six Degrees of Separation: A Play.* New York: Vintage.

Hadley, P., Beasley, M. R., and Wiesenfeld, K. (1988). Phase locking of Josephson-junction series arrays. *Physical Review B* 38:8712–19.

Harary, F. (1959). Status and contrastatus. *Sociometry* 22:23–43.

Hassell, M. P., Comins, H. N., and May, R. M. (1994). Species coexistence and self-organizing spatial dynamics. *Nature* 370:290–92.

Herz, A. V. (1994). Collective phenomena in spatially extended evolutionary games. *Journal of Theoretical Biology* 169:65–87.

Hess, G. (1996a). Disease in metapopulation models: Implication for conservation. *Ecology* 77 (5):1617–32.

———. (1996b). Linking extinction to connectivity and habitat destruction in metapopulation models. *American Naturalist* 148 (1):226–36.

Huber, M. (1996). Estimating the average shortest path length in a graph. Technical report, Cornell University.

Huberman, B. A., and Glance, N. S. (1993). Evolutionary games and computer simulations. *Proceedings of the National Academy of Sciences* 90:7716–18.

Huygens, C. (1893). Letters to his father. In M. Nijhoff (ed.), *Oeuvrès complètes de Christian Huygens*, vol. 5, pp. 243–44. Amsterdam: Société Hollandaise des Sciences.

Longini, I. M., Jr. (1988). A mathematical model for predicting the geographic spread of new infectious agents. *Mathematical Biosciences* 90:367–83.

Kareiva, P. (1990). Population dynamics in spatially complex environments: Theory and data. *Philosophical Transactions of the Royal Society of London* 330:175–90.

Kirby, D., and Sahre, P. (1998). Six degrees of Monica. *New York Times* (21 February): Op ed. page.

Kochen, M., ed. (1989a). *The Small World.* Norwood, N.J.: Ablex.

Kochen, M. (1989b). Toward structural sociodynamics. In M. Kochen (ed.), *The Small World*, ch. 2, pp. 52–64. Norwood, N.J.: Ablex.

Kopell, N. (1988). Toward a theory of central pattern generators. In A. H. Cohen, S. Rissignol, and S. Grillner (eds.), *Neural Control of Rhythmic Movement in Vertebrates*, pp. 369–413. New York: John Wiley.

Kopell, N., and Ermentrout, G. B. (1986). Symmetry and phaselocking in chains of weakly coupled oscillators. *Communications in Pure and Applied Mathematics* 39:623–60.

Kopell, N., Zhang, W., and Ermentrout, G. B. (1990). Multiple coupling in chains of oscillators. *SIAM Journal on Mathematical Analysis* 21 (4):935–53.

Korte, C., and Milgram, S. (1970). Acquaintance linking between white and negro populations: Application of the small world problem. *Journal of Personality and Social Psychology* 15:101–18.

Kretschmar, M., and Morris, M. (1996). Measures of concurrency in networks and the spread of infectious disease. *Mathematical Biosciences* 133:165–95.

Kuramoto, Y. (1975). Self-entrainment of a population of coupled nonlinear oscillators. In H. Araki (ed.), *International Symposium on Mathematical Problems in Theoretical Physics, Lecture Notes in Physics*, vol. 39, pp. 420–22. New York: Springer.

Lin, S. (1982). Effective use of heuristic algorithms in network design. In *The Mathematics of Networks, Proceedings of Symposia in Applied Mathematics*, no. 26, pp. 63–84. Providence, R.I.: American Mathematical Society.

Lindgren, K. (1991). Evolutionary phenomena in simple dynamics. In C. G. Langton, C. Taylor, J. D. Farmer, and S. Rasmussen (eds.), *Artificial Life II, Santa Fe Institute Studies in the Sciences of Complexity*, vol. 10, pp. 295–312. New York: Addison-Wesley.

Lindgren, K., and Nordahl, M. G. (1994). Evolutionary dynamics of spatial games. *Physica D* 75:292–309.

Linial, N., London, E., and Rabinovich, Y. (1995). The geometry of graphs and some of its algorithmic applications. *Combinatorica* 15 (2):215–45.

Lorrain, F. P., and White, H. C. (1971). Structural equivalence of individuals in social networks. *Journal of Mathematical Sociology* 1:49–80.

Lumer, E. D., and Huberman, B. A. (1991). Hierarchical dynamics in large assemblies of interacting oscillators. *Physics Letters A* 160:227–32.

March, L., and Steadman, P. (1971). *The Geometry of Environment*. Chapter 14. London: RIBA Publications.

Matthews, P. C., Mirollo, R. E., and Strogatz, S. H. (1991). Dynamics of a large system of coupled nonlinear oscillators. *Physica D* 52:293–331.

May, R. M. (1995). Necessity and chance: Deterministic chaos in ecology and evolution. *Bulletin of the American Mathematical Society* 32:291–308.

May, R. M., and Nowak, M. A. (1994). Superinfection, metapopulation dynamics, and the evolution of diversity. *Journal of Theoretical Biology* 170:95–114.

Mazoyer, J. (1987). A six states minimum time solution to the firing squad synchronization problem. *Theoretical Computer Science* 50:183–238.

Milgram, S. (1967). The small world problem. *Psychology Today* 2:60–67.

———. (1969). *Obedience to Authority*. New York: Harper and Row.

Mitchell, J. C. (1969). The concept and use of social networks. In J. C. Mitchell (ed.), *Social Networks in Urban Situations*, ch. 1, pp. 1–50. Manchester: Manchester University Press.

Mitchell, M. (1996a). Computation in cellular automata. Technical report, Santa Fe Institute.

———. (1996b). *An Introduction to Genetic Algorithms. Complex Adaptive Systems*. Cambridge, Mass.: MIT Press.

Mitchell, M., Crutchfield, J. P., and Das, R. (1997). Evolving cellular automata to perform computations. In T. Back, D. Fogel, and Z. Michalewicz (eds.), *Handbook of Evolutionary Computation*. Bristol: Oxford University Press.

Mitchell, M., Crutchfield, J. P., and Hraber, P. T. (1994). Evolving cellular automata to perform computations: Mechanisms and impediments. *Physica D* 75:361–91.

Mitchell, M., Hraber, P. T., and Crutchfield, J. P. (1993). Revisiting the edge of chaos: Evolving cellular automata to perform computations. *Complex Systems* 7:89–130.

Mohar, B. (1991). Eigenvalues, diameter and mean distance in graphs. *Graphs and Combinatorics* 7:53–64.

Munkres, J. R. (1975). *Topology: A First Course*. Englewood Cliffs, N.J.: Prentice Hall.

Murray, J. D. (1993). *Mathematical Biology, 2d ed*. Berlin: Springer.

Nash, J. F. (1950). The bargaining problem. *Econometrica* 18:155–62.

———. (1951). Non-cooperative games. *Annals of Mathematics* 54:286–95.

———. (1953). Two-person cooperative games. *Econometrica* 21 (1):128–40.

Niebur, E., Schuster, H. G., Kammen, D. M., and Koch, C. (1991). Oscillator-phase coupling for different two-dimensional network connectivities. *Physical Review A* 44 (10):6895–6904.

Nowak, M., and Sigmund, K. (1993). A strategy of win-stay-lose-shift that outperforms tit-for-tat in the prisoner's dilemma game. *Nature* 364:56–58.

Nowak, M. A., and Bangham, C. R. M. (1996). Population dynamics of immune responses to persistent viruses. *Science* 272:74–79.

Nowak, M. A., Bonhoeffer, S., and May, R. M. (1994). More spatial games. *International Journal of Bifurcations and Chaos* 4 (1):33–56.

Nowak, M. A., and May, R. M. (1992). Evolutionary games and spatial chaos. *Nature* 359:826–29.

———. (1993). The spatial dilemmas of evolution. *International Journal of Bifurcations and Chaos* 3 (1):35–78.

Palmer, R. (1989). Broken ergodicity. In D. L. Stein (ed.), *Lectures in the Sciences of Complexity, Santa Fe Institute Studies in the Sciences of Complexity*, no. 1, pp. 275–300. New York: Addison-Wesley.

Pippenger, N. (1982). Telephone switching networks. In *The Mathematics of Networks, Proceedings of Symposia in Applied Mathematics*, no. 26, pp. 101–33. Providence, R.I.: American Mathematical Society.

Plesnik, J. (1984). On the sum of all distances in a graph or digraph. *Journal of Graph Theory* 8:1–21.

Pollock, G. B. (1989). Evolutionary stability of reciprocity in a viscous lattice. *Social Networks* 11:175–212.

Pool, I., and Kochen, M. (1978). Contacts and influence. *Social Networks* 1:1–48.

Rapoport, A. (1953a). Spread of information through a population with socio-structural bias. I. Assumption of transitivity. *Bulletin of Mathematical Biophysics* 15:523–33.

———. (1953b). Spread of information through a population with socio-structural bias. II. Various models with partial transitivity. *Bulletin of Mathematical Biophysics* 15:535–46.

———. (1957). A contribution to the theory of random and biased nets. *Bulletin of Mathematical Biophysics* 19:257–71.

———. (1965). *Prisoner's Dilemma: A Study of Conflict and Cooperation*. Ann Arbor: University of Michigan Press.

Rouvray, D. H. (1986). Predicting chemistry from topology. *Scientific American* (September):40–47.

Russell, M. J., Switz, G. M., and Thompson, K. (1980). Olfactory influences on the human menstrual cycle. *Pharmocolgical Biochemical Behavior* 13:737–38.

Sakaguchi, H., Shinomoto, S., and Kuramoto, Y. (1987). Local and global self-entrainment in oscillator lattices. *Progress of Theoretical Physics* 77 (5):1005–

10.

Satoh, K. (1989). Computer experiment on the cooperative behavior of a network of interacting nonlinear oscillators. *Journal of the Physical Society of Japan* 58 (6):2010–21.

Sattenspiel, L., and Simon, C. P. (1988). The spread and persistence of infectious diseases in structured populations. *Mathematical Biosciences* 90:341–66.

Schneck, R., Taylor, I., Sidman, J., and Godbole, A. (1997). Wiener index of random graphs. Technical report, personal communication.

Schuster, H. G., and Wagner, P. (1990a). A model for neuronal oscillations in the visual cortex: Mean-field theory and derivation of the phase equations. *Biological Cybernetics* 64:77–82.

———. (1990b). A model for neuronal oscillations in the visual cortex: Phase description of the feature dependent synchronization. *Biological Cybernetics* 64:83–85.

Shepard, R. N., Romney, A. K., and Nerlove, S. B.(eds.) (1972). *Mulitdimensional Scaling: Theory and Applications in the Behavioral Sciences.* 2 vols. New York: Seminar.

Skvoretz, J. (1985). Random and biased networks: Simulations and approximations. *Social Networks* 7:225–61.

———. (1989). Connectivity and the small world problem. In M. Kochen (ed.), *The Small World*, ch. 15, pp. 296–326. Norwood, N.J.: Ablex.

Solomonoff, R., and Rapoport, A. (1951). Connectivity of random nets. *Bulletin of Mathematical Biophysics* 13:107–17.

Stauffer, D., and Aharony, A. (1992). *Introduction to Percolation Theory.* London: Taylor and Francis.

Strogatz, S. H. (1994). Norbert Wiener's brain waves. In S. Levin (ed.), *Lecture Notes in Biomathematics*, no. 100, pp. 122–38. Berlin: Springer.

Strogatz, S. H., and Mirollo, R. E. (1988). Phase-locking and critical phenomena in lattices of coupled nonlinear oscillators with random intrinsic frequencies. *Physica D* 31:143–68.

———. (1991). Stability of incoherence in a population of coupled oscillators. *Journal of Statistical Physics* 63 (3–4):613–35.

von Neumann, J. (1966). *Theory of Self-reproducing Automata.* Urbana: University of Illinois Press.

von Neumann, J., and Morgenstern, O. (1944). *Theory of Games and Economic Behavior.* Princeton: Princeton University Press.

Wade, N. (1997). Dainty worm tells secrets of human genetic code. *New York Times* (24 June): *Science Times.*

Watts, D. J., and Strogatz, S. H. (1998). Collective dynamics of 'small-world' networks. *Nature* 393:440–42.

White, H. C. (1970). Search parameters for the small world problem. *Social Forces* 49:259–64.

White, H. C., Boorman, S. A., and Breiger, R. L. (1976). Social structure from multiple networks. I. Blockmodels of roles and positions. *American Journal of Sociology* 81 (4):730–80.

White, J. G., Southgate, E., Thompson, J. N., and Brenner, S. (1986). The structure of the nervous system of the nematode *Caenorhabditis elegans. Philosophical Transactions of the Royal Society of London, Series B* 314:1–340.

Wiener, H. (1947). Structural determination of paraffin boiling points. *Journal of the American Chemistry Society* 69:17–20.

Wilson, R. J., and Watkins, J. J. (1990). *Graphs: An Introductory Approach.* New York: Wiley.

Winfree, A. (1967). Biological rhythms and the behavior of populations of coupled oscillators. *Journal of Theoretical Biology* 16:15–42.

Winkler, P. (1990). Mean distance in a tree. *Discrete Applied Mathematics* 27:179–85.

Wolfram, S. (1983). Statistical mechanics of cellular automata. *Review of Modern Physics* 55:601–44.

———. (1984). Universality and complexity in cellular automata. *Physica D* 10:1–35.

Wolfram, S., ed. (1986). *Theory and Applications of Cellular Automata.* Singapore: World Scientific.

参考文献（和書）

- 増田直紀，今野紀雄「複雑ネットワークの科学」産業図書，2005.
- スティーブン・ストロガッツ（蔵本由紀 監修，長尾力 訳）「SYNC」早川書房，2005.
- マーク・ブキャナン（阪本芳久 訳）「複雑な世界，単純な法則」草思社，2005.
- ダンカン・ワッツ（辻竜平，友知政樹 訳）「スモールワールドネットワーク」阪急コミュニケーションズ，2004.
- アルバート・ラズロ・バラバシ（青木薫 訳）「新・ネットワーク思考」NHK出版，2002.

索引

■ 英数字

1次元
　　——格子　38, 76
　　β モデルと——格子　76
　　振動子の——鎖　265
2次元
　　——格子　38
　　——格子に配置された振動子　266
　　——格子の同調可能性　266
3次元格子に配置された振動子　266
6次　12

α グラフ　49
　　——上のしっぺ返し戦略　250
　　——上の協調の進化　257
　　——の生成アルゴリズム　54
　　——の生成方法　53
α モデル　5, 48, 51
　　——と β モデルの比較　79
　　——のクラスタ特性　66
　　——の固有パス長　60
　　——の固有パス長のスケーリング特性　63
　　——の連結性の問題　55
　　ϕ による——と β モデルの比較　83
　　縮約による——と β モデルの比較　90
　　ショートカットによる——と β モデルの比較　83
　　土台をもたない——　73
β グラフ　75
　　——上の Kuramoto の振動子　267
　　——上の Win-stay, Lose-shift 戦略　253
　　——上の協調の進化　257
　　——上のしっぺ返し戦略　250
β モデル　5, 49, 75

　　——上の Win-stay, Lose-shift 戦略　253
　　——と1次元格子　76
　　——のクラスタ特性　77
　　——の固有パス長　77
　　——の生成アルゴリズム　76
　　ϕ による α モデルと——の比較　83
　　縮約による α モデルと——の比較　83
　　ショートカットによる α モデルと——の比較　83

ϕ　49
　　——による α, β モデルの比較　83
　　——の関数としてのスケーリング特性　93
　　——モデル　49, 93, 94
　　——モデルの生成アルゴリズム　94
　　——モデルの必要性　93
　　モデル非依存なパラメータとしての——　81

ψ　82
ξ　104
λ_c　264

Arthur Winfree　262
Axelrod　238

Bollobás　40
Brenner, Sydeny　177

Caenorhabditis elegans　177
caveman　50
　　統合した——グラフ　117
CeG　161, 180
Christian Huygens　262
cliff　63
　　崖　63
copycat　256
　　模倣戦略　256

305

索引

C. エレガンス　177
　　CeG　161, 180
　　　——と関係モデルとの比較　181
　　　——と空間モデルとの比較　181
　　　——のクラスタ係数　181
　　　——グラフ　161, 180
　　　——の統計量　181
　　　——の神経ネットワーク　178
degree　30
　　effective clustering ——　120
　　effective local ——　120
　　次数　30
Diner's Dilemma　242
　　外食のジレンマ　242
d-lattice　38
dyadic　15
d 次元格子　28, 38, 47
　　トポロジの極端なケースとしての——　47

edge　28
effective clustering degree　120
　　k_{cluster}　120
effective local degree　120
　　k_{local}　120
Erdös, Paul　40, 159
　　Erdös Number　159
　　エルデシュ数　159

graph　28

hardness　244
homophily　14
hump　62
Huygens, Christian　262

IMDb　162
　　インターネット映画データベース　162

k　120
　　k_{cluster}　120
　　k_{local}　120
　　k-正則　30
KBG　161, 162
　　ベーコン数　1
　　ケビン・ベーコン　1, 159
　　ケビン・ベーコングラフ　161, 162

Kochen　12
Kretzschmar
　　——の性感染症拡散モデル　194
Kuramoto　264
　　——の位相振動子の長距離相関　277
　　——の位相秩序変数　264
　　β グラフ上の——振動子　267

Longini　194
　　——の航空路線グラフ　194
L
　　——のランダム極限　87
　　L_{global}　131
　　L_{local}　131

Milgram, Stanley　20
Morris　194
　　——の性感染症拡散モデル　194
Murray　195

Neumann　195, 211, 234
　　von Neumann　195, 211, 234
N プレイヤー囚人のジレンマ　241
　　囚人のジレンマ　235

Paul Erdös　40, 159
　　Erdös Number　159
　　エルデシュ数　159
Pool　12

r
　　r-正則ランダムグラフ　60
　　r-辺　81
R　99, 264
Rapoport　13, 138
Rényi　40

S　100
Sattenspiel と Simon のモデル　194
six degrees　12
　　—— of separation　3, 11
　　私に近い 6 人の他人　3, 11
Stanley Milgram　20
substrate　43, 56
Sydeny Brenner　177

tipping point　197
　　転換点　197

306

索引

Tit-for-Tat　238
　　しっぺ返し戦略　238
　　戦略
Tjaden　1
　　――のベーコンの神託　1
transitibity　12
triad closure　14
tirads　16

vertex　28
von Neumann　195, 211, 234
　　Neumann　195, 211, 234

Winfree, Arthur　262
Win-stay, Lose-shift 戦略　240, 244, 252
　　βグラフ上の――　253
World-Wide Web リンク　185
WSPG　171

■ あ _____

アイザック・アシモフ　51
アトラクタ　192
　　システムの――　192
　　――の形成　192
アルゴリズム
　　αグラフの生成――　54
　　βモデルの生成――　76
　　φモデルの生成――　94

閾値関数　42, 57
　　ランダムグラフの――　41
位数　29
位相　262
　　――振動子　263
　　――秩序変数　264
　　――の差　264
　　Kuramoto の――振動子の長距離相関　277
　　Kuramoto の――秩序変数　264
一時的排除ダイナミクス　206
一様分布　105
　　――空間グラフの生成アルゴリズム　105
一般化されたしっぺ返し　244, 245
　　αグラフ上の――　250
　　βグラフ上の――　249, 250
　　空間グラフ上の――　251

遺伝子型　244
インターネット映画データベース　162
　　IMDb　162

埋め込み次元　44

影響関数　263
疫病拡散　247
　　拡散問題　294
エルデシュ数　159
　　Erdös, Paul　40, 159
　　Erdös Number　159
　　エルデシュ・コンポーネント　160

オートマトン
　　自己再生――　212
　　セル――　211, 233

■ か _____

外食のジレンマ　242
　　Diner's Dilemma　242
外部的に定義される距離　104, 113, 283
科学文献の引用関係　184
拡散問題　193
　　疫病拡散　247
確率分布のカットオフ　48, 110
崖　63
　　cliff　63
　　クラスタ係数の――　67
カットオフ　48
　　確率分布の――　48
　　有限――　105, 113
関係グラフ　47, 48, 113, 165
　　――のクラスタ係数　135
　　外部的な計量に依存しない――　48
関係モデル
　　C. エレガンスと――との比較　181
　　西部州送電グラフと――との比較　174
環構造　58
　　――状の結合　261
　　必要最小限の構造としての――　58
　　土台としての――　58, 74
感染
　　――した集団　193
　　――の疑いのある集団　193
完全
　　――グラフ　29, 269, 283

307

索引

――結合　29
感度関数　263

木構造　69
　　――の土台　69
協調　234
　　――グラフ　159, 184
　　――の進化　256, 257
　　――の創発　244
　　α グラフ上の――の進化　257
　　β グラフ上の――の進化　257
　　空間グラフ上の――の進化　258
共通の友人の割合　52
巨大成分　286
行列　30
局所的な長さスケール　131
局所的な辺のつながり　283
　　L_{local}　131
距離　17
　　――のスケーリング特性　34
近傍　36

空間
　　――依存性　48
　　――グラフ　47, 104, 113
　　――グラフ上の Kuramoto の振動子　276
　　――グラフ上のしっぺ返し　251
　　――グラフ上の協調の進化　258
　　――グラフの固有パス長　106, 110
　　――グラフの――依存性　48
　　――グラフのクラスタ化　149
　　――グラフのクラスタ性　106
　　――グラフのスケーリング特性　110
　　――的距離に基づく――グラフ　48
　　――的な囚人のジレンマ　240
　　C. エレガンスと――モデルとの比較　181
　　Longini の航空路線――　194
　　正規分布――　110
　　西部州送電グラフと――との比較　175
　　メトリック――　24
鎖　59
　　知人の――　12
クラスタ　62
　　――係数　37, 46, 54, 113, 118
　　――係数の崖　67
　　――性　283

α モデルの――特性　66
β モデルの――特性　77
C. エレガンスの――係数　181
関係グラフの――係数　135
空間グラフの――化　149
空間グラフの――性　106
結合した穴居人グラフの――係数　117, 118
ケビン・ベーコングラフの――係数　164
実質的――次数　120
西部州送電グラフの――係数　173
大域的な――の形成　266
ムーアグラフの――係数　130
クラスタリング　16
グラフ　28
　　――の位数　29
　　――の埋め込み次元　44
　　――のサイズ　29
　　――の特徴量　284
　　――のモデル　47
　　α ――　49
　　β ――　75
　　CeG　161, 180
　　C. エレガンス――　161, 180
　　graph　28
　　r-正則ランダム――　60
　　transitional graph　152
　　関係――　47, 48, 113, 165
　　完全――　29, 269, 283
　　協調――　159, 184
　　空間――　47, 104, 113
　　穴居人――　117
　　ケビン・ベーコン――　161, 162
　　格子――　38
　　スター状――　59
　　スモールワールド――　49, 67, 68, 113, 186, 283
　　西部州送電――　161, 171
　　狭い――　62
　　遷移可能な――　152
　　統合した caveman ――　117
　　広い――　62
　　ムーア――　31, 125
　　ランダム――　38, 40, 47, 166, 282, 283
クリーク　37, 42
くりこみ理論　266

グループ　51, 82
ゲーム　292
　　——における相互作用　233
　　——の理論　233
ケーリーツリー　70
　　——の振動子　266
　　土台としての——　70
穴居人　50
　　——グラフ　117
　　——グラフモデル　166
　　結合した——グラフ　117, 118
　　結合した——グラフのクラスタ係数　118
　　連結した——の世界　50
結合
　　——強度　264, 267
　　——した穴居人グラフ　117, 118
　　——した穴居人グラフのクラスタ係数　118
　　——振動子　261
　　環構造状の——　261
　　完全——　29
　　疎——　47
　　疎に——したトポロジ　265
　　長距離——　266
　　複数——　265
　　平均場的な——　261
　　臨界——強度　264
ケビン・ベーコン　1, 36, 159
　　KBG　161, 162
　　——グラフ　161, 162
　　——グラフと関係モデルの比較　165
　　——グラフと空間モデルの比較　168
　　——グラフの統計量　164
　　——グラフの分布数列　169
　　——での要　163
　　——での縮約　163
　　——のクラスタ係数　164
　　——の分布数列　36
　　ベーコン数　1
格子　38
　　——グラフ　38
　　——上での結合　265
　　——の次元とシステムの同期可能性　266
　　——の土台　69

1次元——　38, 76
2次元——　38
2次元——に配置された振動子　266
3次元——に配置された振動子　266
d-lattice　38
d次元——　28, 38, 47
最近接——　69
構造
　　——的な複雑さ　99, 102, 114
　　——同値性　17
　　——の推移　48
　　環——　58
　　木——　69
　　スポンジ状——　266
硬度　244
行動ダイナミクス
　　囚人のジレンマにおける——　256
コーシー分布　154
　　——に従った頂点の配置　154
互恵主義　239
こぶ　62
　　固有パス長の——　62
固有周波数　263
固有パス長　30, 32, 33, 54, 61, 113, 121, 283
　　——の崖　67
　　——の急激な変化　62
　　——のこぶ　62
　　——のスケーリング特性　93
　　——の相転移現象　63
　　α モデルの——　60
　　β モデルの——　77
　　空間グラフの——　106, 110
　　最短パス長　30
　　正則グラフの——　31
　　パス長　21

■ さ

最近接格子　69
　　——としての土台　69
最短パス長　30
　　固有パス長　30, 32, 33, 54, 61, 113, 121, 283
　　パス長　21
三角
　　——形　80

索引

——不等式　12
三者　16
　　——閉包　14, 16
　　——閉包バイアス　15
自己再生オートマトン　212
次数　30
　　degree　30
　　実質的局所——　120
　　実質的クラスタ——　120
実質的
　　——局所次数　120
　　——クラスタ次数　120
　　effective clustering degree　120
　　effective local degree　120
　　$k_{cluster}$　120
　　k_{local}　120
しっぺ返し
　　——戦略　238
　　Tit-for-Tat　238
　　一般化された——戦略　244, 245
シナプス　179
社会
　　——空間　49
　　——秩序変数　13, 49
　　——的距離　24
　　——的分化　14
　　——ネットワーク　13, 18, 49
囚人のジレンマ　235
　　——における行動ダイナミクス　256
　　——における戦略ダイナミクス　256
　　——の利得行列　236
　　N プレイヤーの——　211, 241
　　空間的な——　240
集団生物学　262
周波数
　　——固定　265
　　——秩序変数　268
　　——分布　263
　　固有——　263
重要性　100
縮約　82, 136, 163
　　——する　82
　　——とショートカットの関係　136
　　——による α, β モデルの比較　90
　　土台に含まれている——　90
女性の月経周期　262

ショートカット　81, 113, 283
　　——による α, β モデルの比較　83
　　——の非線形作用　87
　　縮約と——の関係　136
　　本当の意味での——　86
ジョン・グエア　11
ジレンマ
　　Diner's Dilemma　242
　　N プレイヤー囚人の——　211, 241
　　外食の——　242
　　空間的な囚人の——　240
　　囚人の——　235
　　囚人の——の利得行列　236
進化　233
　　——安定性　239
　　α グラフ上の協調の——　257
　　β グラフ上の協調の——　257
　　協調の——　256, 257
　　空間グラフ上の協調の——　258
　　戦略の——　243
神経生理学　262
進行波　266
　　——現象　265
振動子
　　——集団　262, 266
　　——集団の重心　264
　　——集団の相互作用時間　269
　　——の1次元鎖　265
　　——の最大クラスタ　268
　　——の疎な結合　267
　　——のランダムサンプリング　271
　　2次元格子に配置された——　266
　　3次元格子に配置された——　266
　　β グラフ上の Kuramoto の——　267
　　Kuramoto の位相——の長距離相関　277
　　位相——　263
　　結合——　261
　　ケーリーツリーの——　266
　　スモールワールドグラフ上の——　274
　　生体——　xi
　　生物学的な——　263
　　ファンデルポール——　266
推移性
　　距離の——　12
スケーリング　34
　　——則　75

310

——特性　33, 34, 63
　　α モデルの固有パス長の——特性　63
　　ϕ の関数としての——特性　93
　　局所的な頂点間距離の——特性　101
　　距離の——特性　34
　　空間グラフの——特性　110
　　固有パス長の——特性　93
　　大域的な——特性　101
　　多次元——　17, 19, 45
スケール
　　局所的な長さ——　131
　　大域的な長さ——　131
スター状グラフ　59
スポンジ状構造　266
スモールワールド
　　——仮説　20
　　——グラフ　49, 67, 68, 113, 186, 283
　　——グラフ上の振動子　274
　　——現象　11, 48
　　——法　25

性感染症拡散モデル
　　Kretzschmar の——　194
　　Morris の——　194
正規分布　105
　　——空間グラフ　110
正則　30
　　——グラフの固有パス長　31
　　k-正則　30
生体振動子　xi
　　コオロギの同期　xi
西部州送電グラフ　161, 171
　　——と関係モデルとの比較　174
　　——と空間モデルとの比較　175
　　——の統計量　173
生物学的な振動子　263
摂動　262
狭いグラフ　62
セルオートマトン　211, 233
　　——での計算　284
　　——による全体的計算　211, 233
　　自己再生オートマトン　212
遷移可能なグラフ　152
　　transitional graph　152
全体的計算　214
　　セルオートマトンによる——　211, 233

線虫　177
戦略
　　——の進化　243
　　Tit-for-Tat　238
　　Win-stay, Lose-shift ——　240, 244, 252
　　しっぺ返し——　238
　　囚人のジレンマにおける——ダイナミクス　256
　　パブロフ——　252
　　メタ——　256
　　模倣——　256

相互作用
　　ゲームにおける——　233
相転移　42, 61, 62
　　α モデルの固有パス長に関する——　62
　　固有パス長の——現象　63
　　低次元磁気スピンの——　62
創発　233
　　協調の——　244
　　行動の——　243
疎結合　47
疎なランダムグラフの同調可能性　266
疎に結合したトポロジ　265
組織のネットワーク　185
ソラリア　51

■ た

大域的
　　——なクラスタの形成　266
　　——なスケーリング特性　101
　　——な同調状態　263, 272
　　——な長さスケール　131
　　——なレンジ　110
　　——辺　283
　　L_{global}　131
大局的な振る舞い　261
ダイナミクス
　　一時的排除——　206
　　囚人のジレンマにおける行動——　256
　　囚人のジレンマにおける戦略——　256
　　集団の——モデルとしての飛石モデル　193
多次元スケーリング　17, 19, 45
単語の関連性　185, 190

索引

単峰な分布　265

知人
　　——の数　21
　　——の鎖　12
　　平均——数　12
秩序変数　264, 267
　　Kuramoto の位相——　264
　　位相——　264
　　社会——　13, 49
　　周波数——　268
チャットルーム　51
紐帯　15
　　強い——　15
　　弱い——　15
　　弱い——の強さ　16
長距離結合　266
弔銃射撃部隊の一斉射撃問題　214
頂点　28
　　——の重要性　100
　　——の平均重要性　100
直径　36
　　ランダムグラフの——　43
つながりが必要最小限　58
つながりと振る舞いの対応付け　281
つなぎ替え　76
　　辺の無作為な——　76
強い紐帯　15
　　紐帯　15
　　弱い紐帯　15
低次元磁気スピン系　62
　　——の相転移　62
転換点　197
　　tipping point　197
電力網　170
電話帳法　21, 285
同期　269
　　——問題　228
　　格子の次元とシステムの——可能性　266
　　セルオートマトンにおける——問題　228
　　非——の更新　245
統計的な複雑さ　102
同調　269

同類指向　14
特徴的サイズ　62
土台　43, 56
　　——としての環構造　58, 74
　　——としてのケーリーツリー　70
　　——なし　73
　　——に含まれている縮約　90
　　——の選択への非依存性　74
　　——の統合　87
　　——の必要性　56
　　——をもたない α グラフ　73
　　木構造の——　69
　　ランダムグラフの——　72
飛石モデル　193
　　集団のダイナミクスモデルとしての——　193
トポロジ　261, 281
　　——の極端なケースとしての d 次元格子　47
　　——の極端なケースとしてのランダムグラフ　47
　　疎に結合した——　265
　　非標準的な——　266
トラックを周回する走者　263

■ な

ニューロン　178

ネットワーク
　　C. エレガンスの神経——　178
　　社会——　13, 18, 49
　　組織の——　185

ノンメトリック法　18

■ は

パーコレーション　57
　　——における連結成分の特徴的サイズ　62
　　——の閾値　57
排除される集団　193
　　病気の拡散モデルにおける——　193
パス長　21
　　固有——　30, 32, 33, 54, 61, 113, 121, 283
　　最短——　30

パブロフ戦略　252
　　戦略
パラメータ
　　——としての結合トポロジ　267
　　——の個々の値への対応付け　51
　　モデル非依存な——　48, 49, 81, 113
　　モデル非依存な——としてのϕ　81
ハリウッド世界の中心　169

非同期の更新　245
　　同期　269
病気の流行　284
表現型　244
非連結　50, 55
広いグラフ　62

ファンデルポール振動子　266
複数結合　265
物理的な距離尺度　283
振り子時計　262
ブリッジ　23, 84
ブロックモデリング　17
分布数列　36, 169
　　ケビン・ベーコングラフの——　169
　　ケビン・ベーコンの——　36

平均
　　——重要性　100
　　——知人数　12
　　——場モデル　282
　　——場的な結合　261
　　——場の理論　265
　　——偏差　103
　　——レンジ　99
　　頂点の——重要性　100
ベーコン　1, 36
　　——数　1, 36
　　KBG　161, 162
　　Tjaden の——の神託　1
　　エルビス・プレスリーの——数は 2 である　1
　　ケビン・——　1, 159
　　ケビン・——グラフ　161, 162
辺　28
　　——に関する複雑さ　102, 103
　　——の無作為なつなぎ替え　76
　　——のレンジ　80
　　r-辺　81

大域的な——　283
方程式の対称性　264

■ ま

密度　16
　　——分類問題　216

ムーアグラフ　31, 125
　　——のクラスタ係数　130
　　ランダムグラフと類似する——　31, 125

メジアン　33
メタ戦略　256
メトリック　24
　　——空間　24
　　——法　18
　　ノン——法　18

モデル
　　——非依存なパラメータ　48, 49, 81, 113
　　α——　5, 48, 51
　　α——とβ——の比較　79
　　β——　5, 49, 75
　　ϕ——　49, 93, 94
　　Sattenspiel と Simon の——　194
　　穴居人グラフ——　166
　　飛石——　193
　　ブロックモデリング　17
　　平均場——　282
模倣戦略　256

■ や

ヤツメウナギの神経系　265

有限カットオフ　105, 113
友人関係が生まれる確率　52
優先的混合　239, 247

要素間の協調　284
弱い紐帯　15
　　——の強さ　16
　　紐帯　15
　　強い紐帯　15

313

索引

■ ら

ランダム
　　——極限　59
　　——グラフ　38, 40, 47, 166, 282, 283
　　——グラフと類似するムーアグラフ
　　　　31, 125
　　——グラフの閾関数　41
　　——グラフの直径　43
　　——グラフの土台　72
　　——グラフの連結性　42, 57
　　——サンプリング　271
　　——な辺の張り替え　282, 283
　　——バイアスネット　13
　　L の——極限　87
　　r-正則——グラフ　60
　　振動子の——サンプリング　271
　　トポロジの極端なケースとしての——グラフ　47

利得行列
　　囚人のジレンマの——　236
離散的システム　261
離心性
　　病気が拡散する際の——　203

リミットサイクル　262
臨界結合強度　264
臨界次元　266
隣接
　　——リスト　30
　　——行列　30

連結
　　——性　42
　　α モデルの——の問題　55
　　非——　50, 55
　　ランダムグラフの——性　42, 57
レンジ　80
　　大域的な——　110
　　平均——　99
　　辺の——　80
連続的システム　261

■ わ

私に近い 6 人の他人　3, 11
　　six degrees of separation　3, 11, 12

<訳者紹介>

栗原　聡（くりはら　さとし）
- 学　歴　慶應義塾大学大学院理工学研究科計算機科学専攻前期博士課程修了（1992）
　　　　　博士（工学）（2000）
- 職　歴　日本電信電話株式会社（1992）
　　　　　NTT未来ねっと研究所（1997-2004）
　　　　　慶應義塾大学大学院政策・メディア研究科専任講師（1999-2002）
　　　　　大阪大学産業科学研究所（大学院情報科学研究科）助教授（2004-）

佐藤進也（さとう　しんや）
- 学　歴　東北大学大学院理学研究科前期課程修了（1988）
- 職　歴　日本電信電話株式会社（1988）
　　　　　NTT未来ねっと研究所（1999-）

福田健介（ふくだ　けんすけ）
- 学　歴　慶應義塾大学大学院理工学研究科計算機科学専攻後期博士課程修了（1999）
　　　　　博士（工学）（1999）
- 職　歴　日本電信電話株式会社（1999）
　　　　　NTT未来ねっと研究所（1999-2005）
　　　　　ボストン大学訪問研究員（2002）
　　　　　国立情報学研究所情報基盤研究系助教授（2006-）

スモールワールド　　ネットワークの構造とダイナミクス	
2006年　1月30日　　第1版1刷発行	ISBN 978-4-501-54070-8 C3004
2009年　5月20日　　第1版2刷発行	

著　者　ダンカン・ワッツ
訳　者　栗原　聡・佐藤進也・福田健介

© Kurihara Satoshi, Sato Shin-ya, Fukuda Kensuke　2006

発行所　学校法人 東京電機大学　　〒101-8457　東京都千代田区神田錦町 2-2
　　　　東京電機大学出版局　　　Tel. 03-5280-3433 (営業) 03-5280-3422 (編集)
　　　　　　　　　　　　　　　　Fax. 03-5280-3563　振替口座 00160-5-71715
　　　　　　　　　　　　　　　　http://www.tdupress.jp/

JCLS <(株)日本著作出版権管理システム委託出版物>
本書の全部または一部を無断で複写複製（コピー）することは、著作権法上での
例外を除いて禁じられています。本書からの複写を希望される場合は、そのつど
事前に、(株)日本著作出版権管理システムの許諾を得てください。
［連絡先］Tel. 03-3817-5670, Fax. 03-3815-8199, E-mail: info@jcls.co.jp

制作：(株)グラベルロード　　印刷：新灯印刷(株)　　製本：渡辺製本(株)
装丁：福田和雄＋小口翔平(FUKUDA DESIGN)
落丁・乱丁本はお取り替えいたします。　　　　　　　　　Printed in Japan